STM32 快速入门教程

——基于 STM32F103VET6

主　编　欧启标

副主编　吴　清　赵剑川

审　核　正点原子

北京航空航天大学出版社

内容简介

本书围绕STM32F103VET6单片机的内部结构、相关资源以及应用展开介绍。全书共包含15个模块和19个例程。介绍的STM32资源主要是开发中经常用到的，主要有GPIO口、串口、中断、定时器、存储器结构、时钟系统、A/D转换、D/A转换、DMA传输、实时时钟、独立看门狗、低功耗模式、内部Flash的读写应用等。全书采用模块化结构，对各个复杂模块（比如定时器）进行碎片化分解并分析；对难以理解的模块（比如RTC的HAL库的函数特性、DMA的半传输和完全传输、HAL库中中断的执行流程）进行详细分析。

本书配套资源丰富，包括开发板、教学课件、视频教程、C语言源程序文件、习题库等，请发送邮件至goodtextbook@126.com申请索取。视频教程中的所有例程均手把手指导操作，以帮助读者快速入门。

本书适合作为高等职业院校相关专业教材，也可作为相关技术人员的参考用书。

图书在版编目(CIP)数据

STM32快速入门教程 ：基于STM32F103VET6 / 欧启标主编. -- 北京 ：北京航空航天大学出版社，2023.6

ISBN 978-7-5124-4112-5

Ⅰ. ①S… Ⅱ. ①欧… Ⅲ. ①微控制器－教材 Ⅳ. ①TP368.1

中国国家版本馆CIP数据核字(2023)第117052号

STM32快速入门教程——基于STM32F103VET6

主　编　欧启标

副主编　吴　清　赵剑川

审　核　正点原子

策划编辑　冯　颖　　责任编辑　冯　颖

*

北京航空航天大学出版社出版发行

北京市海淀区学院路37号(邮编100191)　http://www.buaapress.com.cn

发行部电话：(010)82317024　传真：(010)82328026

读者信箱：goodtextbook@126.com　邮购电话：(010)82316936

北京时代华都印刷有限公司印装　各地书店经销

*

开本：787×1 092　1/16　印张：11.75　字数：301千字

2023年7月第1版　2023年7月第1次印刷　印数：2 000册

ISBN 978-7-5124-4112-5　定价：39.00元

前　言

STM32是当前主流的MCU芯片，尽管STM32的市场占有率非常高，但在高等职业教育和职业本科领域，目前大家学习的主流芯片依然是51单片机。这其中主要原因就是STM32模块多、功能多样、设计复杂，讲解起来相对困难，学习起来也很吃力。

目前，为了让学习者更快地上手，ST公司推出了STM32CubeMX工具以简化设计流程、提高设计效率。但是目前大部分工程师还在使用标准库进行开发。使用标准库对工程进行初始化时，即使是资深的工程师，面对STM32内部各种模块的复杂应用也难免出错。为此，我们和广州市星翼电子科技有限公司（正点原子）一起联合编写了本书，全书采用STM32CubeMX对工程进行初始化，使用HAL库函数开发项目。STM32CubeMX及其封装的HAL库函数可以大大提高开发效率，而且能够有效减少使用寄存器或者标准库开发时的初始化错误。

本书主要具有以下特色：

1. 配套资源丰富。本书配有全套视频教程，包括原理讲解、实操过程演示、实操中出现问题的解决方案等。视频教程在全网多个渠道免费发布（B站、原子平台等）。除了视频教程，还配套有全部课程实验程序、PPT、习题库以及使用的开发板等资源。

2. 理论和应用交叉结合。在本书的学习中，将对不同模块的不同特点采用不同的方式来介绍，更加符合知识掌握的习惯。

3. 复杂知识碎片化。在本书中，对STM32的复杂模块内容进行碎片化处理。以定时器学习为例，书中将STM32复杂的定时器相关知识细分为普通中断应用、PWM信号的产生、输入信号的捕获等知识点，并在其中穿插讲解定时器的结构、HAL库定时器应用相关函数的实现等内容。

4. 手把手教学。所有实验都配套完整的开发过程视频，这些视频包括项目建立、程序结构编制、程序书写、调试（包括实现过程中出现的错误以及错误的解决方案），手把手带领读者进入嵌入式开发世界。

本书参考学时数为64，在使用时可根据具体教学情况酌情增减。欧启标对本书的编著思路与大纲进行了总体策划，指导了全书编著，并对全书统稿；

吴清编写了模块 4 和模块 5，并编著了全书的习题和习题库；赵剑川编写了模块 2 和模块 3；广州市星翼电子科技有限公司为全书提供了丰富的例程并指导了全书内容节点的确定及编排。

为了方便教学，**本书配有开发板、教学课件、视频教程、C 语言源程序文件、习题库等资料供任课教师选用，如有需要请发送邮件至 goodtextbook@126.com 或致电 010－82339817 申请索取。**

另外，需要说明的是，本书虽然是以 STM32F103VET6 为例进行讲解，但由于 STM32F103VET6 和兆易创新的 GD32F103VET6 是 Pin to Pin 的，两者封装一样，程序通用，因此也适用于 GD32F103VET6 的学习。

最后，感谢我的学生曾祥熙、陈罗杰、张浩然、潘嘉钊、李上坤等，他们反复对书中的例程进行验证，为本书的改进提出了宝贵的修改意见。另外，从事嵌入式研发工作多年的张宇、何威、张检保、黎旺星、张永亮、潘必超、李建波、兰小海等老师对本书的编著提出了中肯的意见和建议。正点原子公司的工程师们也为本书的编写提供了大量的源码和例程，并对书中例程进行了仔细校对，同时还与编者一起探讨细节表述并给出了很多改进意见，在此一并表示感谢。

由于时间紧迫和编著者水平有限，书中的错误和缺点敬请各位读者批评指正。

编　者

2023 年 3 月

目　　录

模块 1

STM32 开发入门基础知识

本模块将对 STM32 的相关基础知识进行介绍，通过本模块可学习到芯片内部资源、开发方法、开发步骤，以及单片机最小系统和 STM32 的开发环境等相关知识。

1.1　STM32 单片机基础知识

1.1.1　单片机概念

单片机即由单颗芯片构成的微型计算机。它采用超大规模集成电路技术把具有数据处理能力的中央处理器 CPU、随机存储器 RAM、只读存储器 ROM、多种 I/O 口和中断系统、定时器/计数器等功能模块（可能还包括显示驱动电路、脉宽调制电路、模拟多路转换器、A/D 转换器等）集成到一块硅片上构成的一个小而完善的微型计算机系统。与平时使用的计算机相比，单片机只是缺少了输入/输出设备。单片机的应用领域十分广泛，如智能仪表、实时工控、通信设备、导航系统、家用电器、玩具等都大量使用到单片机。

1.1.2　STM32 单片机分类及其特点

STM32 单片机属于单片机的一种，它是意法半导体公司基于 ARM 公司 Cortex－M 架构推出的一系列高性能、低成本、低功耗的 32 位微处理器的总称。

1. STM32 单片机分类

(1) 从内核来分

STM32 单片机是基于 ARM 公司 Cortex－M 内核开发的，分为 Cortex－M0、M3、M4、M33、M7 和 A7 六类。

(2) 从性能来分

从性能来分，有主流产品、高性能产品、超低功耗产品、无线系列产品和 MPU 产品 5 类，具体如下：

① 主流产品：STM32F0、STM32F1、STM32F3；

② 高性能产品：STM32F2、STM32F4、STM32F7、STM32H7；

③ 超低功耗产品：STM32L0、STM32L1、STM32L4、STM32L4＋；

④ 无线系列产品：STM32WB、STM32WL；

⑤ MPU 产品：STM32MP1。

图 1－1 给出了 3 颗 STM32 芯片的外形图，在本书中，学习的是 STM32F103VET6。

(a) STM32F103VET6　(b) STM32F407ZGT6　(c) STM32F767IGT6

图 1-1　STM32 芯片外形图

2. STM32F103VET6 的内部资源及主要特点

● 内　核

采用 Cortex-M3 内核，主频高达 72 MHz，单片机的大脑 CPU 位于内核中。

● 存储器

① 512 KB Flash(相当于计算机硬盘，用于存储程序)；

② 64 KB 的 SRAM(数据存储器，相当于计算机的内存)。

● 数据输入/输出端口(I/O 口)

STM32 的 I/O 口，既可作输入也可作输出，还可以复用为其他功能，比如作串口的发送和接收引脚，这种不针对特定设备或应用设计的 I/O 口称为通用 I/O 口，用 GPIO 表示。STM32F103VET6 有 100 个引脚，其中可以作为 I/O 引脚的有 80 个。

● 芯片供电、时钟、复位和电源管理

① 供电电源电压低：2～3.6 V；

② 最大时钟频率为 72 MHz；

③ 具有上电复位、掉电复位和可编程的电压监控功能。

● 功耗低

① 有睡眠、停止和待机 3 种低功耗模式；

② 可用电池为 RTC 和备份寄存器供电。

● 集成 3 个 12 位的 A/D 转换模块

● 集成 1 个 12 位 D/A 转换模块(具有两个输出端)

● 具有直接数据传输模块 DMA，可以有效降低 CPU 的负担

● 集成 11 个定时器

① 4 个通用定时器；

② 2 个基本定时器；

③ 2 个高级定时器；

④ 1 个系统定时器；

⑤ 2 个看门狗定时器。

● 集成丰富的通信接口：串口、SPI 接口、CAN 接口、I^2C 接口等

3. STM32F103VET6 单片机名称的含义

ST——意法半导体公司；

M——Cortex-M 系列内核；

32——32 位处理器，即该处理器一次能处理 32 位（4 字节）数据；

F——该处理器为通用型处理器；

103——芯片型号；

V——该芯片有 100 个引脚；

E——该处理器用于存储程序的 Flash 有 512 KB；

T——封装是四面表贴型；

6——该芯片的工作温度为－40～85 ℃。

因为 STM32 产品阵容能够满足各种不同需求，且经过多年的发展，其拥有成熟的生态系统，所以 STM32 系列芯片在国内发展迅速。基于 STM32 的产品被广泛应用于工业控制、消费电子、物联网、通信设备、医疗服务、安防监控等领域。

得益于 ARM 公司 Cortex-M 的开放策略，目前，已有越来越多的国内单片机公司推出了兼容 STM32 的芯片。这些公司有兆易创新、珠海极海等，但整体上，国产芯片厂商的技术能力还比较薄弱，希望国产 MCU 厂家能越做越好，迎头赶上！

这里特别说明一下，虽然本教程以 STM32F103VET6 为例，但介绍的例程完全适用于兆易创新的 GD32F103VET6，而且国内厂商的函数库基本都是参考 ST 的函数来写的，所以熟练掌握 STM32 的应用后可以很方便地移植到国产 Cortex-M3 类的芯片学习中。

1.1.3 STM32 单片机的开发方法

STM32 的开发方法有 3 种，分别是寄存器方法、标准库方法和 HAL 库方法。

（1）寄存器方法

C 语言不能直接操作 STM32 的各类模块和外设，但可以操作这些模块和外设的寄存器，并通过这些寄存器来控制对应的模块和外设工作，因此直接采用操作寄存器来开发使得开发者能熟知原理，知其然也知其所以然，方便查找问题。由于 51 单片机也是基于对寄存器的控制来实现的，因此学过 51 单片机的读者会比较喜欢这种方法。不过由于 STM32 的寄存器数量是 51 单片机的数十乃至数百倍，如此多的寄存器根本无法全部记忆，开发时需要查阅芯片的数据手册，此时直接操作寄存器就变得费时费力，效率低下。

（2）标准库方法

由于 STM32 的寄存器众多，而且这些寄存器中相当多的寄存器里面又细分多个功能，导致直接采用寄存器方法开发时效率非常低，因此 ST 公司为每款芯片都编写了一份标准库文件。在该库文件中，每个模块寄存器的作用或者寄存器中位的作用采用宏定义好并保存在.h 文件中，同时标准库还对各个外设的寄存器采用结构体方式封装起来以便操作，针对模块操作的函数也被封装置于该模块的.c 文件中。使用标准库开发时，开发者只需要配置结构体变量成员就可以修改外设的配置寄存器，进而选择不同的功能，使用起来非常方便。这种方式即为标准库方法，目前很多开发人员都还在使用该方法。

由于经过封装，在开发时不必直接操作外设寄存器，而是通过标准外设库间接操作，避免了直接操作外设寄存器过程中因计算失误和工作疲劳等原因造成的错误。不过随着要求逐渐提高，越来越多的开发者在工程中加入了中间件（即 RTOS、GUI、FS 等）。因为标准外设库只是对寄存器的简单封装，并不能完全将硬件封锁在底层代码中，所以很容易造成中间件不兼容的情况发生，目前 ST 公司已经不再更新支持该方法。

(3) HAL 库方法

HAL 库方法是 ST 公司目前力推的开发方式。HAL 是 Hardware Abstraction Layer 的缩写，中文翻译为硬件抽象层。HAL 库是 ST 为 STM32 新推出的抽象层嵌入式软件，可以更好地确保跨 STM32 产品的最大可移植性。该库提供了一整套一致的中间件组件，如 RTOS、USB、TCP/IP 和图形等。

HAL 库中的函数出现得比标准库要晚，它与标准库一样，都是为了节省程序开发时间而推出的。标准库集成了实现功能需要配置的寄存器，而 HAL 库则更进一步，它的一些函数甚至做到了某些特定功能的集成。也就是说，同样的功能，标准库可能要用几句话，而 HAL 库只需用一句话就够了，并且 HAL 库能很好地解决程序的移植问题，不同型号的 STM32 芯片的标准库是不一样的，例如在 F4 上开发的程序移植到 F3 上是不能通用的，而使用 HAL 库，只要使用的是相同的外设，程序基本可以完全复制粘贴过去。另外，ST 公司还推出了一款可以用于对 STM32 资源进行初始化的软件 STM32CubeMX，该软件采用图形化的配置方式直接生成整个使用 HAL 库的工程文件，非常方便，但执行效率较低。

由于 ST 公司在主推 HAL 库，而且 HAL 库确实能够提高效率，因此建议选择 HAL 库作为主要学习方向，本书主要采用 HAL 库方法。

在以上 3 种方法中，标准库函数和 HAL 库函数都由 ST 官方提供，其实除了这两种库，ST 官方还提供了 LL 库。目前，ST 官方已经停止了标准外设库的更新，主推 HAL 库和 LL 库，不过由于 HAL 库在可移植性、易用性、完备性和硬件覆盖范围方面具有明显的优势，故 HAL 库是目前用得最多的一种库。

1.1.4 STM32 的开发步骤

STM32 的开发过程主要包含 5 步，具体如下：

① 编辑文件：编辑好的文件后缀为.c、.h 和.s；

② 编译文件：CPU 只认 0 和 1，所以需要将人能识别的文件编译为 CPU 能够识别的二进制文件，编译得到的文件称为目标文件，后缀为 o，如 led.o；

③ 链接文件：每一个 C 语言文件(.c)和汇编文件(.s)编译后都生成单独的目标文件，需要使用链接器连接起来变为可执行文件，对于 STM32，可执行文件的后缀是.hex(也可以是.bin)，比如 test1.hex；

④ 文件下载：编译好的文件位于计算机中，需要下载到 STM32 中才能被执行；

⑤ 上电执行：将.hex 文件下载到 STM32 后，给 STM32 芯片上电，程序即可执行。

若上电后发现与预期目标不一致，则回到源程序查找问题并改正，改正后再重复以上步骤，直到获得正确的结果。

1.2 STM32 开发依托的硬件平台——STM32 最小系统

本书的学习都在附录所示的电路上进行，该电路的主控制器是 STM32F103VET6，在消费电子、仪器仪表方面有着广泛的应用。实际上，STM32F103VET6 只需要处理器本身、时钟电路、启动电路、复位电路、下载电路和电源电路即可工作，这些电路构成的基于 STM32 的系统叫作 STM32 单片机最小系统，下面对该系统电路进行简单介绍。

1. 处理器 STM32F103VET6

STM32F103VET6 电路如图 1－2 所示。

网络	引脚号	引脚名	引脚名	引脚号	网络	信号
PA0	23	PA0-WKUP	PB0	35	PB0	
PA1	24	PA1	PB1	36	PB1	
PA2	25	PA2	PB2	37	PB2	BOOT1
PA3	26	PA3	PB3	80	PB3	LCD_RD
PA4	29	PA4	PB4	90	PB4	LCD_WR
PA5	30	PA5	PB5	91	PB5	
PA6	31	PA6	PB6	92	PB6	
PA7	32	PA7	PB7	93	PB7	
PA8	67	PA8	PB8	95	PB8	
PA9	68	PA9	PB9	96	PB9	
PA10	69	PA10	PB10	47	PB10	
PA11	70	PA11	PB11	48	PB11	
PA12	71	PA12	PB12	51	PB12	
SWDIO	72	PA13	PB13	52	PB13	
SWCLK	76	PA14	PB14	53	PB14	
PA15	77	PA15	PB15	54	PB15	
PC0	15	PC0	PD0	81	PD0	LCD_D0
PC1	16	PC1	PD1	82	PD1	LCD_D1
PC2	17	PC2	PD2	83	PD2	LCD_D2
PC3	18	PC3	PD3	84	PD3	LCD_D3
PC4	33	PC4	PD4	85	PD4	LCD_D4
PC5	34	PC5	PD5	86	PD5	LCD_D5
PC6	63	PC6	PD6	87	PD6	LCD_D6
PC7	64	PC7	PD7	88	PD7	LCD_D7
PC8 LCD_RS	65	PC8	PD8	55	PD8	LCD_D8
PC9 LCD_CS	66	PC9	PD9	56	PD9	LCD_D9
PC10 LCD_BL	78	PC10	PD10	57	PD10	LCD_D10
PC11	79	PC11	PD11	58	PD11	LCD_D11
PC12	80	PC12	PD12	59	PD12	LCD_D12
PC13	7	PC13-TAMPER-RTC	PD13	60	PD13	LCD_D13
OSC32_IN	8	PC14-OSC32_IN	PD14	61	PD14	LCD_D14
OSC32_OUT	9	PC15-OSC32_OUT	PD15	62	PD15	LCD_D15
PE0	97	PE0				
PE1	98	PE1				
PE2	1	PE2				
PE3	2	PE3				
PE4	3	PE4				
PE5	4	PE5				
PE6	5	PE6				
PE7	38	PE7				
PE8	39	PE8	OSC_IN	12	OSC_IN	
PE9	40	PE9	OSC_OUT	13	OSC_OUT	
PE10	41	PE10	BOOT0	94	R2 10 kΩ	BOOT0
PE11	42	PE11	NRST	14	RESET	
PE12	43	PE12				
PE13	44	PE13				
PE14	45	PE14				
PE15	46	PE15				

图 1－2　STM32F103VET6 电路图

由图 1－2 可知，STM32F103VET6 有 PA、PB、PC、PD 和 PE 一共 5 组 I/O 引脚，每组有

16 个引脚。

2. 时钟电路

时钟电路有两个，一个是外部高速系统时钟的时钟源，该电路的晶振频率范围为 4～16 MHz，这里采用 8 MHz，它负责为 STM32 内部电路模块的协调工作提供“节拍”。另一个是实时时钟电路（电脑右下角的时间和日期信号就来自此电路），它的晶体振荡器的频率为 32.768 kHz。这两个电路分别如图 1－3(a)和(b)所示。

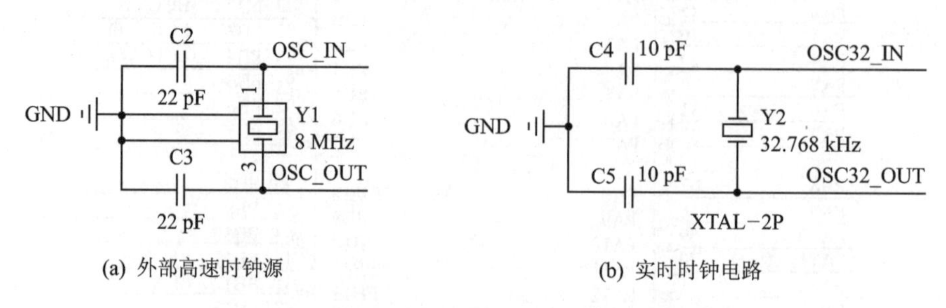

图 1－3　外部高速时钟源和实时时钟电路示意图

3. 复位电路

复位即恢复到初始状态。复位电路就是指将系统恢复到初始状态的电路。在使用计算机出现卡顿、死机等情况时，按下计算机的 RESET 键重新启动计算机就是一种典型的复位。

STM32 的复位有 3 种类型，分别是系统复位、电源复位和备份域复位。系统复位时，除了时钟控制寄存器 CSR 中的复位标志和备份域中的寄存器外，其他的寄存器全部被复位为默认值。产生系统复位的方式有多种，但一般常说的是与计算机的 RESET 键功能相同的复位，这种复位称为外部复位。STM32 的外部复位由 NRST 引脚低电平引起，其电路如图 1－4 所示。

由图 1－4 可知，所使用的外部复位电路通过按下 RESET 键达到复位目的，按下 RESET 键，NRST 引脚会被置低电平，系统进行复位。

4. STM32 的启动方式选择电路

STM32 的启动方式选择电路如图 1－5 所示。

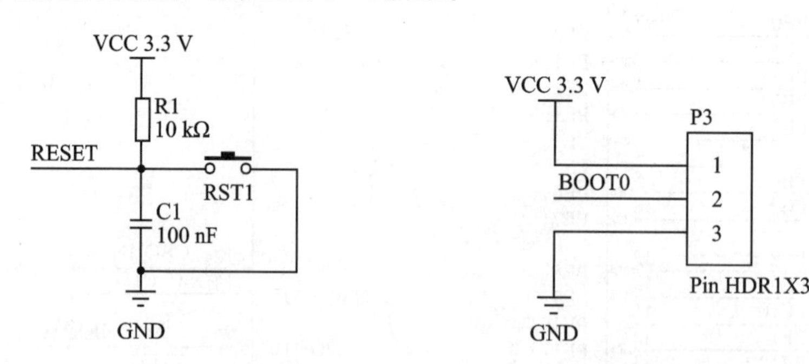

图 1－4　STM32 的复位电路　　**图 1－5　启动方式选择电路**

正常情况下 STM32 都是从 Flash 启动的，用这种方式启动时，需要将 BOOT0 引脚接地，因此使用实验板时，需要用短路帽将 BOOT0 与地 GND 连接起来。

5. 下载电路

计算机端编写的程序在编译好后，需要下载到芯片 STM32F103VET6 中上电执行，该程序才起作用，这里使用的下载器是 ST－Link，其接口电路如图 1－6 所示。

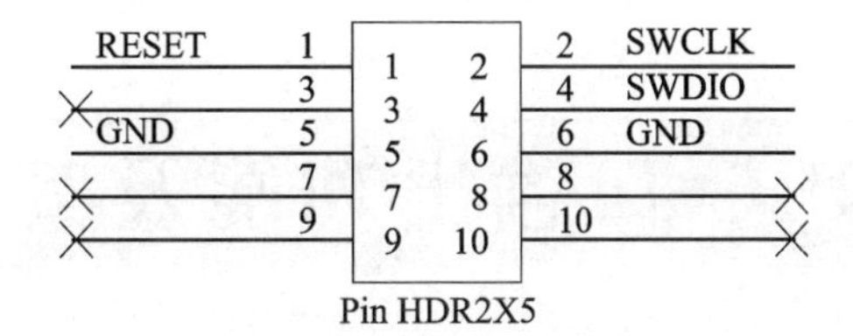

图 1－6　ST－Link 下载器电路

1.3　STM32 软件平台

STM32 的开发可以分为两大步骤：一是使用开发工具建立工程，生成可执行文件；二是将可执行文件下载到开发板中观察结果。

常用的 STM32 单片机开发工具有 MDK－ARM 和 IAR，在本书中，使用的是 MDK－ARM。MDK－ARM 是 Keil 公司开发的基于 ARM 核系列微控制器的嵌入式应用程序。它适合不同层次的开发者使用，包括专业的应用程序开发工程师和嵌入式软件开发入门者。MDK－ARM 集成了工业标准的 Keil C 编译器、宏汇编器、调试器、实时内核等组件，支持所有基于 ARM 的设备，能够编辑、编译、链接程序以生成最终的可执行文件。

另外，由于项目中都需要先对各个模块进行初始化后再操作该模块，为了方便对模块进行初始化，使用 ST 的初始化工具 STM32CubeMX 对 STM32 中使用到的各个模块进行初始化。

思考与练习

简答题

1. STM32 的最小系统包含哪些电路？
2. STM32 的复位有哪些？我们常说的复位是哪种？这种复位的电路是什么样的？

模块 2

STM32 的 GPIO 口输出功能及其应用

学习一颗芯片，首先应了解它的引脚功能及其作用。本模块将介绍 STM32F103VET6 的基本知识，除此之外，还介绍 I/O 引脚内部与输出相关的电路，通过这些介绍您将学习到单片机如何输出一个 bit 位 0 或者 1。模块最后讲解了一个应用示例，通过该示例您将能获知如何驱动一个单片机的 I/O 引脚输出 0 或者 1，由此打开单片机应用大门，开启单片机应用之旅。需要说明的是，从该模块开始，将使用到 STM32 的相关开发工具，主要是初始化工具 STM32CubeMX 和集成开发环境 MDK。这两个软件的安装和使用比较繁琐，本书不再赘述，详细安装步骤和安装流程请参考本书配套视频，视频中包括本模块例程代码和结果。

2.1 STM32F103VET6 引脚结构

学习一颗芯片，第一步要了解芯片的功能和引脚结构，STM32F103VET6 的引脚结构如图 2-1 所示。

图 2-1 STM32F103VET6 的引脚分布图

由图 2-1 可知,STM32F103VET6(后文简称 STM32)一共有 100 个引脚,其中既可以作输入也可以作输出的引脚(称为 I/O 引脚)一共有 80 个,这 80 个引脚分为 PA、PB、PC、PD 和 PE 一共 5 组,每组包含 16 个引脚。在图 2-1 中,这些 I/O 引脚的颜色为灰色。

除了 I/O 引脚,STM32F103VET6 还有一些电源/复位引脚,这些引脚分别为:

① VDD 和 VSS。VDD 为芯片电压正极,其值为 3.3 V;VSS 为芯片电压负极,地端,0 V。

② VBAT。VBAT 是备用电源正极引脚,当使用电池或其他电源连接到 VBAT 引脚上时,若 VDD 断电,则可以保存备份寄存器的内容和维持 RTC 的功能。如果应用中没有使用外部电池,VBAT 应连接到 VDD 引脚上。

③ VDDA 和 VSSA。VDDA 为模拟电压正极;VSSA 为模拟电压负极。

④ VREF+和 VREF-。VREF+为参考电压的正极;VREF-为参考电压的负极。

⑤ NRST。NRST 为复位引脚,N 为负极 negative 的第一个字母,合起来 NRST 意指低电平复位。

⑥ BOOT0。BOOT0 为启动选择引脚。

⑦ NC。NC 是 NOT CONNECTED 的缩写,即空脚。芯片中 NC 引脚没有任何用途,只是限于封装形式,该引脚必须存在。

在 STM32CubeMX 的引脚搜索框中输入某组 I/O 引脚名,可以看到该组引脚会闪烁,闪烁时灰色和黑色交替变化。例如,在引脚搜索框中输入 PE,可以看到变为黑色时的效果如图 2-2 所示。

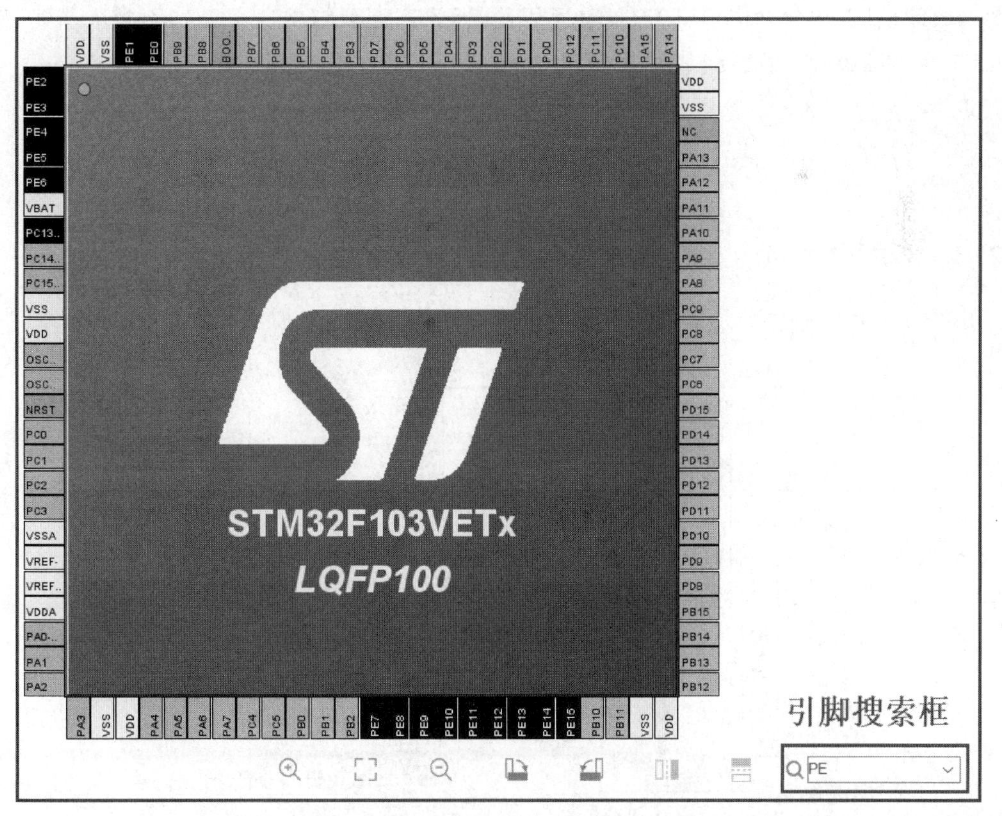

图 2-2　在引脚搜索框输入 PE 时,芯片 PE 组引脚变黑色示意图

如果输入具体某一个引脚，比如 PE12，可以看到 PE12 闪烁，颜色也是灰色和黑色交替变化。将鼠标移到 PE12 的上方然后单击左键，会弹出 PE12 引脚的功能列表，如图 2-3 所示。

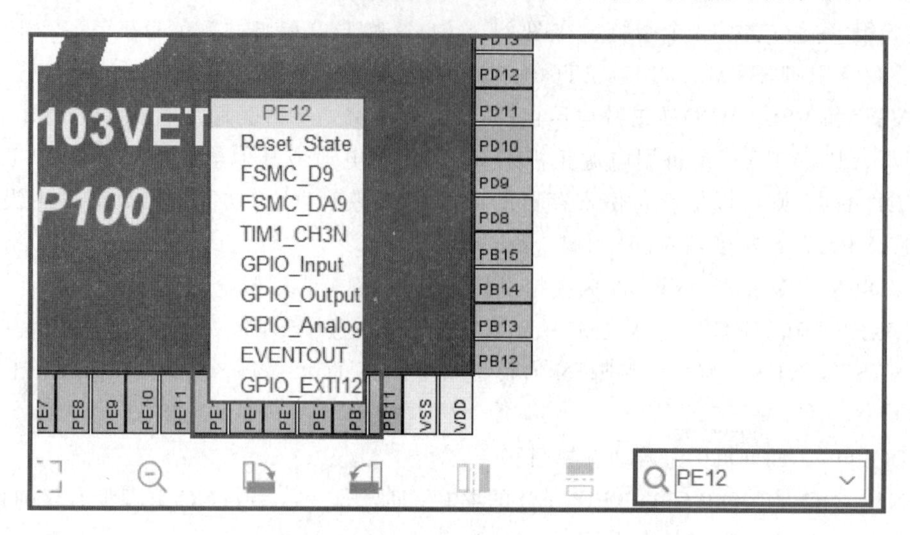

图 2-3　PE12 引脚功能列表示意图

可以看到，PE12 除了作为输入(GPIO_Input)和输出(GPIO_Output)外，还有其他 7 种功能。处理器的 I/O 引脚除了可以作为输入/输出引脚外，还能够作为其他模块，比如定时器输出、SPI 模块引脚、串口功能引脚等，具有通用性，因此这类引脚用通用 I/O 引脚来描述，称为 GPIO 引脚，以区别于功能比较单一的 I/O 引脚(如 51 单片机)。

2.2　STM32 的引脚输出功能

2.2.1　GPIO 口的内部结构

图 2-4 所示为一个普通的 GPIO 引脚的内部结构。

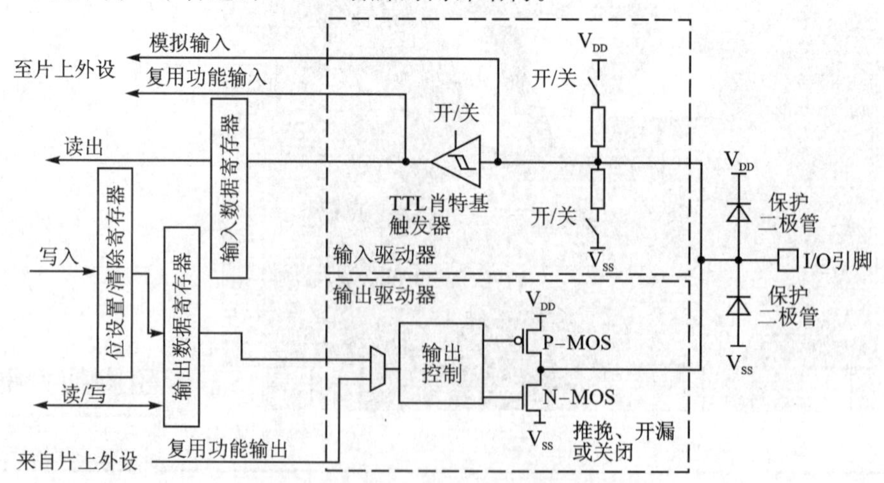

图 2-4　GPIO 引脚内部电路结构

由图 2-4 可知，每个 I/O 引脚的内部都由一对保护二极管、一对上下拉电阻、输入数据寄存器、肖特基触发器、位设置/清除寄存器、输出数据寄存器、输出控制逻辑、输出驱动电路等构成。其功能也有多个，主要有输入功能、输出功能、模拟信号输入、复用功能。

上文讲到 PE12 除了输入/输出之外还有多个功能，作为其他模块（比如串口、定时器）的输入/输出引脚的功能即为复用功能。

2.2.2 保护二极管的作用

这里补充说明一下保护二极管的作用。这对保护二极管用于保护引脚内部电路不会因外部高压受到破坏，比如，I/O 引脚的电压为 5 V，超过了 VDD（3.3 V），则与 VDD 相连的二极管导通，此时电流不会注入内部电路（或者说注入的电流很小），这样就很好地保护了内部电路不受大电流的冲击。又如若外部电路电压为 −2 V，这个电压比 VSS 低，则此时的负压产生的电流会从 VSS 经过与 VSS 相连的二极管输出到 I/O 引脚外部，这个电流同样不会注入引脚内部。所以这对二极管相当于一个稳压管，将引脚内部电路电压稳定在 0～3.3 V 之间。在各种电路设计中，也经常使用一对二极管来代替稳压二极管，这个设计值得注意。

2.2.3 GPIO 口的输出通道

GPIO 口的输出通道用于输出 0 和 1，以控制外部电路的执行。对于 STM32 来说，0 为低电平，1 为高电平。通过使用 I/O 口的输出功能可以灵活控制外部电路执行各种动作。

比如，图 2-5 所示的 LED 灯电路，LED 阳极接 3.3 V，阴极接 PE12 引脚。由二极管的单向导电性可知，当配置 PE12 输出低电平时，LED0 将会被点亮；当配置 PE12 输出高电平时，LED0 将会被熄灭。

又如，图 2-6 所示的有源蜂鸣器（有电流流过蜂鸣器时，会发声的蜂鸣器）电路，如果想有源蜂鸣器响，那么应该让电流流过蜂鸣器，而若想让蜂鸣器有电流流过，三极管 S8050 的 CE 端必须导通，则此时必须让 PB2 输出高电平。所以，只要配置 PB2 输出高电平，蜂鸣器就会发声。

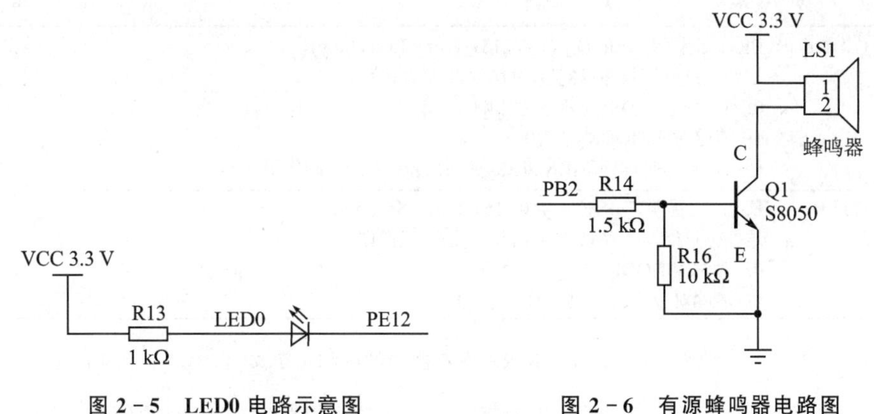

图 2-5 LED0 电路示意图

图 2-6 有源蜂鸣器电路图

GPIO 口的输出通道如图 2-7 所示。

由图 2-7 可知，GPIO 引脚内部电路的输出通道由位设置/清除寄存器 BSRR、输出数据寄存器 ODR、输出控制、一对 MOS 管驱动电路构成。

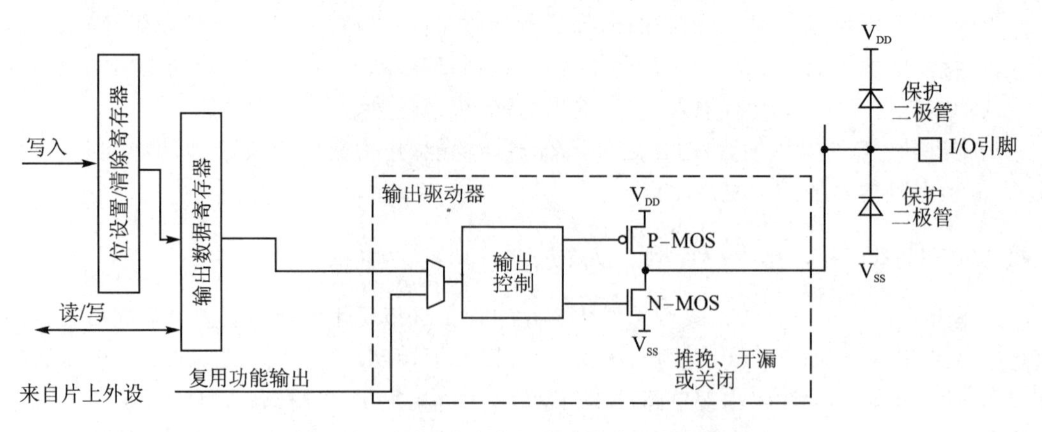

图 2-7　GPIO 引脚内部电路输出通道示意图

2.2.4　GPIO 引脚如何输出 0 和 1?

若要处理器在 I/O 引脚上输出高低电平,应该这样做:首先将 1 写入到位设置/清除寄存器 BSRR 中,然后 BSRR 去设置输出数据寄存器 ODR,ODR 再将数据通过输出控制逻辑发送到一对 MOS 管构成的驱动电路,最后在引脚上体现出对应的高低电平。

有些读者可能有疑问,处理器输出 0 和 1,但是从里向外送时,为什么只是输出 1 到 BSRR 呢?这就与 BSRR 寄存器的作用有关了。BSRR 全称为位设置/清除寄存器,一共 32 位,位序和各位的作用如图 2-8 所示。

31	30	29	28	27	26	25	24	23	22	21	20	19	18	17	16
BR15	BR14	BR13	BR12	BR11	BR10	BR9	BR8	BR7	BR6	BR5	BR4	BR3	BR2	BR1	BR0
w	w	w	w	w	w	w	w	w	w	w	w	w	w	w	w

15	14	13	12	11	10	9	8	7	6	5	4	3	2	1	0
BS15	BS14	BS13	BS12	BS11	BS10	BS9	BS8	BS7	BS6	BS5	BS4	BS3	BS2	BS1	BS0
w	w	w	w	w	w	w	w	w	w	w	w	w	w	w	w

位31:16 ①	BRy:清除端口x的位y (y=0...15) (Port x Reset bit y) 这些位只能写入并只能以字(16位)的形式操作。 0:对对应的ODRy位不产生影响 1:清除对应的ODRy位为0 注:如果同时设置了BSy和BRy的对应位,BSy位起作用
位15:0 ②	BSy:设置端口x的位y (y=0...15) (Port x Set bit y) 这些位只能写入并只能以字(16位)的形式操作。 0:对对应的ODRy位不产生影响 1:清除对应的ODRy位为1

图 2-8　BSRR 寄存器的位序和位定义

由图 2-8 可知,BSRR 寄存器的低 16 位用于设置输出数据寄存器的值为 1,高 16 位用于设置数据寄存器的值为 0。设置时都是写 1 有效。举两个例子加以说明:

①设置 PE 端口的 PE12 引脚输出低电平。在图 2-8 中,可以看到控制 PE12 位的是 PE 端口的 BSRR 寄存器的 bit12 和 bit28,而根据图 2-8 的描述,要想 PE12 输出低电平,应该将

1 写到 bit28 中。写入方式为：

```
GPIOE->BSRR |= 1 << 28;
```

② 设置 PE 端口的 PE12 引脚输出低电平。应该将 PE 端口的 bit12 设置为 1，此时的写入方式为：

```
GPIOE->BSRR |= 1 << 12;
```

这里面隐藏着两个知识点：

① 每一组 I/O 口都有 BSRR、ODR 等寄存器。

② 使用 STM32CubeMX 生成工程时，默认使用的是一个名为 HAL 的函数库，在 HAL 的函数库中，它已经将各组 I/O 口包含的寄存器使用结构体的方式封装到一起了。在访问某个寄存器时，只需要采用“端口名->寄存器”的方式，即可访问对应的寄存器。至于端口名，HAL 库中使用的是 GPIOA、GPIOB 等方式，而不是 PA、PB 这种方式。

实际中，程序方面如果希望实现输出引脚输出 0/1，也可以直接操作输出数据寄存器 ODR。输出数据寄存器 ODR 的各位位序和作用如图 2-9 所示。

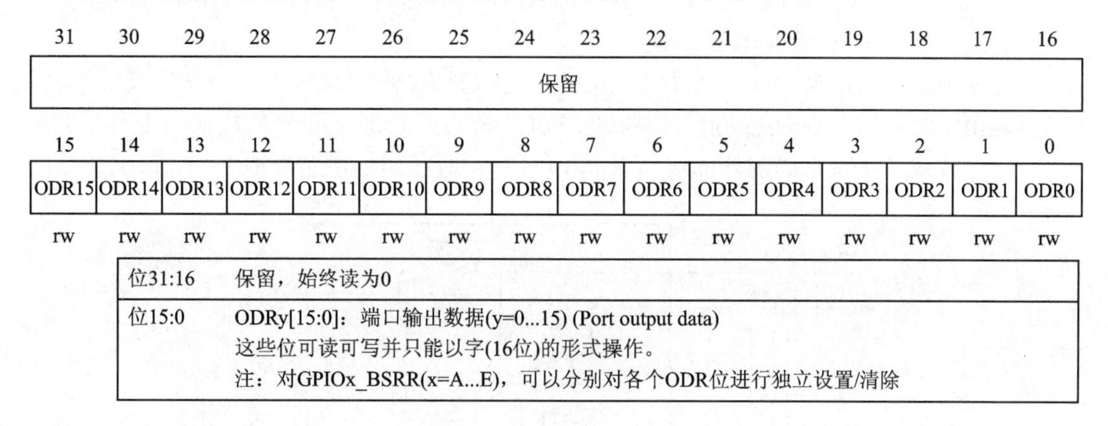

图 2-9 ODR 的位序和作用

输出数据寄存器 ODR 的操作与 BSRR 不同，它一共有 16 位有效，每一位控制一个引脚的输出。比如若 GPIOE 的 ODR 寄存器的 bit12＝0，则此时的 PE12 引脚就会被设置为低电平；若 GPIOE 的 ODR 寄存器的 bit13＝1，则此时的 PE13 引脚就会被设置为高电平。

由于 ODR 寄存器的名字非常好记，因此直接操作 ODR 使得 I/O 引脚输出高低电平更加直观。比如：

① 设置 PE12 引脚输出低电平，可以通过以下语句实现：

```
GPIOE->ODR &= (1 << 12);
```

② 设置 PE12 引脚输出高电平，可以通过以下语句实现：

```
GPIOE->ODR |= 1 << 12;
```

上面介绍了如何通过控制寄存器来控制一些相关电路。实际上，对任何处理器内部单元的操作最终都是对寄存器的操作，这些内部单元就是一个个设计好的电路，但是要“开关”拨到位才能工作,而寄存器就是这些“开关”。

将 I/O 口设置为输出,需要注意两点:

① 响应速度。I/O 引脚外接电路的频率可能不同,有的是高频场合,这时就要将 I/O 引脚配置为高频模式,以匹配外部电路。STM32 的 I/O 引脚作输出时的速度响应模式有以下 3 种设置:

- Low——低速模式,频率为 2 MHz。
- Medium——中速模式,频率为 10 MHz。
- High——高速模式,频率为 50 MHz。

若驱动 LED 灯或者驱动蜂鸣器,这些电路对频率没有要求,采用低速即可(尽量使用低速),以使产品能够获得更好的 EMC 性能。

② 驱动方式。STM32 作输出时,I/O 引脚的驱动方式有推挽输出和开漏输出两种选择。

- 选择为推挽输出时,图 2-10 中的一对 MOS 管都工作。当处理器从内部输出 1 时,P-MOS 导通,N-MOS 截止,此时 I/O 引脚的电平为 VDD(P-MOS 管导通后,VDD 和 I/O 引脚短路,所以 I/O 引脚电平等于 VDD),即高电平 1。当处理器从内部输出为 0 时,P-MOS 管截止,N-MOS 管导通,I/O 引脚相当于和 VSS 短路,所以此时 I/O 引脚为低电平,即此时输出为 0。
- 选择为开漏输出时,MOS 管中 P-MOS 截止,只有 N-MOS 工作。当处理器从内部输出 1 时,N-MOS 管截止,引脚状态未知。若想此时也输出 1,则应该使能图 2-4 的弱上拉或者在该引脚的外部接一个上拉电阻,这时的驱动电路如图 2-10 所示。

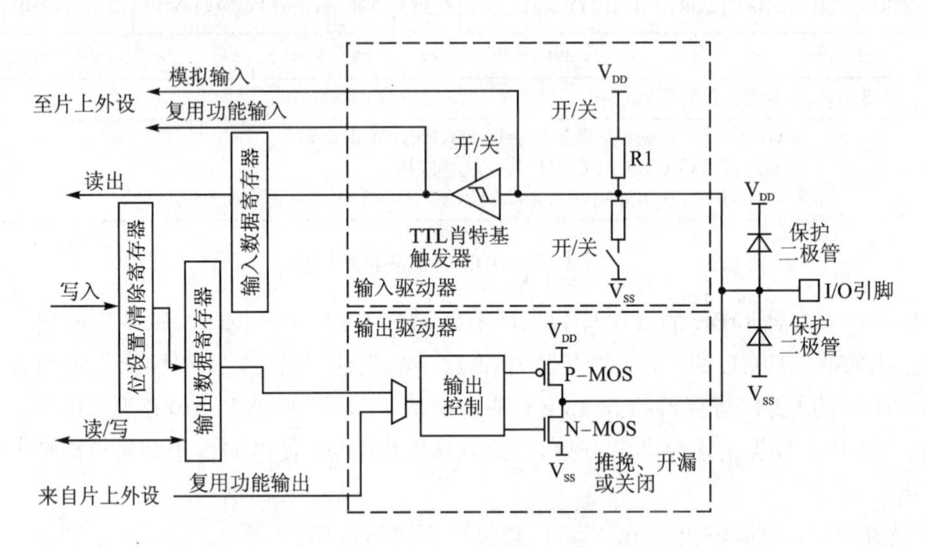

图 2-10　使能上拉电阻后的电路

此时,尽管 N-MOS 管截止,但由于上拉的作用,引脚会输出高电平!

当处理器从内部输出 0 时,N-MOS 管导通,I/O 引脚和 VSS 短路,此时输出为 0。

如果外部电路电流是灌入处理器,而且电流比较大,那么应该将引脚的输出驱动模式配置为开漏模式,让外部电流经过 N-MOS 管的源极流入 VSS,以保护处理器的内部电路。

2.2.5 GPIO 口输出功能的使用示例

了解了 GPIO 口的输出功能后，下面通过一个例子来进一步学习 GPIO 引脚输出功能的使用。

例 2-1：已知 LED0 与 STM32 的连接图如图 2-5 所示，编写程序，实现 LED0 的闪烁效果。

【实现过程】

① 配置芯片时钟，分为两步。

a. 配置芯片高速时钟使用外部晶体/陶瓷晶振和 STM32 的内部时钟调整模组配合产生的时钟作为芯片主要时钟源，其配置过程如图 2-11 所示。

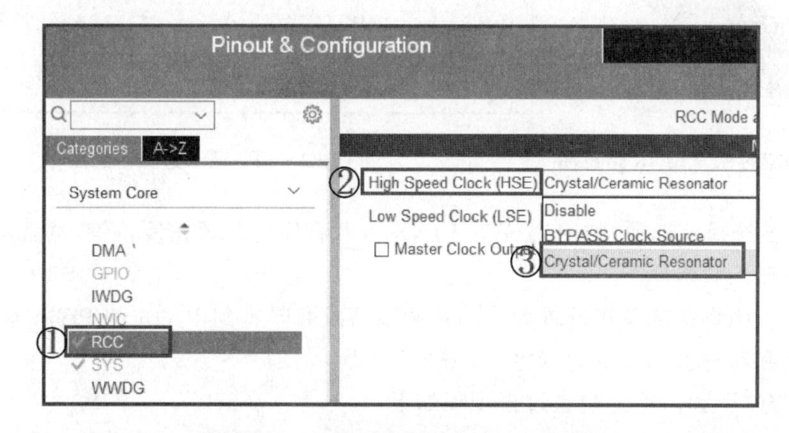

图 2-11 配置芯片高速时钟选项示意图

b. 配置芯片系统时钟频率，其配置过程如图 2-12 所示。

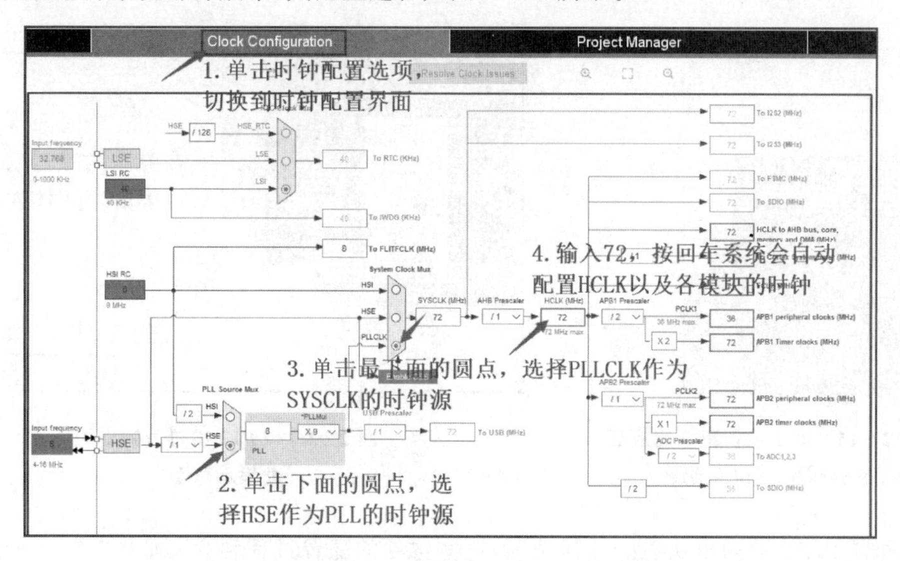

图 2-12 系统时钟配置过程图(注意要按回车)

配置好后，HCLK 以及定时器模块的内部时钟频率都为 72 MHz，而 APB1 总线的频率为 36 MHz，APB2 总线的频率则为 72 MHz。

② 配置调试选项。在本教程中,使用的调试工具为如图 2-13 所示的 10PIN 的 ST-LINK。

需要在 STM32CubeMX 的调试选择项中选择调试方式为 Serial Wire(串口线),其选择过程如图 2-14 所示。

图 2-13　10PIN 的 ST-LINK 示意图

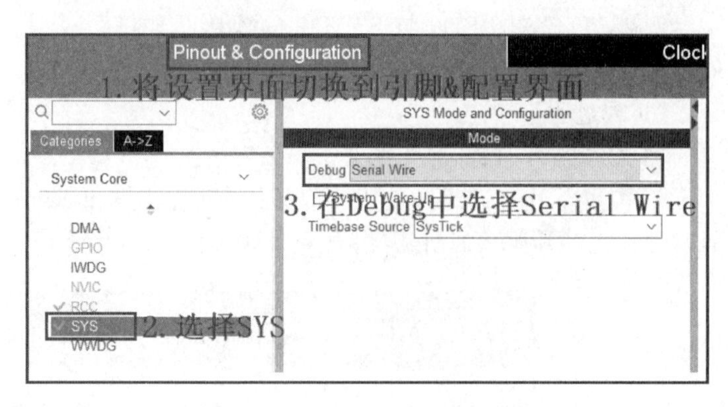

图 2-14　调试选择示意图

注意:若不选择该选项,则使用 ST-LINK 下载程序时需要按复位键,然后再在 MDK 中单击“下载”按钮下载程序。

在图 2-14 中将调试模式设置为 Serial Wire 后,可以看到 PA13 和 PA14 这两个默认的串口下载数据和时钟引脚会变为绿色,如图 2-15 所示。

③ 配置 I/O 引脚。整个配置过程步骤如下:

a. 找到 PE12,将其功能设置为 GPIO_Output(输出),如图 2-16 所示,设置好后可以看到 PE12 变为绿色。

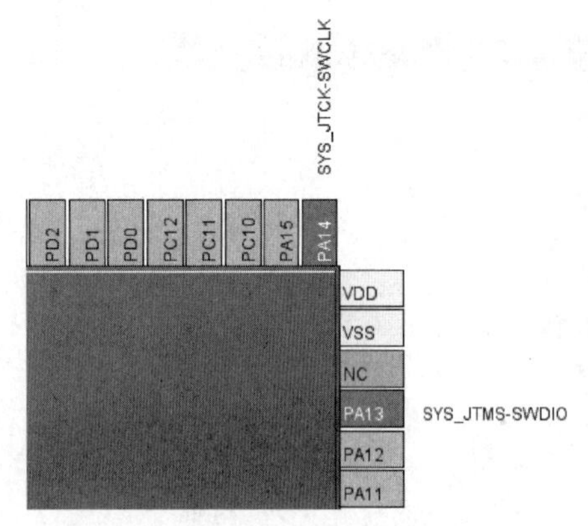

图 2-15　调试设备配置完成后 PA13 和 PA14 引脚图

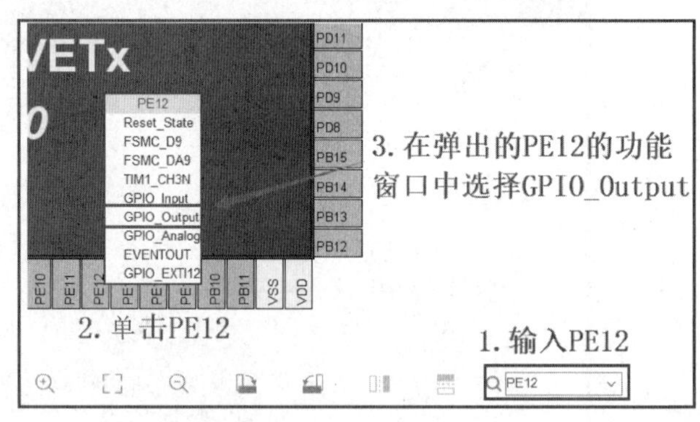

图 2-16　PE12 设置为输出的过程示意图

b. 配置 PE12 的输出功能的其他选项,这些选项的配置过程和含义如图 2-17 所示。下面逐一介绍这些选项。

➢ GPIO output level。该选项用于初始化 I/O 引脚的电平,有高电平 High 和低电平 Low 两个选项,若选择 High,则初始化后 LED0 将不会亮;若选择 Low,则初始化完成

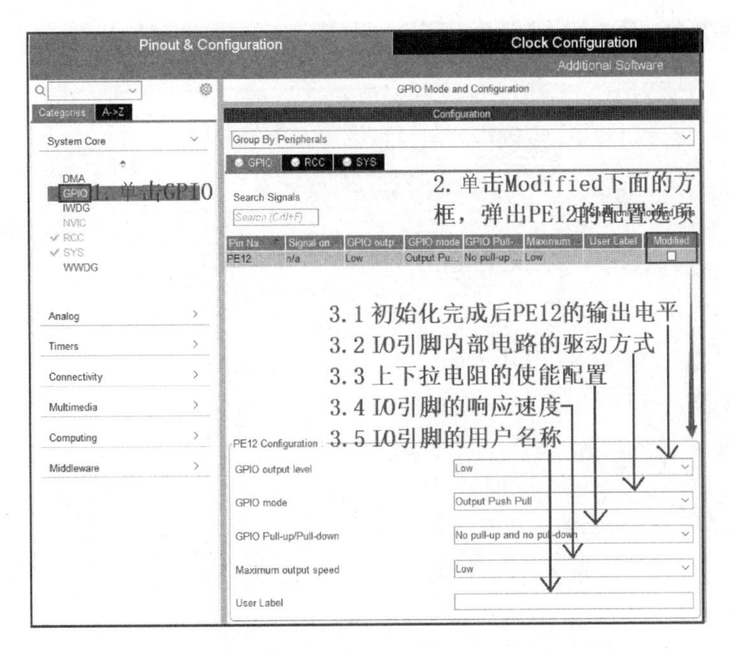

图 2-17　PE12 作为输出时的配置选项示意图

后 LED0 将会亮。这里采用默认的 Low，当 STM32CubeMX 生成代码后，编译并将生成的 hex 文件下载到开发板中，可以看到 LED0 亮。

➢ GPIO mode。该选项为 I/O 引脚作输出时其内部电路的驱动选项，有两个选择，分别为 Output Push Pull（该选项为推挽输出选项）和 Output Drain Open（该选项为开漏输出选项）。

开漏输出一般用于大电流场合，在本教程的示例中，这些 I/O 引脚控制电路都是小电流场合，因此这里采用默认选项，配置为推挽输出。

➢ GPIO Pull-up/Pull-down。该选项为上下拉电阻使能选项。STM32 的每个 I/O 引脚的内部都有一对受控的上拉电阻和下拉电阻，该选项用于配置是否使能里面的上拉或者下拉电阻，它里面有 3 个选择：No pull-up and No pull-down（既不使能上拉电阻也不使能下拉电阻）、Pull-up（使能上拉电阻）、Pull-down（使能下拉电阻）。

由于内部电路的驱动方式使用推挽方式，可以输出 0 也可以输出 1，因此这里不需要使能上拉电阻也不需要使能下拉电阻，采用默认选项——No pull-up and No pull-down。

➢ Maximum output speed。该选项用于配置 I/O 引脚的响应速度，对于低频场合，对这个响应速度不做要求，因此里面的 3 个选项任意选择一个即可，这里采用默认选项——低速。

➢ User Label。为方便程序员记忆，该选项为引脚取一个别名的选项。比如本示例中，可以为 PE12 取名为 LED0，以方便记忆。不过，这里我们仍然采用默认选项。

④ 配置工程管理。配置工程管理有 3 个选项，分别是工程 Project、代码生成 Code Generator 和高级设置 Advanced Settings。下面分别介绍这 3 个选项的配置。

➢ Project。工程选项主要是填写工程的名称、工程的存放路径、使用的 IDE 工具和版本、堆栈设置等，它们的设置如图 2-18 所示。

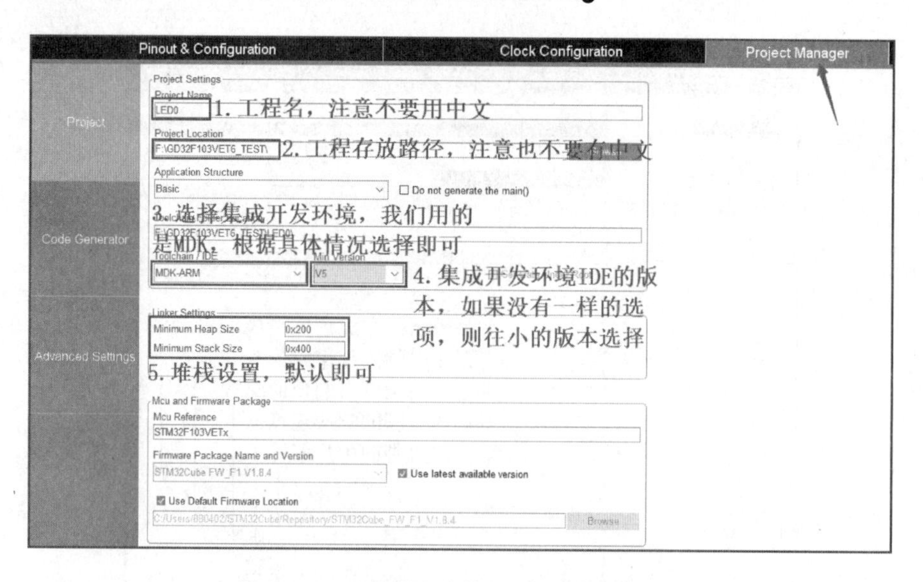

图 2-18　工程管理中的 Project 选项的设置

➢ Code Generator。代码生成选项的配置如图 2-19 所示。

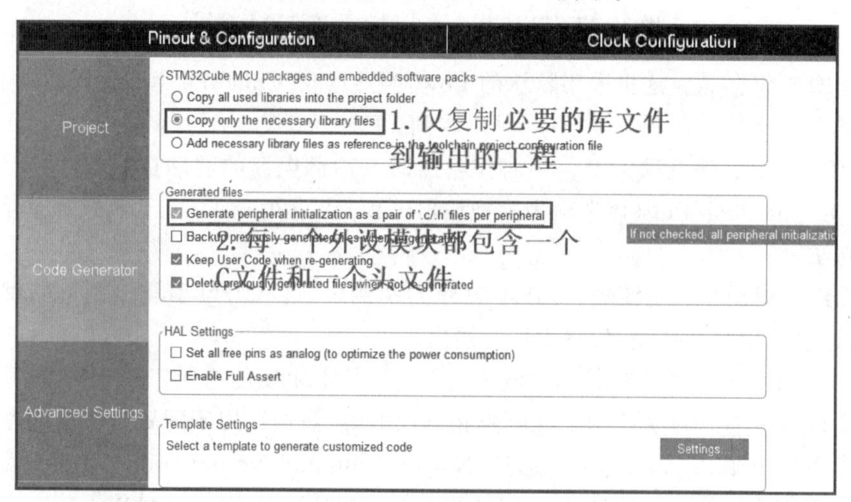

图 2-19　代码生成选项示意图

➢ Advanced Setting。高级设置这里使用默认设置即可。

⑤ 单击 STM32CubeMX 右上角的“GENERATE CODE”按钮，生成代码，该按钮如图 2-20 所示。

⑥ 代码生成后，会弹出如图 2-21 所示的对话框。

图 2-20　GENERATE CODE

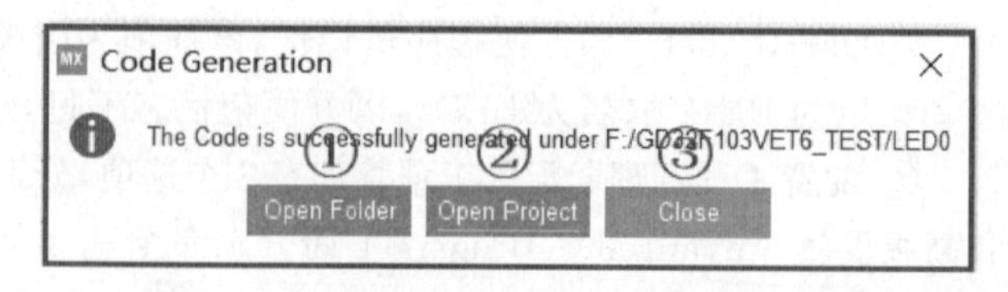

图 2-21　代码输出结果示意图

图 2-21 中：① 为打开文件夹选项，如果单击该按钮，将打开生成的 MDK 工程所在的文件夹；② 为打开工程选项，如果单击该选项，将打开工程；③ 为关闭选项，单击它，将关闭该对话框。

单击打开工程选项，打开工程，然后编译工程，并将编译结果下载到开发板上，可以看到 LED0 处于点亮的状态。

⑦ 在工程中添加代码。经过步骤⑥后，LED0 点亮了，但是例子的目标还没有实现。若想实现例子的目标，可以在主函数中采用如下结构：

```
int main(void)
{
    系统初始化；
    while(1)
    {
        LED0 亮；
        延时以便能观察到灯亮；
        LED0 灭；
        延时以便能观察到灯灭；
    }
}
```

注意：如果灯亮或灭的持续时间太短，人眼可能捕捉不到，大家可以测试一下。

对于系统初始化，在使用 STM32CubeMX 输出工程时，CubeMX 已经调用 HAL 库的函数/组件进行了初始化，这些不用管。目前的问题是如何使 LED0 亮/灭和延时，下面分别介绍。

● LED0 的亮/灭

a. 亮。使用如下语句来实现：

```
HAL_GPIO_WritePin(GPIOE, GPIO_PIN_12, GPIO_PIN_RESET);
```

b. 灭。使用如下语句来实现：

```
HAL_GPIO_WritePin(GPIOE, GPIO_PIN_12, GPIO_PIN_SET);
```

可以看到，设置 I/O 引脚输出高低电平可以通过调用 HAL 库中的 GPIO 写函数 HAL_GPIO_WritePin()来实现，该函数的最后一个参数为 I/O 引脚的状态，若设置为 GPIO_PIN_RESET，则引脚输出低电平，若设置为 GPIO_PIN_SET，则引脚输出高电平。

当然，也可以直接通过配置 BSRR 或者 ODR 寄存器的相应位来控制 PE12 的输出，大家可以试一试。

● 延　时

HAL 库提供了一个默认的基于滴答定时器的延时函数 HAL_Delay()。该函数只有一个整型参数，它延时以 ms 为单位，若想延时 1 s，则参数应该设置为 1 000，也即延时语句应该为：

```
HAL_Delay(1000);
```

最终，main()函数的内容如图 2-22 所示。

```
65  int main(void)
66  {
67    HAL_Init();
68    SystemClock_Config();
69    MX_GPIO_Init();
70
71    /* Infinite loop */
72    /* USER CODE BEGIN WHILE */
73    while (1)
74    {
75      HAL_GPIO_WritePin(GPIOE, GPIO_PIN_12, GPIO_PIN_RESET);
76      HAL_Delay(1000);
77      HAL_GPIO_WritePin(GPIOE, GPIO_PIN_12, GPIO_PIN_SET);
78      HAL_Delay(1000);
79      /* USER CODE END WHILE */
80
81      /* USER CODE BEGIN 3 */
82    }
83    /* USER CODE END 3 */
84  }
```

图 2-22 主函数内容示意图

⑧ 对工程进行编译，并将结果下载到开发板上，可以看到开发板上的 LED0 闪烁，每次亮灭持续时间各为 1 s，例 2-1 的目标完成，更加详细的操作可以观看本书配套的操作视频。

2.3 结论及注意事项

① 对于 STM32 的 GPIO 引脚，每一个引脚都可以配置为多个功能，作为输出时要配置为 GPIO_Output 功能。

② 配置为输出功能时，要配置以下两个关联项：

a. 引脚内部电路的驱动方式。I/O 引脚内部的驱动方式有两种，一种是推挽，另一种是开漏。在非大电流、灌电流的情况下，使用推挽方式，在这种方式下引脚可以输出 1 也可以输出 0，因此不需要配置上拉电阻/下拉电阻的使能。

b. 输出响应速度，通常使用默认即可。

③ 一定要注意在 STM32CubeMX 中设置调试方式，否则使用 ST-LINK 下载时，只有按下复位键并同时按下载，才能下载程序。

④ 对于 STM32 的每一个模块电路，使用时都要先使能该模块的时钟，不过，在配置 STM32CubeMX 输出工程时没有体会到这一点，但是大家一定要警惕。

⑤ STM32CubeMX 在生成代码时，默认调用的是 HAL 库函数，HAL 库函数的取名方式如下：

```
HAL + 模块名称 + 模块动作(函数参数)
```

比如本模块中学到的 GPIO 引脚输出高低电平的函数 HAL_GPIO_WritePin()。

⑥ HAL 库的延时函数 HAL_Delay()的延时以 ms 为单位。

思考与练习

1. 填空题

(1) STM32F103VET6 有 5 组 I/O,分别为______________________________,每组 I/O 有________个 I/O 端口,每个 I/O 端口控制一个引脚,故它共有 80 个 I/O 引脚。

(2) STM32 的引脚输出功能有两种电路驱动方式可以设置,分别是________________和________________,其中不用设置上下拉电阻的使能就可以输出 0 和 1 的是____________。

(3) 在正确配置端口后,ODR 寄存器的某位置 1 时对应引脚输出________,置 0 时输出________。

(4) HAL 库中,用于设置引脚高低电平的函数是____________________。

(5) HAL 库中提供了一个延时函数____________________,它以 ms 为单位。

2. 思考题

参考“例 2-1”,驱动附录电路中蜂鸣器间隔发声。

模块 3

GPIO 口的输入功能及其应用

当用单片机与外界电路进行数据交互时，最频繁的就是读外部电路发送过来的数据，并将这些数据存储到指定的区域中。在本模块的学习中，首先从 I/O 引脚的内部电路中的输入电路的作用机理出发，介绍数据如何进入单片机，然后通过一个典型的机械按键状态的识别来学习如何获取 I/O 引脚外部电路的数据，为各种单片机的数据采集应用奠定基础。除了学习 I/O 引脚作为输入的原理和应用，还对按键电路的设计、上下拉电阻的作用原理、按键消抖进行了深入分析，使您在写代码的同时默默提高电路设计和分析能力，这两者是嵌入式工程师的必备技能。

3.1 GPIO 口的输入通道

1. GPIO 口输入的作用

输入指将处理器外部的逻辑信号 0 或者 1 读入到处理器的内部。输入是每一个处理器的 I/O 引脚的基本功能。利用处理器的输入功能可以获取外部电路的状态，进而做出进一步的判断。GPIO 输入功能的典型应用是获取机械按键的状态，即判断按键是按下还是弹起。

2. GPIO 引脚内部的输入通道

利用 GPIO 的输入可以获得引脚的状态，但是这个状态保存在哪里呢？我们先来看 GPIO 引脚内部的输入电路。图 3－1 给出了一个 I/O 引脚内部电路。

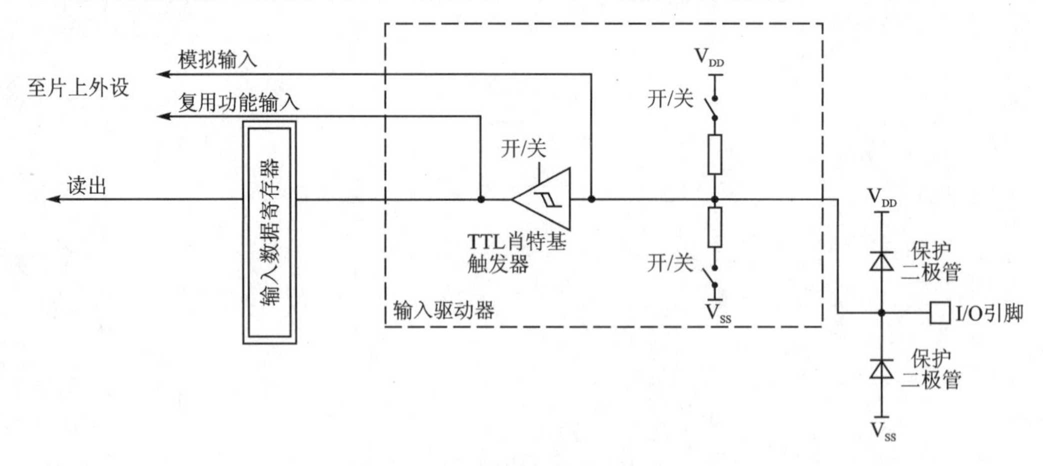

图 3－1　GPIO 引脚内部的输入通道

由图 3－1 可知，GPIO 引脚的输入通道包含以下模块：保护二极管、上下拉电阻、触发器、输入数据寄存器 IDR。

其中，保护二极管和上下拉电阻是输入和输出共有的。触发器和输入数据寄存器则是独自拥有的。这个输入数据寄存器 IDR 的作用就是保存引脚的状态。

比如，将 PE 口全部设置为输入。某个时刻这个 PE 口的 16 个引脚从高位 PE15 到低位 PE0 的信号电平如表 3-1 所列。

表 3-1 PE 口的信号电平

引 脚	PE15	PE14	PE13	PE12	PE11	PE10	PE9	PE8	PE7	PE6	PE5	PE4	PE3	PE2	PE1	PE0
信号电平/V	3.3	0	3.2	0	0	3.15	3.3	0	0	0	0	3.3	3.3	0	0	0

要注意，表 3-1 中逻辑电平并不一定是 3.3 V，而是一个范围，3.15 V 足以让处理器判断为逻辑 1。

在表 3-1 所列的时刻，去读取 PE 口的信号，读到的结果如下：

```
PE = 0b1010 0110 0001 1000
```

0b 代表后续数据用二进制来表示。

由于读入的数据位于 IDR 中，因此可以定义一个变量，将它读走，比如：

```
uint16_t  temp = 0;
temp = GPIOE->IDR;
```

当然，更常用的是判断某一个引脚在某个瞬间是高电平还是低电平。举个例子来说明，比如，判断 PA2 是高电平还是低电平，若是高电平，则将 LED0 熄灭，若是低电平，则将 LED0 点亮。

可以采用如下语句来解决上述问题：

```
if(GPIOA->IDR &= ~(1 << 2))
    HAL_GPIO_WritePin(GPIOE, GPIO_PIN_12, GPIO_PIN_RESET ); //LED0 亮
else
    HAL_GPIO_WritePin(GPIOE, GPIO_PIN_12, GPIO_PIN_SET ); //LED0 灭
```

对很多读者来说，直接操作寄存器是比较痛苦的事情，不过，HAL 库已经集成了一个读取某个引脚状态的函数，可以解决大家的烦恼。这个函数的函数名为 HAL_GPIO_ReadPin()，它的原型为：

```
GPIO_PinState HAL_GPIO_ReadPin(GPIO_TypeDef * GPIOx, uint16_t GPIO_Pin)
```

可以看到，该函数有 2 个参数，第 1 个参数用于说明要读取的 I/O 引脚位于哪一组端口，第 2 个参数用于说明要读取的是哪个引脚的状态。比如，要读取 PA2 的状态，直接使用如下命令：

```
HAL_GPIO_ReadPin(GPIOA, GPIO_PIN_2);
```

3.2 机械按键状态识别

3.2.1 机械按键电路设计

1. 机械按键识别原理

按键有两个状态，一个是按下，另一个是弹起。通过巧妙的电路设计，使得按键的按下与

弹起时 I/O 引脚的逻辑电平不一样，比如按下是低电平，弹起是高电平。通过 GPIO 引脚的输入功能将这些逻辑电平输入到内部供处理器识别，由此可知按键是按下还是弹起，并做出进一步的判断。

2. STM32 中常用的机械按键电路

STM32 中常用的机械按键电路设计如图 3-2 所示，附录的开发板也采用这种方式设计。

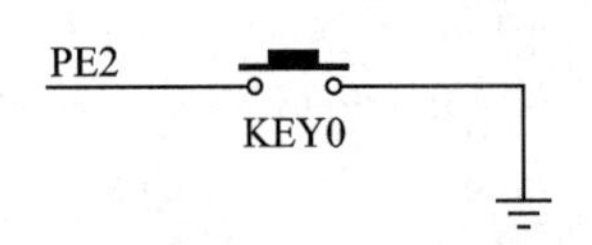

(a) 按键一端接I/O引脚，另一端接地

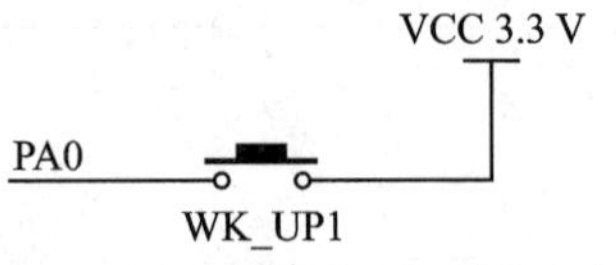

(b) 按键一端接I/O引脚，另一端接高电平

图 3-2 按键电路图

由图 3-2 可知，STM32 的机械按键电路设计有两种：

① 按键一端接 I/O 引脚，另一端接地，如图 3-2(a)所示。

② 按键一端接 I/O 引脚，另一端接高电平，如图 3-2(b)所示。

下面对图 3-2(a)进行讨论，看看如何识别按键的状态。

在图 3-2(a)中，按键按下时，PE2 与地相连，此时 CPU 读到的状态是 0，当按键弹起时，此时 CPU 读到的状态是什么呢？答案是未知的，因为它取决于引脚内部的上下拉电阻的设置。

下面来看一下加上 STM32 内部的上下拉电阻后的电路，如图 3-3 所示。

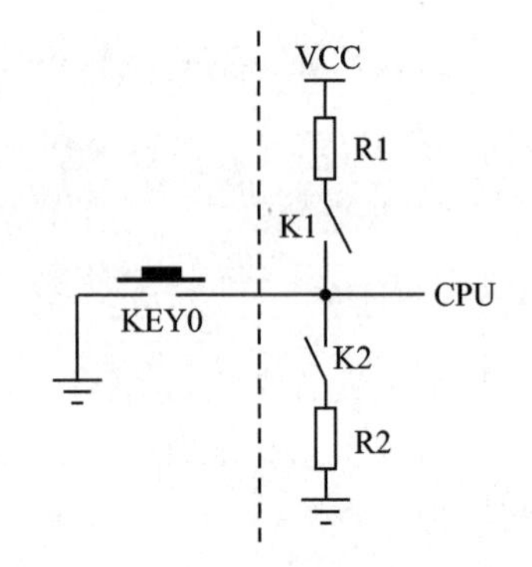

图 3-3 加上 STM32 引脚内部的上下拉电阻后的电路图

下面对图 3-3 进行讨论。

① K1 按下，即 R1 使能，此时按键没有按下，CPU 读到的是 VCC 的值，即高电平；

② K2 按下，即 R2 使能，此时按键没有按下，CPU 读到的是地 GND 的电平，即低电平；

③ K1 和 K2 都按下，此时 R1 和 R2 串联(CPU 吸取的电流非常小，所以电流从 VCC 流出，经过 R1 和 R2 流到地)，CPU 读到的值是 R2 的分压值，此时引脚的电平状态是未知的。

④ K1 和 K2 都断开，此时为浮空状态，读到的值也是未知的。

因为按键按下时，I/O 引脚通过按键与地相连，所以此时 I/O 引脚是低电平。以上 4 种情况中，只有情况①的电路接法能够区别出按键的状态，所以对于图 3-2(a)的按键电路，需要使能引脚内部的上拉电阻。同样的，如果使用的是图 3-2(b)的电路，基于同样的分析，应该使能引脚内部的下拉电阻。

3. 上拉电阻和下拉电阻的含义

在前面的介绍中，多次看到了上拉电阻和下拉电阻的概念，下面我们来做一个归纳：

① 上拉电阻，指电阻的一端与单片机的 I/O 引脚相连，另一端接高电平的电阻，如图 3-4(a)所示。

② 下拉电阻，指电阻的一端与单片机的 I/O 引脚相连，另一端接地的电阻，如图 3-4(b)

所示。

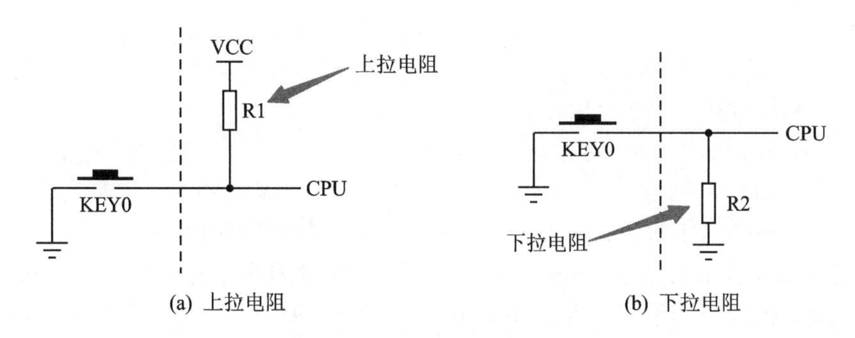

图 3－4　上拉电阻和下拉电阻

3.2.2　机械按键状态识别函数的思路设计

1. 按键状态识别函数的初步设计

通常，都是设计一个函数来单独判断按键是否按下，这个按键函数的设计思路如下：

```
uint8_t Key_Scan(void)
{
    if(KEY0_Status == 0) || (WK_UP1_Status == 1)  //说明有按键按下了
    {
        if(KEY0_Status == 0)       return KEY0_Value;
        if(WK_UP1_Status == 1)     return WK_UP1_Value;
    }
    return KEY0_NO;
}
```

在函数 Key_Scan()中，我们先判断 KEY0 的状态是不是为 0 或者 WK_UP1 的状态是不是为 1，如果 KEY0 的状态为 0 或者 WK_UP1 的状态为 1，说明按键按下了，接下来进行细分，判断是 KEY0 按下还是 WK_UP1 按下，并返回对应的按键值。

2. 按键状态识别函数的调用

对于 Key_Scan()函数的调用，可以在主函数中这样调用：

```
int main(void)
{
    uint8  keyvalue = 0;
    系统初始化;
    while(1)
    {
        keyvalue = Key_Scan();
        if(keyvalue == KEY0_Value) LED0 = ~LED0;    // LED0 状态反转
        if(keyvalue == WK_UP1_Value) LED1 = ~LED1; // LED1 状态反转
    }
}
```

在主函数中，循环执行按键扫描，若发现按键扫描函数返回的是 KEY0_Value，则将 LED0 的状态反转，若返回的是 WK_UP1_Value，则将 LED1 的状态反转。总的来说，我们希望按下一次按键时，对应的 LED 状态反转。

3. 按键状态重复判断的解决方案

上面这两个函数的配合是否有问题呢？表面看来好像没有问题，但是当用这个思路去完善程序并下载到开发板执行时，发现按键按下时，灯的状态是不受控的，这个不受控的原因是什么呢？接下来我们看一下整个执行过程。

假设有按键 KEY0 按下，则整个过程为：

① 执行语句“keyvalue = Key_Scan();”此时返回 KEY0_Value，接着进行判断并使得 LED0 状态反转一次，这个过程持续时间非常短，1 ms 内估计就能执行完。

② 接着回来执行语句“keyvalue = Key_Scan();”，此时由于按键仍然处于按下状态（人为按下时，按键的按下状态通常会超过 100 ms，典型的是 600 ms 左右），因此又会返回 KEY0_Value，接着进行判断并使得 LED0 状态再反转一次。

注意：此时按键的状态已经变化两次了，但是我们只执行了一次按下！！！

继续往下分析，你会发现按键按下一次时，这个判断系统会执行多次返回，这是错误的。错误的原因在哪里呢？在 Key_Scan()这个函数中，里面只要 KEY0_Status 等于 0，就会返回一次 KEY0_Value，所以需要加一个变量，用于描述按键的当前状态，若当前按键已经按下，则这里就不需要再次判断了。由于这个变量描述按键的按下与弹起状态，在 Key_Scan()执行完后也不能释放它的存储空间，因此需要用 static 修饰它，此时的函数 Key_Scan()需要如下修改：

```
uint8_t Key_Scan(void)
{
    static  uint8_t  flag = 0; //flag = 0 说明当前是弹起，= 1 说明是按下
    /* 如果刚才是弹起但现在有按键按下，则判断是那个按键按下，同时将按键状态置为 1 */
    if((flag == 0)&&((KEY0_Status == 0) || (WK_UP1_Status == 1)))  {
        flag = 1;
        if(KEY0_Status == 0)  return KEY0_Value;
        if(WK_UP1_Status == 1)  return WK_UP1_Value;
    }
    return KEY0_NO;
}
```

将 Key_Scan 函数修改后，实现了按下一次就执行一次返回，解决了按下一次返回多次的问题，但是它仍然是有重大缺陷的，因为按下一次按键后，flag 被设置为 1，当按键再次被按下时，里面的按下判断再也得不到执行，即刚刚修改后的函数只能判断一次按键按下。若想将 flag 恢复为 0，要在 Key_Scan()中增加弹起的语句，如果弹起了，将 flag 设置为 0，则就可以解决多次按下后都能触发判断的问题了。增加判断后的函数 Key_Scan()如下：

```
uint8_t Key_Scan(void)
{
    static  uint8_t  flag = 0; //flag = 0 说明当前是弹起，= 1 说明是按下
    /* 如果刚才是弹起但现在有按键按下，则判断是那个按键按下，同时将按键状态置为 1 */
    if((flag == 0)&&((KEY0_Status == 0) || (WK_UP1_Status == 1)))  //说明有按键按下了
    {
      flag = 1;
      if(KEY0_Status == 0)  return KEY0_Value;
      if(WK_UP1_Status == 1)  return WK_UP1_Value;
    }
    /* 如果刚才按键按下，现在弹起了，则设置 flag = 0 */
```

```
    if((flag == 1)&&((KEY0_Status == 1) && (WK_UP1_Status == 0)))  {
        flag = 0;
    }
    return KEY0_NO;
}
```

注意：按键弹起指的是所有按键的弹起，所以(KEY0_Status==1) && (WK_UP1_Status==0)，这里要用逻辑“与”，体现出“而且”之意。

至此，机械按键状态识别的关键问题就解决了。

4. 机械按键抖动及其消除

虽然关键问题解决了，但还有一些细节要注意，这个细节就是按键的抖动。

以图 3-5 所示的按键电路为例，当按键按下时，PE2 引脚的电平状态如图 3-6 所示。

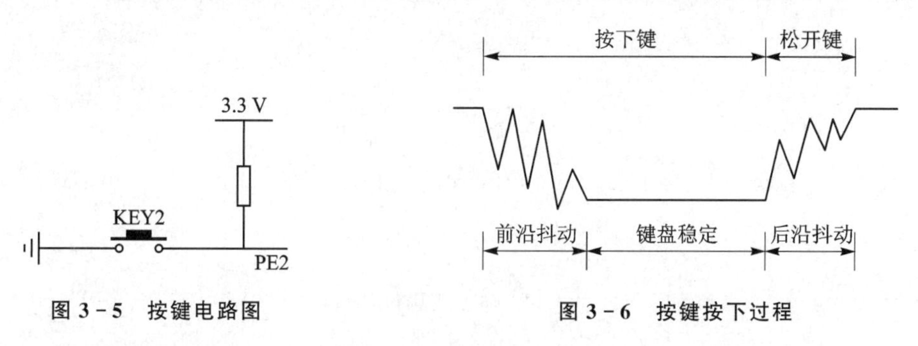

图 3-5　按键电路图　　**图 3-6　按键按下过程**

由图 3-6 可知，按键按下时，PE2 并不是马上变为低电平，而是有一个渐变过程，在弹起时也不是马上变为高电平，也有一个渐变过程，这些渐变过程称为抖动。在按键按下与弹起过程中，都要进行抖动的消除。消除的方法非常简单，就是延时。通常，抖动持续的时间在 10 ms 之内，所以只要进行 10 ms 的延时就可以解决绝大部分机械按键的抖动，但如果解决不了，就要用示波器测一下按键按下与放开时的信号，看看具体的抖动时间是多少，然后增加延时消除它，笔者就曾遇到过需要延时 20 ms 的情况……

这个消抖的过程如下：

(1) 按下的消抖

```
if(按键按下)
{
    Delay(10ms);
    if(按键按下)
    {
        按键是真的按下，执行相应的动作;
    }
}
```

(2) 弹起的消抖

```
if(按键弹起)
{
    Delay(10ms);
    if(按键弹起)
```

```
    {
        按键是真的弹起了,执行相应的动作;
    }
}
```

5. 完整的按键判断程序

加入消抖后,整个按键判断的函数可以进行如下修改:

```
uint8_t KEY_Scan(void)
{
    static uint8_t flag = 0;   //按键弹起为 0,按下为 1
    if(( flag == 0) && ((KEY0_Status == 0)||(WK_UP1_Status == 1)))
    {
        /* 按键刚刚处于弹起状态,但现在有按下 */
        HAL_Delay(10);     //延时 10 ms,消除抖动
        if((KEY0_Status == 0)||(WK_UP1_Status == 1))
        {
            /* 确实有按键按下 */
            flag = 1;   //按键为按下状态
            if(KEY0_Status == 0) return KEY0_Value;
            if(WK_UP1_Status == 1) return WK_UP1_Value;
        }
    }

    if((flag == 1) && ((KEY0_Status == 1) && (WK_UP1_Status == 0)))
    {
        /* 按键处于弹起状态,而且刚才是按下状态 */
        HAL_Delay(10);     //消除弹起抖动
        if((KEY0_Status == 1) && (WK_UP1_Status == 0))
        {
            flag = 0;   //按键弹起了
        }
    }
    return  KEY_NO;   //没有按键按下,返回 KEY_NO
}
```

3.3 按键状态判断实验

下面我们通过一个例子来验证按键状态的识别。

例 3-1: 已知 LED 电路和按键电路如图 3-7 所示,编写程序实现以下功能:按下按键 KEY0, LED0 的状态反转;按下按键 WK_UP1,LED1 的状态反转。

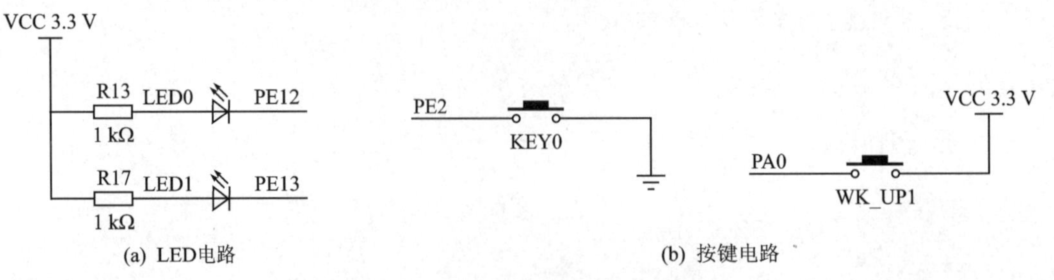

图 3-7　按键电路和 LED 电路示意图

【实现过程】

① 配置 RCC 的高速时钟来自外部晶体/陶瓷晶振，并且设置 HCLK 的频率为 72 MHz。

② 设置调试方式为 Serial Wire。

不懂如何设置以上两步的，可以翻看一下上个项目。

③ 设置 PE12、PE13 引脚的工作模式为输出，PE12 的 User Label 设置为 LED0，PE13 的 User Label 设置为 LED1，这样更加直观方便。另外，一开始将这两盏 LED 灯都点亮，以方便观察结果。PE12 和 PE13 的设置结果如图 3－8 所示。

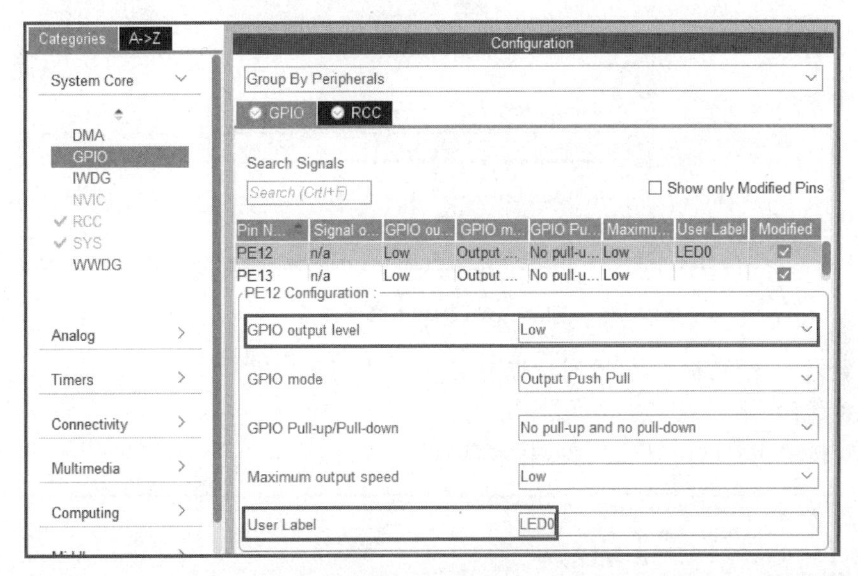

图 3－8　PE12 和 PE13 的设置结果

④ 设置 PE2 和 PA0 为输入。PE2 引脚上拉电阻使能，PA0 引脚下拉电阻使能。同时设置 PE2 的用户标号为 KEY0，PA0 引脚的标号为 WK_UP1，PE2 引脚的设置如图 3－9 所示，PA0 引脚的设置如图 3－10 所示。

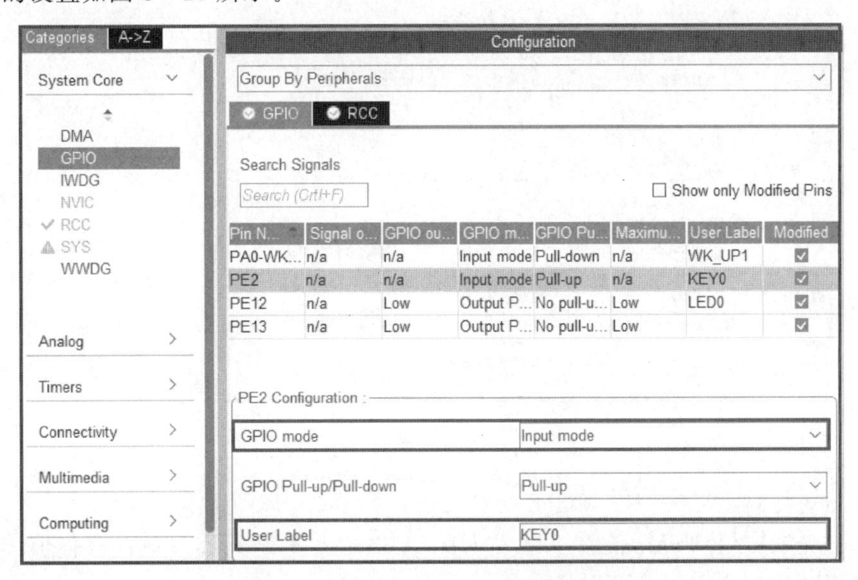

图 3－9　PE2 引脚的设置结果示意图

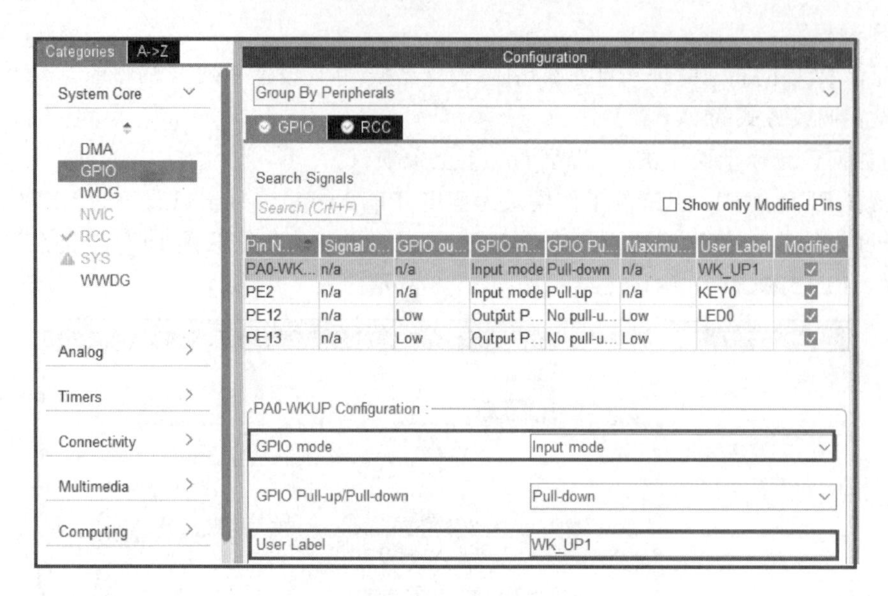

图 3-10　PA0 引脚的设置

⑤ 设置好后，给工程取名，同时选择 IDE，并生成工程代码。

⑥ 添加代码。

a. 编写按键识别的 C 语言文件，其内容如图 3-11 所示。

```
1  #include "key.h"
2  #include "main.h"
3  uint8_t KEY_Scan(void)
4  {
5    static  uint8_t  flag=0; //flag=0为弹起, =1为按下
6
7    if(( flag == 0) && ((KEY0_Status == 0)||(WK_UP1_Status == 1)))
8    {
9      HAL_Delay(10);
10     if((KEY0_Status == 0)||(WK_UP1_Status == 1))
11     {
12       flag = 1;    //按键按下了
13       if(KEY0_Status == 0)     return  KEY0_Value;
14       if(WK_UP1_Status == 1)   return  WK_UP1_Value;
15     }
16   }
17
18   if((flag == 1) && ((KEY0_Status == 1) && (WK_UP1_Status == 0)))
19   {
20     HAL_Delay(10);
21     if((KEY0_Status == 1) && (WK_UP1_Status == 0))
22     {
23       flag = 0;    //按键弹起了
24     }
25   }
26   return  KEY_NO; //没有按键按下
27 }
```

图 3-11　key.c 中内容示意图

b. 在 key.h 中定义 KEY0_Value 等宏名，如图 3-12 所示。

注意，定义 KEY0_Value 代表 1，WK_UP1_Value 代表 2，其实具体代表何值读者可以自己设定，只要这些值不同即可。

```
1 #ifndef _KEY_H_
2 #define _KEY_H_
3   #include "main.h"
4   uint8_t KEY_Scan(void);
5
6   #define KEY0_Value    1
7   #define WK_UP1_Value  2
8   #define KEY_NO       0xff
9
10  #define KEY0_Status HAL_GPIO_ReadPin(KEY0_GPIO_Port, KEY0_Pin)
11  #define WK_UP1_Status HAL_GPIO_ReadPin(WK_UP1_GPIO_Port, WK_UP1_Pin)
12
13 #endif
```

图 3-12　KEY0_Value 等的定义示意图

c. 修改主函数,其内容如图 3-13 所示。

```
65 int main(void)
66 {
67   uint8_t keyvalue = 0;
68   HAL_Init();
69   SystemClock_Config();
70   MX_GPIO_Init();
71   while (1)
72   {
73     keyvalue = KEY_Scan();
74     if(keyvalue == KEY0_Value)    HAL_GPIO_TogglePin(LED0_GPIO_Port, LED0_Pin);
75     if(keyvalue == WK_UP1_Value)  HAL_GPIO_TogglePin(LED1_GPIO_Port, LED1_Pin);
76   }
77 }
```

图 3-13　主函数的内容示意图

在主函数中,注意要将头文件 key.h 包含进工程,如图 3-14 所示。

```
main.c | key.c | key.h | main.h
19 /* USER CODE END Header */
20
21 /* Includes ------------------
22 #include "main.h"
23 #include "gpio.h"
24
25 /* Private includes -----------
26 /* USER CODE BEGIN Includes */
27 #include "key.h"
28 /* USER CODE END Includes */
```

图 3-14　头文件 key.h 的包含示意图

至此,工程代码添加完毕,编译后下载到开发板,按复位键,然后按 KEY0 或者 WK_UP,可以看到对应 LED 灯的状态反转,任务目标完成。

3.4　按键识别实验用到的 HAL 库函数

(1) 引脚电平反转函数 HAL_GPIO_TogglePin()

在主函数 main 的 while 循环中,使用到了函数 HAL_GPIO_TogglePin(),下面对这个函数进行简单的介绍。

① 函数作用:将某个 I/O 引脚的输出电平反转,比如要反转 PE12 引脚的电平,可以采用如下方式来调用该函数:

```
HAL_GPIO_TogglePin(GPIOE, GPIO_PIN_12);
```

② 函数参数有 2 个,第 1 个用于指明要反转信号的引脚位于第几组 GPIO 口,第 2 个用于指明要反转的是哪一个引脚的信号。

是不是很方便呢?

注意:函数 HAL_GPIO_TogglePin()要用于将 I/O 引脚已经配置为输出的场合。

(2) 读引脚状态函数 HAL_GPIO_ReadPin()

在 key.c 函数中,有一个宏定义:

```
#define KEY0_Status HAL_GPIO_ReadPin(KEY0_GPIO_Port, KEY0_Pin)
```

里面用到了一个函数 HAL_GPIO_ReadPin(),下面对这个函数进行简单的介绍。

① 函数作用:读取某个引脚的状态,比如要读取 PA0 的状态,可以采用如下方式来调用该函数:

```
HAL_GPIO_ReadPin(GPIOA, GPIO_PIN_0);
```

② 函数参数有 2 个,第 1 个参数用于指明要读取信号的引脚位于哪组 GPIO 口,第 2 个参数用于指明是哪个引脚。

注意:函数 HAL_GPIO_ReadPin()使用于 I/O 引脚已经设置为输入的场合。

3.5 GPIO 输入功能总结

在使用 STM32 的 I/O 引脚时要注意以下两点:

① 若引脚外部没有上拉电阻或者下拉电阻,则可能需要在引脚内部使能上拉电阻或者下拉电阻。

② 对按键状态进行识别时,一定要注意杜绝按下一次时有多次返回值的情况发生。

思考与练习

填空题

(1) GPIO 口设置为输入的作用是____________________。

(2) HAL 库中提供了一个读取某个 I/O 引脚状态的函数,这个函数是____________________________。

(3) HAL 库中提供了一个反转引脚电平状态的函数,这个函数是________________。

(4) 对于图 3-15 所示的按键电路,必须使能________电阻,才能通过读取 I/O 引脚的值来识别按键的状态。

(5) 对于机械按键的识别,无论是按下还是弹起,都要进行的操作是________。

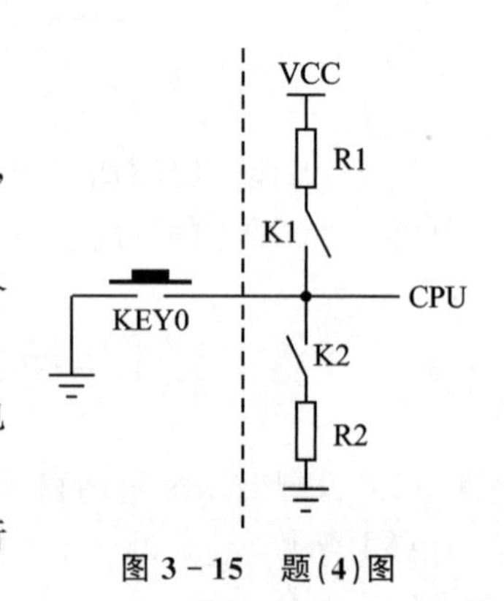

图 3-15　题(4)图

模块 4

STM32 的时钟系统及其配置原理

每一个人都由手、脚等多个部分构成，这些部分要想正常工作，必须要有血液运送营养保持平衡。单片机中起到类似作用的电路是哪个呢？答案是时钟电路。时钟电路协调芯片内部各模块有序工作。本模块介绍 STM32 的时钟电路。通过本模块的学习，您将能获知 STM32 的时钟源、时钟信号的变化和使用场合，并回答前面的示例中使用 STM32CubeMX 配置 STM32 的时钟系统时为什么那样进行配置。

4.1 单片机中时钟系统的作用

单片机中有大量的电路模块，而每一模块中又有大量的电路，这些电路都要在共同的节拍下协调工作。如果没有这个节拍来协调，那么这些电路就如数千万人同时做操而没有指挥一般，你踢东我踢西，相互"打架"。而这个节拍的提供者，即为时钟。因此单片机中时钟系统的主要作用就是提供统一的节拍，以便各电路能有序工作，并最终达到控制目的。

4.2 STM32 的时钟系统

STM32 内部模块繁多，这些不同的电路模块可能需要使用不同频率、不同精度的时钟脉冲去驱动。比如，对于实时时钟 RTC，它需要能够产生 1 s 的精准脉冲信号的时钟；对于看门狗，对时钟的精度要求不高；对于定时器，它可能需要产生各种从低频到高频的信号，所以对信号源频率的要求比较高，以便能够兼容各种输出。尽管 STM32 的内部有很多分、倍频电路，但分、倍频的结果也不一定能够全部满足各个模块的需求，因此 STM32 的内部需要有多个时钟源。这些时钟源和众多的分、倍频电路一起构成了 STM32 的复杂时钟系统，如图 4-1 所示。

STM32 时钟源的学习可以从以下 3 个方面来把握：时钟源及其用途、时钟源的演进、时钟源和芯片内部各部分模块的关系。

1. 时钟源及其用途

① LSE。LSE 全称为低速外部时钟，它的外面一般接 32.768 kHz 的晶振，如图 4-2 所示。LSE 用作实时时钟 RTC 的时钟源。

② LSI。LSI 的全称为低速内部时钟。内部指这个时钟在芯片的内部。LSI 时钟的频率为 40 kHz，不过这个 40 kHz 并不精准。LSI 一般用作看门狗的时钟源。

③ HSI。HSI 全称为内部高速时钟，它的频率为 8 MHz。该时钟启动快，但精度略差，所以在给芯片上电(即刚启动)时使用它，等系统启动后再切换到 HSE。

④ HSE。HSE 的全称为外部高速时钟。它的外部可以接 4～16 MHz 的晶振，本书使用的实验板接的是 8 MHz 的晶振，所以需要在 STM32CubeMX 的配置框中输入 8，如图 4-3 所示。STM32 中大部分模块的时钟信号来源于 HSE。

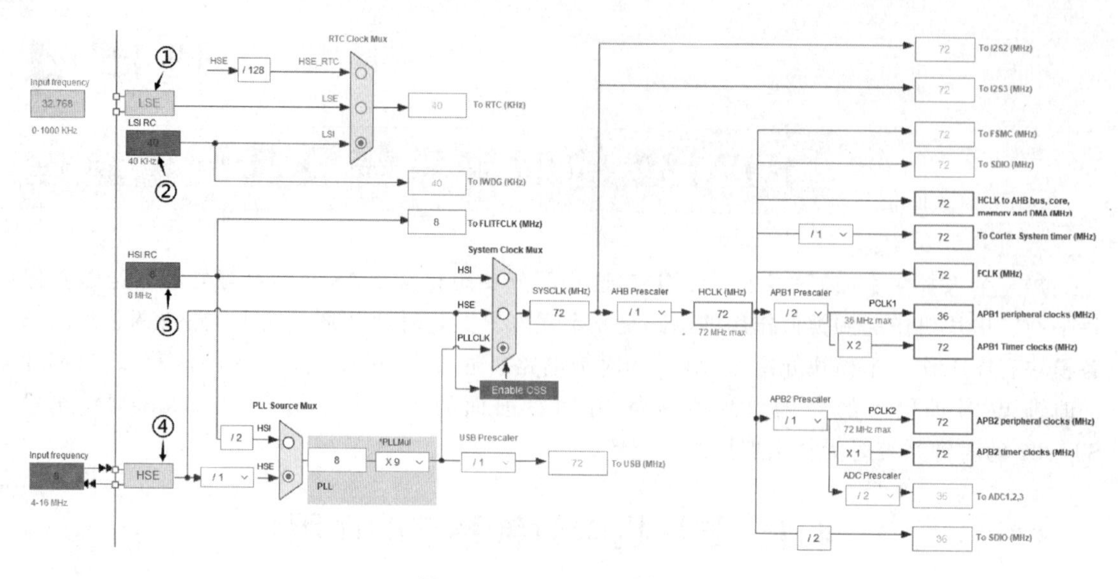

图 4-1　STM32 的时钟系统

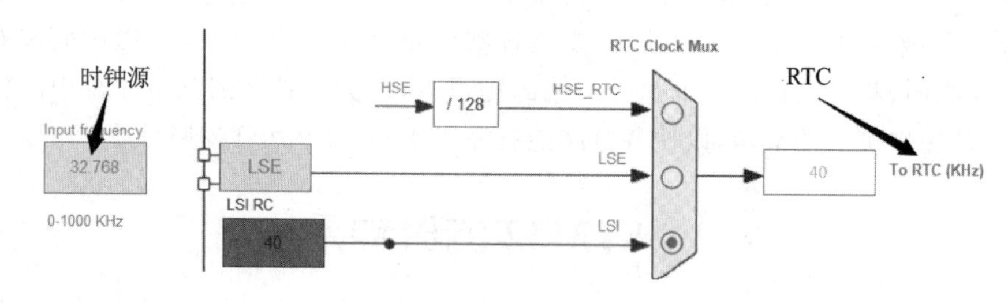

图 4-2　LSE 的时钟源及其应用

2. 时钟源的演进

时钟源的演进主要指 HSE 的分叉过程。由于 STM32 内部大部分模块的时钟信号来源于 HSE,但这些模块需要的信号频率却不同,这就需要对 HSE 进行各种分、倍频工作,以满足各个模块的应用需求。下面我们来一一介绍。

① HSE 经过分频后作为主锁相环 PLL 的时钟源,如图 4-4 所示。

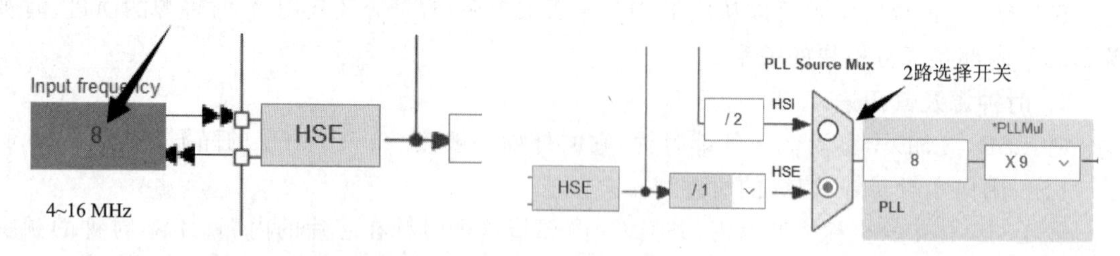

图 4-3　HSE 及其信号频率　　　　**图 4-4　主锁相环 PLL 的时钟源**

由图 4-4 可知,主锁相环 PLL 的时钟源可以来自 HSI 和 HSE,因为 HSE 的精度更高,所以一般选择 HSE 作为 PLL 的时钟源。在对 STM32CubeMX 的这部分进行配置时,本教程选择 HSE 作为 PLL 的信号来源。

② 经过 PLL 倍频后,8 MHz 信号变为 72 MHz,然后供给系统时钟 SYSCLK,如图 4-5

所示。

由图 4－5 可知，系统时钟 SYSCLK 的信号来源可以选择 HSI、HSE 和 PLLCLK，使用中一般都希望将芯片的性能最大化，所以会选择频率更高的 PLLCLK 作为系统时钟 SYSCLK 的信号来源，因此在配置 SYSCLK 时，本教程选择 PLLCLK 作为系统时钟源。

③ SYSCLK 信号经过分频后得到高速时钟信号 HCLK，如图 4－6 所示。

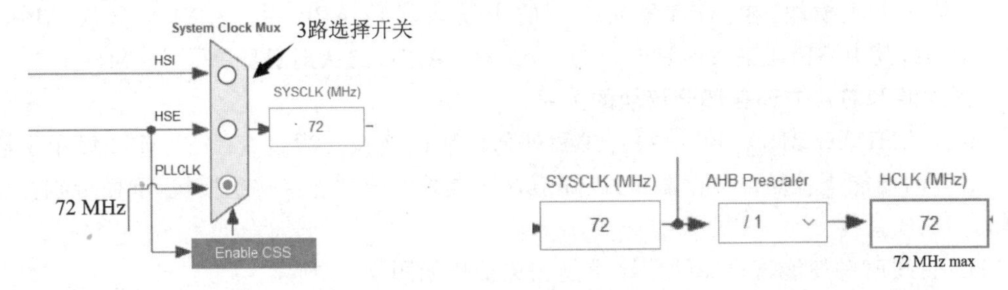

图 4－5 SYSCLK 的信号来源选择电路

图 4－6 HCLK 高速时钟信号来源

HCLK 高速时钟是 STM32 内部大部分模块的时钟信号来源，它的频率最高为 72 MHz。所以在配置时填 72，填好后，按下回车键，系统将会配置好各个模块的时钟，如果觉得不合适，可以再自己进行局部配置。

④ HCLK 经过各种分、倍频后作为其他电路模块的时钟驱动信号来源，如图 4－7 所示。

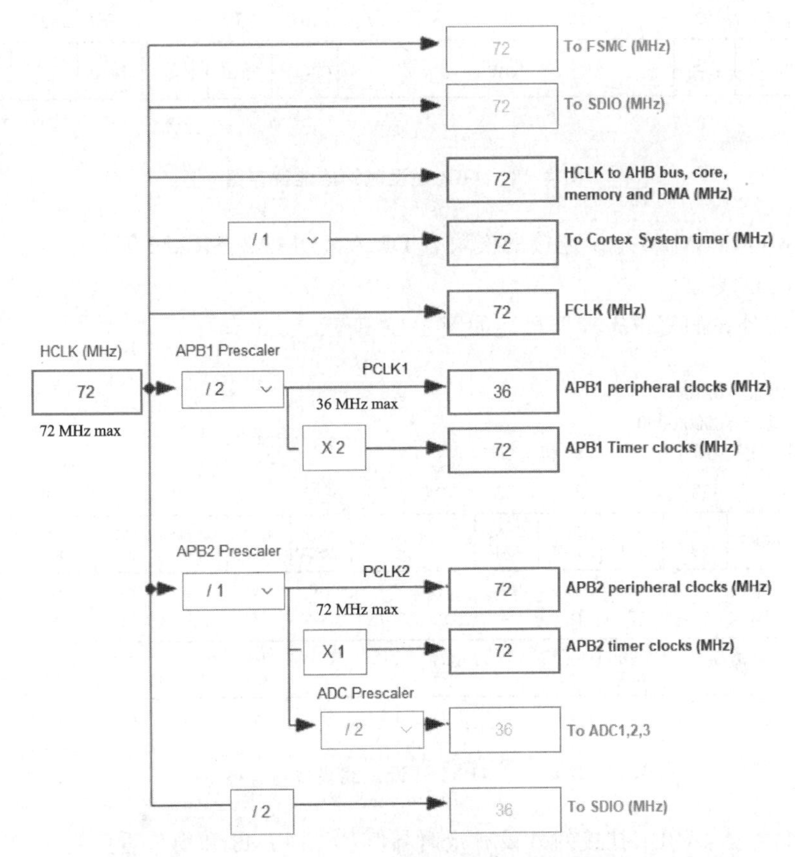

图 4－7 HCLK 经过分、倍频为其他模块提供时钟脉冲信号

图 4－7 中涉及 2 类总线，分别为 AHB 和 APB。

➢ AHB。AHB 全称为高速高性能系统总线，主要负责连接处理器、DMA 等一些内部接口。AHB 系统由主模块、从模块和基础结构 3 部分组成，整个 AHB 总线上的传输都由主模块发出，由从模块负责回应。

➢ APB。APB 全称为高级外设总线，主要负责连接外围设备，其总线架构不像 AHB 可以支持多个主模块，在 APB 里面唯一的主模块就是 APB 桥。APB 又分为 APB1 和 APB2，其中 APB1 最大时钟频率为 36 MHz，APB2 最大时钟频率为 72 MHz。

3．时钟源和芯片内部各部分模块的关系

主要看 AHB、APB1、APB2 三根总线和外部模块的连接。通过查阅 STM32 使用手册中 AHB、APB 的使能或者复位寄存器，可以知道这 3 类总线分别连接哪些模块，下面分别介绍。

（1）AHB 总线

AHB 总线时钟使能寄存器的位序及其相关信息如图 4－8 所示。

偏移地址：0x14
复位值：0x0000 0014
访问：无等待周期，字、半字和字节访问

31	30	29	28	27	26	25	24	23	22	21	20	19	18	17	16
保留															ETHMAC RXEN
															rw

15	14	13	12	11	10	9	8	7	6	5	4	3	2	1	0
ETHMAC TXEN	ETH MACEN	保留	OTG FSEN	保留					CRCEN	保留	FLITF EN	保留	SRAM EN	DMA2 EN	DMA1 EN
rw	rw		rw						rw		rw		rw	rw	rw

图 4－8　AHB 外设时钟使能寄存器

由图 4－8 可知，AHB 外设连接的模块有 DMA1、DMA2、SRAM 等。

（2）APB1 总线

APB1 总线外设的复位寄存器描述如图 4－9 所示。

偏移地址：0x10
复位值：0x0000 0000
访问：无等待周期，字、半字和字节访问

31	30	29	28	27	26	25	24	23	22	21	20	19	18	17	16
保留		DACRST	PWR RST	BKP RST	CAN2 RST	CAN1 RST	保留		I2C2 RST	I2C1 RST	UART5 RST	UART4 RST	USART3 RST	USART2 RST	保留
		rw	rw	rw	rw	rw			rw	rw	rw	rw	rw	rw	

15	14	13	12	11	10	9	8	7	6	5	4	3	2	1	0
SPI3 RST	SPI2 RST	保留		WWDG RST	保留					TIM7 RST	TIM6 RST	TIM5 RST	TIM4 RST	TIM3 RST	TIM2 RST
rw	rw			rw						rw	rw	rw	rw	rw	rw

图 4－9　APB1 外设总线复位寄存器

由图 4－9 可知，APB1 挂接的外设有定时器 TIM2、TIM3 和窗口看门狗 WWDG 等。

(3) APB2 总线

APB2 总线的外设复位寄存器描述如图 4－10 所示。

偏移地址：0x18

复位值：0x0000 0000

访问：字、半字和字节访问

通常无访问等待周期，但在APB2总线上的外设被访问时，将插入等待状态直到APB2的外设访问结束

31	30	29	28	27	26	25	24	23	22	21	20	19	18	17	16
保留															

15	14	13	12	11	10	9	8	7	6	5	4	3	2	1	0
保留	USART1 EN	保留	SPI1 EN	TIM1 EN	ADC2 EN	ADC1 EN	保留		IOPE EN	IOPD EN	IOPC EN	IOPB EN	IOPA EN	保留	AFIO EN

图 4－10　APB2 的外设复位寄存器

由图 4－10 可知，APB2 挂接的外设有串口 USART1、SPI1 和定时器 TIM1 等。

对于 APB1 和 APB2 挂接的外设，若接的是定时器，则需要注意定时器并不是直接挂接在 APB1/APB2 上，而是挂接在 APB1/APB2 和定时器之间的倍频器上的，如图 4－11 所示。

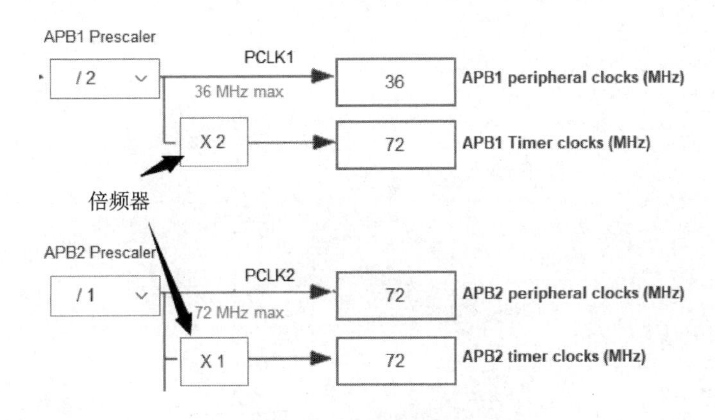

图 4－11　定时器前面的倍频器

注意：虽然定时器挂接在倍频器上，但是倍频的作用是有一定条件的，如果倍频器前面的 APB 的预分频值为 1，则倍频器不起作用，否则倍频器起作用。这就是图 4－11 中 APB1 的倍频器方框中设置为 2，而 APB2 的倍频器方框中设置为 1 的原因。

另外，特别说明一下，若采用 STM32CubeMX 的自动设置，则所有 TIM 定时器的内部时钟信号源频率都是 72 MHz。

思考与练习

1. 填空题

(1) STM32 的时钟系统中，HSE 代表________，HSI 代表________，LSE 代表________，LSI 代表________。

(2) 从时钟系统上看，独立看门狗的时钟源只有一个，是________。

(3) 从时钟系统上看，RTC 实时时钟源有 3 个，分别是 LSE、LSI 和 HSE，一般用的是________。

(4) 由于 RTC 的计数器需要精准的 1 s 周期的信号，因此一般 LSE 外接晶振的频率为________。

(5) APB 总线后面的倍频器起作用的条件是________________。

(6) 定时器 TIM7 挂接在哪根总线上？________。

(7) 当将 STM32CubeMX 中的 HCLK 设置为 72 MHz，其余采用默认设置时，TIM 定时器内部时钟源的频率为________。

2. 简答题

(1) 主 PLL 的时钟可以来源于 HSI 和 HSE，而且这两个时钟信号的频率在本教程使用的实验板上都是 8 MHz，为什么平时使用 STM32 时，都是配置使用 HSE 作为 PLL 的时钟源呢？

(2) STM32 中 3 类总线 AHB、APB1 和 APB2 都有哪些特点？

模块 5

STM32 的中断及外部中断的实现

生活中，中断随处可见，单片机本质上是模拟人类的行为，所以它里面也有中断。那单片机中的这些中断是怎样产生、响应和执行的呢？本模块就来回答这个问题。通过本模块的学习，不但能够知道 STM32 的中断，还能了解到 HAL 库中处理器响应中断后中断服务函数的执行过程，为项目应用中涉及的大量中断处理奠定基础。

5.1 中断基础知识

5.1.1 中断的作用

中断的主要作用就是允许一些紧急的任务“插队”。比如，大家在排队打饭，但是，现在来了一位男士，他说他有紧急情况，希望能够先打到饭，在征得同意后，他先打了饭，他打完走了，但大家仍然按照原来的顺序排队进行，这就是中断。

在各种电子产品中，中断用得非常多，它和 GPIO、串口、定时器一起，是各种处理器学习的最重要的 4 个模块之一，可以称之为“四大金刚”。

5.1.2 中断涉及的概念

对于处理器的中断，需要关注以下问题：

① 哪些模块可以申请中断？绝大部分的模块，比如串口、定时器、SPI 接口等都可以申请中断，这些可以申请中断的模块称为中断源。

② 某个模块申请中断并获得系统同意后，系统将会做什么？中断申请并获得通过后，将会执行中断函数，也称中断服务函数，中断函数执行完后又回到原来中断的地方继续执行。

厂家已经取好 STM32 各个模块的中断服务函数名称，在启动文件(.s 文件)中，具体如图 5-1 所示。

注意：中断函数中尽量不要有延时，若必须要延时，则延时要尽量小，要快进快出，不要影响后续中断的响应！

③ 如果有多个中断同时到来，处理器该怎么办呢？它会先去执行哪个中断的中断服务函数呢？答案是通过每个中断的优先级来裁决先响应谁！优先级高的中断，它的中断函数将优先执行。

5.1.3 STM32 中断的分层设计

STM32 的中断采用分层设计。其中顶层是内核中的一个名叫 NVIC 的模块。每一颗 STM32 都是在内核基础上进行的再设计，所以芯片内部又分为内核和内核外部模块两大部分，而这些**在芯片之内又在内核之外的模块称为片内外设**。前面学习的 GPIO 模块，后续将要

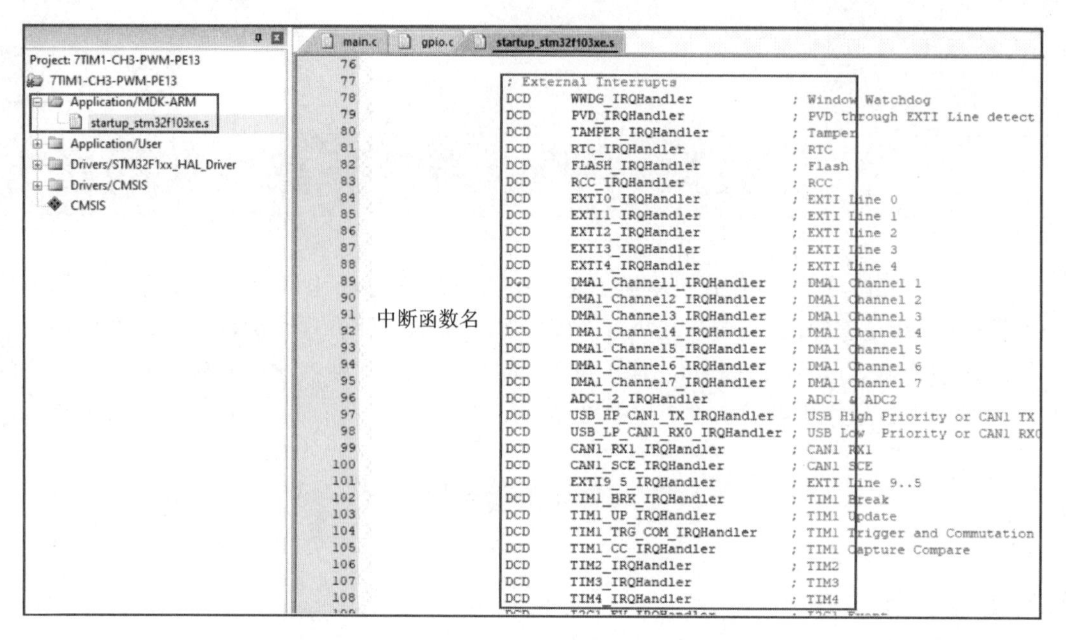

图 5-1 STM32 的中断服务函数的名称位置

学习的定时器模块、串口模块、SPI 模块等都属于片内外设。每一个片内外设都有自己的中断控制系统，只有当这个模块的中断控制系统使能中断时，对应的中断信号才能够进入内核中，由内核的 NVIC 模块进行统一处理，所以每个模块的中断控制系统是整个中断系统的底层。

每个片内外设的中断优先级都包含抢占式优先级和子优先级（这两个优先级在 NVIC 中设置），在设置它们的中断优先级时，这两个优先级都要进行设置。不过，为了方便，通常只设置抢占式优先级，而子优先级统一设置为 0。在默认情况下，使用 STM32CubeMX 生成的工程中，抢占式优先级可以设置的值为 0～15，值越小，优先级越高。这点与 FreeRTOS 操作系统的优先级刚好相反，FreeRTOS 的值越大优先级越高。

由于 STM32 中断采用分层设计，因此当你希望某个外设模块的中断获得响应时，需要做两件事情：在模块内部使能该中断；设置该中断的抢占式优先级和子优先级。

5.2 STM32 的外部中断

STM32F103VET6 支持 19 个外部中断，注意，这里虽然用了外部两个字，但真正只有 16 个来自芯片的外部，有 3 个仍然是在芯片的内部。外部的 16 个中断分别为 EXTI0～EXTI15，其中 EXTI0 可以从 PA0、PB0、PC0 等标号为 0 的引脚进入，EXTI1 可以从 PA1、PB1、PC1 等标号为 1 的引脚进入，其他外部中断同理，具体如表 5-1 所列。

在这 16 个从 I/O 引脚进入的中断中，它们的中断函数如下：

表 5-1 外部中断 EXTI 的中断源

中断编号	触发源
0	PA0/PB0/PC0/PD0/PE0
1	PA1/PB1/PC1/PD1/PE1
2	PA2/PB2/PC2/PD2/PE2
⋮	⋮
15	PA15/PB15/PC15/PD15/PE15
16	LVD
17	RTC 闹钟
18	USB 唤醒

➢ EXTI0～EXTI4 都有自己独立的中断函数,它们的函数名分别为 EXTI0_IRQHandler～EXTI4_IRQHandler;

➢ 外部中断 5～9 共用一个中断函数,函数名为 EXTI9_5_IRQHandler;

➢ 外部中断 10～15 共用一个中断函数,函数名为 EXTI15_10_IRQHandler。

对于这些共用中断函数的外部中断,从 NVIC 看过去,就只是一个中断,所以需要在中断函数的内部进一步判断是哪个外部中断。

外部中断的触发方式可以有下降沿触发、上升沿触发和任意边沿触发,这个可以根据具体情况来选择。

5.3 外部中断应用示例

下面通过一个例子来学习外部中断的应用。

例 5-1:使用 PE2 引脚外部按键 KEY0 产生外部中断,每发生一次外部中断,将 LED0 的状态反转一次。在整个过程中,LED1 以 1 s 一次的频率闪烁。

【实现过程】

① 设置系统时钟源和系统时钟频率为 72 MHz。

② 设置调试方式为 Serial Wire。

③ 设置与 LED0 相连的 PE12、与 LED1 相连的 PE13 工作方式为输出。

④ 设置与 KEY0 相连的 PE2 引脚为外部中断引脚,抢占式优先级为 3(因为系统滴答定时器的优先级为 0,所以这个优先级比 0 大即可)。整个过程的步骤如下:

a. 设置 PE2 工作模式为外部中断方式,如图 5-2 所示。

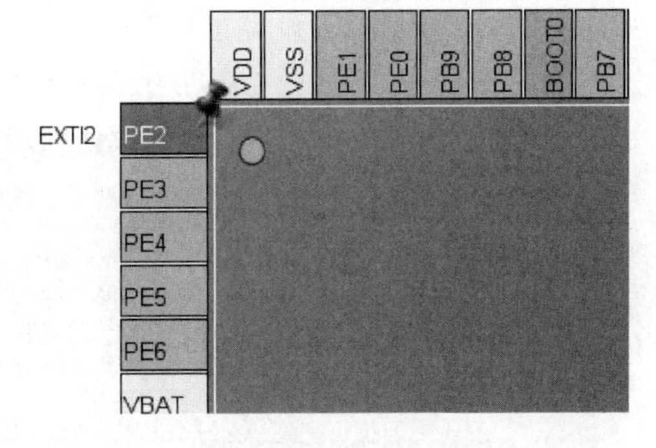

图 5-2　PE2 引脚设置为外部中断示意图

b. 在 GPIO 中设置 PE2 的中断触发方式为下降沿触发(按键按下就触发),如图 5-3 所示。

c. 因为从 PE2 引脚进入的外部中断为外部中断 2,所以要使能外部中断 2,同时设置外部中断 2 的抢占式优先级和子优先级。这里设置外部中断 2 抢占式优先级的值为 3。实际上,由于本工程中除了系统滴答定时器的中断,没有其他的中断,因此这里设置优先级与滴答定时器的中断优先级不同即可(滴答定时器的中断优先级为 0)。设置步骤和结果如图 5-4 所示。

注意:如果 EXTI2 的中断优先级采用默认设置,即抢占式优先级为 0,子优先级也为 0,这两个优先级与滴答定时器(System tick timer)的优先级一样,则在中断中使用延时函数 HAL_Delay()时,有可能会使系统死机(延时函数 HAL_Delay()默认通过滴答定时器中断来工作,当进入 EXTI2 中断函数执行时,滴答定时器的中断得不到及时执行,会出现死机现象)。

⑤ 配置好中断后,接下来配置工程名、工程存放路径等信息,然后单击生成代码,接着需要补充如下功能:

a. 在主函数的 while 循环中补充 LED1 闪烁的程序段,具体如图 5-5 所示。

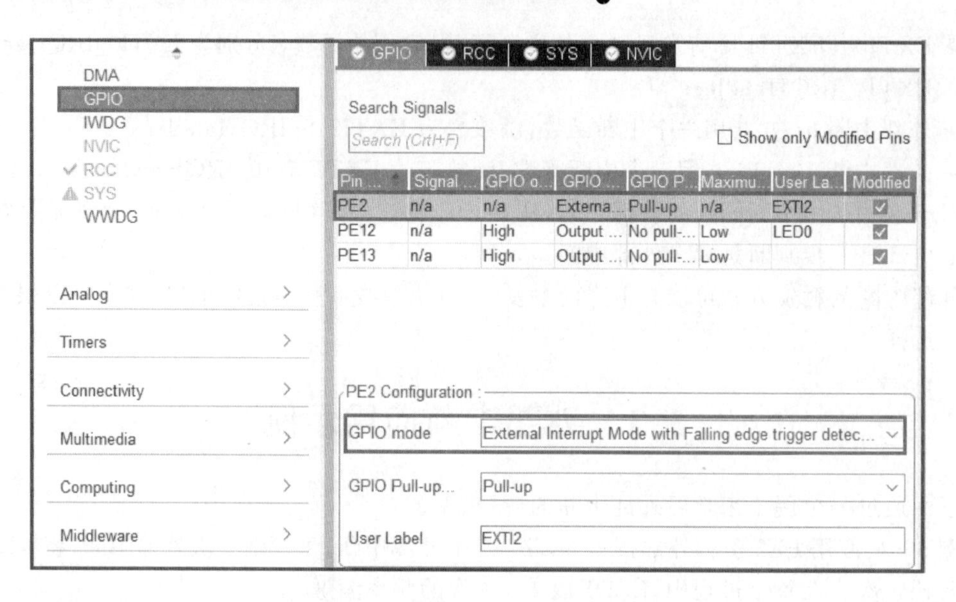

图 5-3　设置下降沿触发示意图

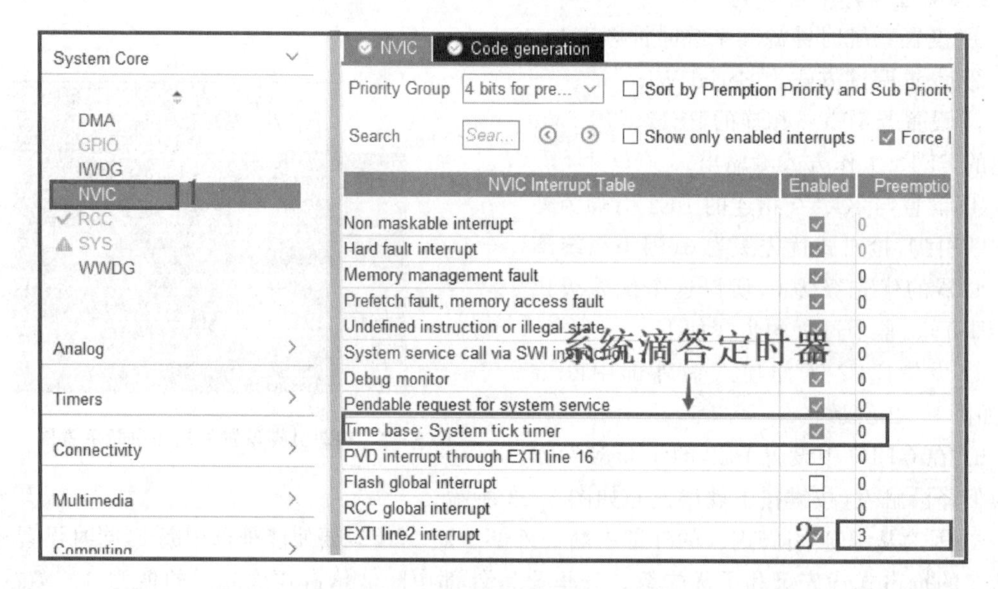

图 5-4　优先级设置示意图

```
 92     /* Infinite loop */
 93     /* USER CODE BEGIN WHILE */
 94     while (1)
 95     {
 96       HAL_GPIO_TogglePin(GPIOE, GPIO_PIN_13);
 97       HAL_Delay(1000);
 98       /* USER CODE END WHILE */
 99
100       /* USER CODE BEGIN 3 */
101     }
102     /* USER CODE END 3 */
103   }
```

图 5-5　LED1 闪烁程序段示意图

b. 编写中断服务回调函数，注意不是中断服务函数，该函数的内容如图 5－6 所示。为什么不是中断服务函数，这点与使用 STM32CubeMX 的输出工程生成的程序的结构有关，我们将在后续讲解。

```
142  /* USER CODE BEGIN 4 */
143  void HAL_GPIO_EXTI_Callback(uint16_t GPIO_Pin)
144  {
145    HAL_Delay(10);
146    if(HAL_GPIO_ReadPin(GPIOE, GPIO_PIN_2) == GPIO_PIN_RESET)
147    {
148      HAL_GPIO_TogglePin(LED0_GPIO_Port, LED0_Pin);
149    }
150  }
151  /* USER CODE END 4 */
```

图 5－6　EXTI2 的中断服务回调(Callback)函数

⑥ 程序编写好后，编译程序并下载到开发板中，可以看到 LED1 闪烁，按下一次 KEY0 键，LED0 的状态反转一次，任务目标完成。

5.4　HAL 库中中断函数的执行流程

在上述步骤中，有一步为编写中断服务回调函数，注意，这里强调是中断服务回调函数而不是中断服务函数，这与我们前面的介绍是不是互相矛盾呢？我们通过观察 STM32CubeMX 生成的工程中断的执行流程来回答此问题。执行流程如下：

① 系统接收到 EXTI2 的中断请求并响应后，到. s 文件中寻找到该中断函数的入口，如图 5－7 所示。

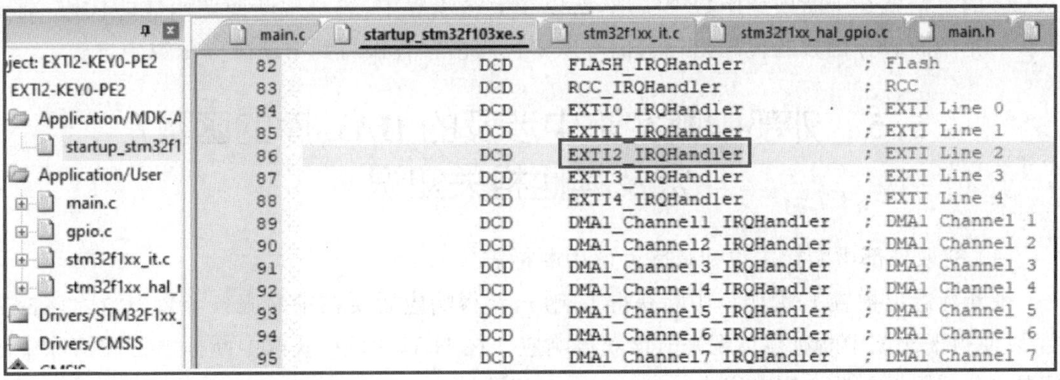

```
main.c | startup_stm32f103xe.s | stm32f1xx_it.c | stm32f1xx_hal_gpio.c | main.h

ject: EXTI2-KEY0-PE2
EXTI2-KEY0-PE2
  Application/MDK-A
    startup_stm32f1
  Application/User
    main.c
    gpio.c
    stm32f1xx_it.c
    stm32f1xx_hal_
  Drivers/STM32F1xx_
  Drivers/CMSIS

82    DCD    FLASH_IRQHandler              ; Flash
83    DCD    RCC_IRQHandler                ; RCC
84    DCD    EXTI0_IRQHandler              ; EXTI Line 0
85    DCD    EXTI1_IRQHandler              ; EXTI Line 1
86    DCD    EXTI2_IRQHandler              ; EXTI Line 2
87    DCD    EXTI3_IRQHandler              ; EXTI Line 3
88    DCD    EXTI4_IRQHandler              ; EXTI Line 4
89    DCD    DMA1_Channel1_IRQHandler      ; DMA1 Channel 1
90    DCD    DMA1_Channel2_IRQHandler      ; DMA1 Channel 2
91    DCD    DMA1_Channel3_IRQHandler      ; DMA1 Channel 3
92    DCD    DMA1_Channel4_IRQHandler      ; DMA1 Channel 4
93    DCD    DMA1_Channel5_IRQHandler      ; DMA1 Channel 5
94    DCD    DMA1_Channel6_IRQHandler      ; DMA1 Channel 6
95    DCD    DMA1_Channel7_IRQHandler      ; DMA1 Channel 7
```

图 5－7　外部中断 EXTI2 中断服务函数的入口示意图

② 由于函数的名字就是函数的入口，因此找到入口后执行函数 EXTI2_IRQHandler()，如图 5－8 所示。函数 EXTI2_IRQHandler()就是 EXTI2 的中断服务函数。

③ 执行通用 I/O 口外部中断函数 HAL_GPIO_EXTI_IRQHandler()，此函数是一个通用函数，其他 GPIO 口的外部中断都调用这个函数，它的参数只有一个，就是中断的输入引脚标号，实际上就是外部中断线编号。函数 HAL_GPIO_EXTI_IRQHandler()的内容如图 5－9 所示。

在该函数中，在判断 GPIO_Pin 引脚对应的标志位为真后执行如下两个动作：

```
203  void EXTI2_IRQHandler(void)
204  {
205    /* USER CODE BEGIN EXTI2_IRQn 0 */
206
207    /* USER CODE END EXTI2_IRQn 0 */
208    HAL_GPIO_EXTI_IRQHandler(GPIO_PIN_2);
209    /* USER CODE BEGIN EXTI2_IRQn 1 */
210
211    /* USER CODE END EXTI2_IRQn 1 */
212  }
```

图 5-8　中断服务函数 EXTI2_IRQHandler()的内容

```
546  void HAL_GPIO_EXTI_IRQHandler(uint16_t GPIO_Pin)
547  {
548    /* EXTI line interrupt detected */
549    if (__HAL_GPIO_EXTI_GET_IT(GPIO_Pin) != 0x00u)
550    {
551      __HAL_GPIO_EXTI_CLEAR_IT(GPIO_Pin);
552      HAL_GPIO_EXTI_Callback(GPIO_Pin);
553    }
554  }
```

图 5-9　通用外部中断函数的内容示意图

➢ 使用宏__HAL_GPIO_EXTI_CLEAR_IT(GPIO_Pin)来清除标志位，以便下一次中断能够进来；

➢ 调用中断回调函数 HAL_GPIO_EXTI_Callback()，我们要实现的中断即我们需要做的事情就在中断回调函数中实现，所以在上述步骤中，编写中断回调函数的代码，而不是中断服务函数的代码，当然，也可以将代码内容直接写到中断服务函数中。

5.5　外部中断实验中涉及的 HAL 库的函数/宏及其他相关知识

(1) 获取外部中断标志位和清除外部中断标志位

中断标志位被置 1，说明该中断获得了响应，获得响应后要在中断服务函数中清除该标志位，以使得下次该中断有申请到来时能获得响应。在 HAL 库中，获取中断标志位和清除中断标志位分别用以下两个宏来完成：

➢ 获取中断标志位：__HAL_GPIO_EXTI_GET_IT()。

➢ 清除中断标志位：__HAL_GPIO_EXTI_CLEAR_IT()。

这两个宏都只有一个参数，就是外部中断输入引脚的编号。

注意：与 HAL 库中的函数不同，HAL 库中宏名用两个下划线开始，其格式如下：“__” + “HAL” + 模块名 + 执行动作名。

(2) 外部中断回调函数 HAL_GPIO_EXTI_Callback()

HAL 库中回调函数使用 Callback 结尾，对于外部中断回调函数，它只有一个参数，这个参数就是外部中断的编号，即外部中断输入 I/O 引脚的标号。

(3) HAL 库初始化函数 HAL_Init()

每次使用 STM32CubeMX 生成工程时,主函数中的第一条语句就是执行函数 HAL_Init() 的内容,这个函数具体做什么呢?打开可以看到这个函数的内容如图 5-10 所示。

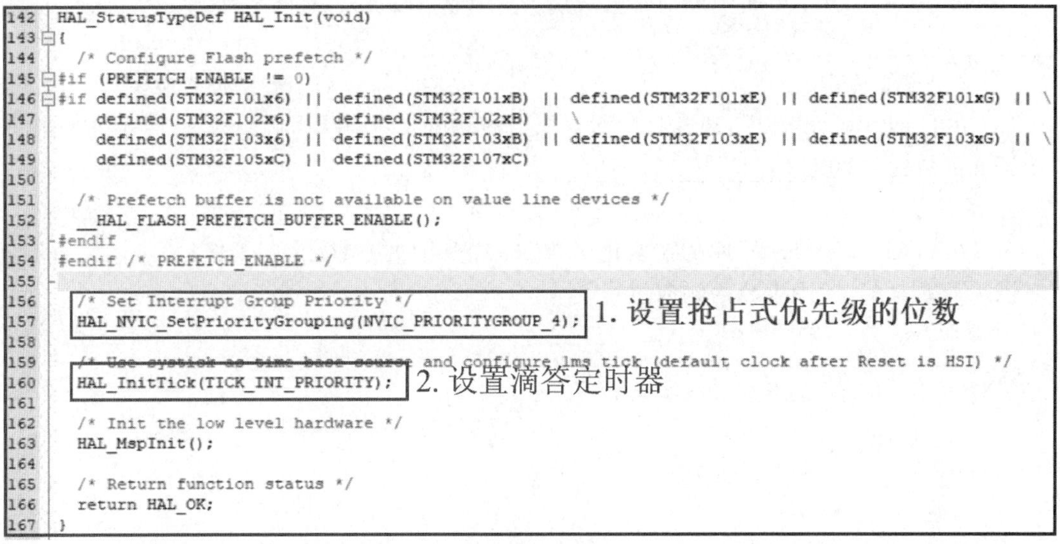

```
142  HAL_StatusTypeDef HAL_Init(void)
143  {
144    /* Configure Flash prefetch */
145  #if (PREFETCH_ENABLE != 0)
146  #if defined(STM32F101x6) || defined(STM32F101xB) || defined(STM32F101xE) || defined(STM32F101xG) || \
147      defined(STM32F102x6) || defined(STM32F102xB) || \
148      defined(STM32F103x6) || defined(STM32F103xB) || defined(STM32F103xE) || defined(STM32F103xG) || \
149      defined(STM32F105xC) || defined(STM32F107xC)
150
151    /* Prefetch buffer is not available on value line devices */
152    __HAL_FLASH_PREFETCH_BUFFER_ENABLE();
153  #endif
154  #endif /* PREFETCH_ENABLE */
155
156    /* Set Interrupt Group Priority */
157    HAL_NVIC_SetPriorityGrouping(NVIC_PRIORITYGROUP_4);
158
159    /* Use systick as time base source and configure 1ms tick (default clock after Reset is HSI) */
160    HAL_InitTick(TICK_INT_PRIORITY);
161
162    /* Init the low level hardware */
163    HAL_MspInit();
164
165    /* Return function status */
166    return HAL_OK;
167  }
```

1. 设置抢占式优先级的位数

2. 设置滴答定时器

图 5-10 HAL 库初始化函数 HAL_Init()的内容

由图 5-10 可知,函数 HAL_Init()主要实现两个功能,分别是:

① 设置抢占式优先级的位数,这里设置为 4 位,其值范围为 0~15,所以抢占式优先级可以设置为 0~15 的任意数字。

② 配置滴答定时器,并设置它的优先级。

5.6 结论及注意事项

在本章的学习中,要注意以下几点:

① 发生外部中断后,在系统提供的中断服务函数中已经清除了中断标志位,所以在编写中断回调函数时不需要再次清除中断标志位。

② 中断的优先级不要与 System tick timer(滴答定时器)的中断优先级一样,否则在中断回调函数中使用 HAL_Delay()函数时会出现死机现象。

③ STM32 的优先级规则:优先级值越小的中断,优先级越高。

思考与练习

1. 填空题

(1) 对于每一个中断,都要注意它的中断源、中断服务函数和____________________。

(2) STM32 的中断采用了分层设计思想,其中各个片上外设的中断属于顶层还是底层?__________。

(3) 有两个中断 A 和 B,若 A 的抢占式优先级为 1,B 的抢占式优先级为 2,则 A 和 B 同时到来时,STM32 先响应 A 的中断还是先响应 B 的中断? ________。

(4) STM32 支持的外部中断有________。

(5) 对于 STM32F103VET6,EXTI0 的中断只能从引脚____________________进入。

(6) 在 STM32 中,外部中断 5~9 共用一个中断,这个中断的名称是________________________________。

(7) 在 HAL 库中,使用宏____________________来清除外部中断的标志位。

(8) 在 HAL 库的设计中,通常将中断要执行的动作放到中断回调函数中,对于外部中断,这个回调函数的名称是____________________。

2. 简答题

(1) 在 HAL 库中,HAL 库的初始化函数 HAL_Init()主要做哪些工作?

(2) 简述 HAL 库中中断的响应过程。

模块 6

STM32 的串口及其应用

串口最简单、最常用、最重要的应用就是在调试程序时跟踪各种变量的变化，以观察系统是否按照设定的步骤进行。本模块学习单片机串口的应用。通过本模块的学习，您将了解到串口通信的约定（协议）、HAL 库中串口相关函数的使用等知识。最后，设置了一个自定义数据帧的实例，通过该实例的学习，您将初步了解实际工业机器之间使用串口通信时的一些通信安全保障措施，为以后更加深入地学习总线应用打下基础。在本模块的学习中，您还将体会到 HAL 库中 HAL 的含义，即硬件抽象层的意思，并且认识到 HAL 库函数组织的最重要的特点——抽象和承载，不过此部分内容在配套的视频中进行详细介绍，本书重点解决“应用”问题以及与之匹配的原理。

6.1 串口基础知识

1. 串口的作用

一个处理器就相当于一个人，人与人之间需要交换信息，同样，处理器之间也需要交换信息。比如，为了降低成本，在项目中使用两颗处理器，一颗用于驱动液晶屏，一颗用于采集数据，采集到的数据需要发送到液晶屏显示，此时就会涉及双机之间的通信。那处理器之间如何交换信息呢？可以通过并口，也可以通过串口。并口和串口都是一种电路，并口一次并排发送多位数据，串口则是一位一位进行数据发送，“串”着走。串口电路模块很多，比如 USART、UART、SPI 等。

2. USART 和 UART 的区别

USART 全称为同步异步收发器，UART 全称为异步收发器。两者的区别是 USART 既可以工作于同步方式，也可以工作于异步方式，而 UART 只能工作于异步方式。

3. 同步方式和异步方式的区别

同步方式和异步方式有哪些区别呢？在同步方式中，发送端和接收端共用一个时钟（具体表现就是发送端和接收端专门用一根时钟线来同步双方的时钟），通过此时钟信号的变化来同步数据收发。比如发送端在这个时钟信号的上升沿到来时发送数据，那么接收端会在这个时钟信号的上升沿到来时接收数据！在异步方式中，发送端和接收端各有自己的时钟（此时，发送端和接收端没有共用的时钟线，也就是异步方式比同步方式少一根导线），数据的发送和接收按约定进行。比如，双方约定，空闲时，数据线是高电平，发送数据时用低电平开头，那么接收端接收到低电平时就会认为对方准备发送数据，然后准备接收数据。在本模块中，我们学习的是串口异步通信方式。

4. 串口的帧结构

由前文可知，串口异步通信时双方要按约定进行，那么应该有哪些约定呢？

① 发送数据时用低电平开头。

② 数据发送完成后用高电平收尾。

③ 除了开头和收尾,双方还需约定头尾之间包含多少个数据位,比如双方约定数据位为 8 位,则接收端看到低电平后,接下来接收 8 位数据,接收完来了高电平(收尾),接收端认为接收完了,然后该干啥干啥去了,如果高电平后又来低电平,那么接收端又得撸起袖子继续接收数据。

在上面的约定中,每一个字符信息都被起始位和停止位包夹在中间。其实,为了防止数据在发送过程中出错,通常还加一个简单的奇偶校验位,这种由起始位、停止位、校验位和数据位一起构成的数据串称为帧。在异步通信中,一帧数据发送一个字符,如果要发送多个字符,那就要多个帧。在 STM32 中,停止位、校验位和数据位都可以设置。

④ 串口的波特率要相同。

在异步通信中,发送端和接收端的速率一定要一致,比如发送端 1 秒钟发送 9 600 位数据,那么接收端 1 秒钟也要接收 9 600 位数据。如果发送端 1 秒钟发送 9 600 位数据,而接收端 1 秒钟只接收 4 800 位数据,那么就会有 4 800 位数据丢失,此时接收到的数据就是错误的。这种 1 秒钟收发数据位的数量称为波特率,单位为 bps(bit/s)。

6.2 STM32F103VET6 的串口及其应用

打开 STM32CubeMX,选择处理器为 STM32F103VET6 后,在分类中单击连接器组件 Connectivity,在弹出的下拉列表中可以看到 STM32F103VET6 的串口数量为 5 个,其中 2 个为 UART,3 个为 USART,如图 6-1 所示。

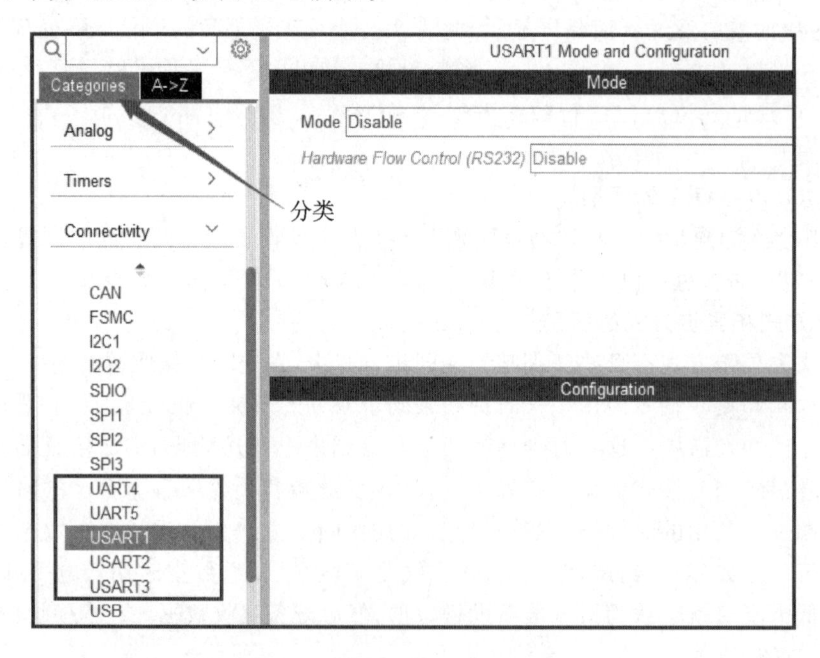

图 6-1 STM32F103VET6 的串口

下面通过 USART1 与计算机的通信来学习如何使用 STM32 的串口。先来看一下 STM32 的 USART1 与计算机通信的电路。

6.2.1 USART1 与计算机通信的硬件连接电路

首先，要明白 STM32F103VET6 默认 PA9 和 PA10 为串口 USART1 的数据收发引脚，其中 PA9 为 TX(发送)引脚，PA10 为 RX(接收)引脚。此时，STM32 发送的数据从 PA9 引脚发送出来。

接下来我们来看整个通信涉及的硬件电路。

先来看开发板如何与计算机的串口相连。开发板上通过 USB - TTL 接口(一个 TYPE - C 接口)与计算机相连，STM32 的串口数据就是通过这个接口与计算机进行通信的。USB - TTL 接口示意图如图 6 - 2 所示。

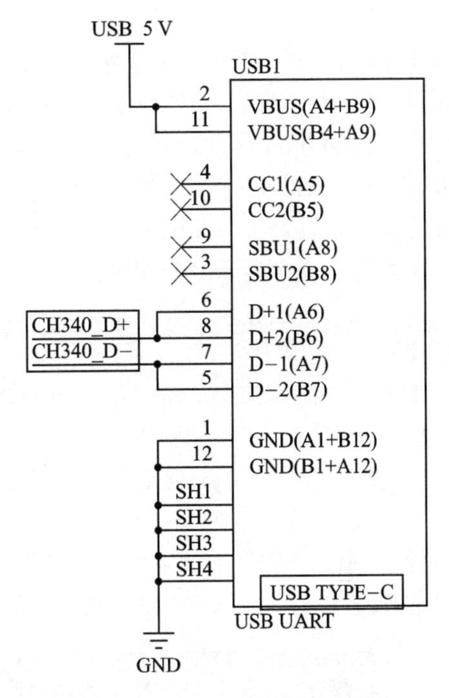

图 6 - 2 USB - TTL 接口示意图

可以看到，开发板通过 CH340_D+ 和 CH340_D− 两个引脚通过图 6 - 2 接口与 PC 相连。

在开发板上，USB - TTL 接口如图 6 - 3 所示。

上面圈起来的是开发板上 USB 转 TTL 的接口，在使用 TYPE - C 线连接到 PC 的 USB 接口进行串口数据收发时需要连接这个接口。

下面来追踪 CH340_TXD 和 CH340_RXD 与 STM32 相连的路径，CH340N 芯片电路如图 6 - 4 所示。

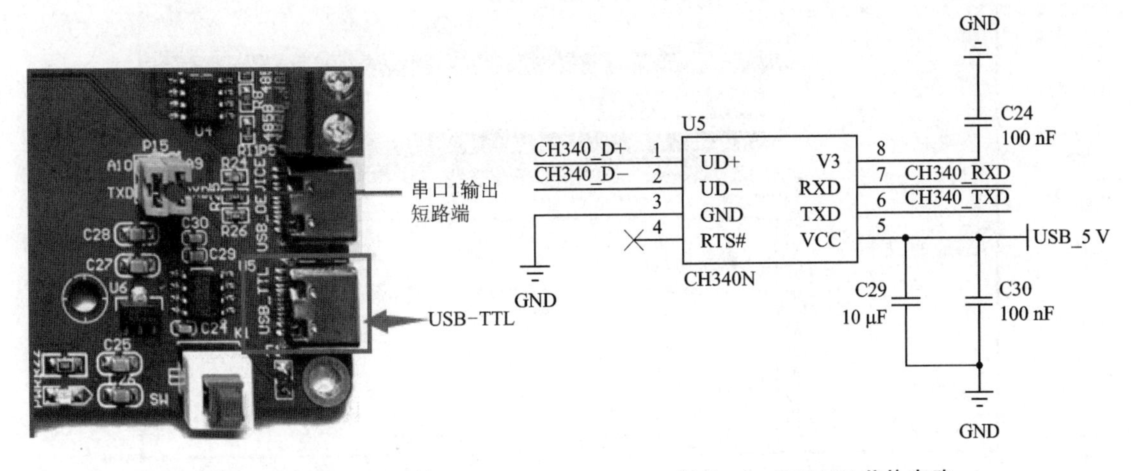

图 6 - 3 开发板上的 USB - TTL 接口

图 6 - 4 CH340N 芯片电路

在图 6 - 4 中，CH340N 是一个电平转换芯片，作用是将 STM32 的串口电平信号(TTL 的信号)转换成计算机的 USB 通信格式。为什么要这样做呢？原因在于，现在的计算机已经弃用 RS232、RS485 等串行接口，改为使用 USB 接口，因为 USB 接口的电平和协议都与 STM32 串口不兼容，所以需要使用一个 CH340N 芯片进行转换。

接下来朝处理器方向继续追踪 CH340_RXD 和 CH340_TXD，会发现一个转接电路如图 6-5 所示。

通过观察图 6-5，发现 CH340N 的信号与 PA9 和 PA10 之间有一个转接口 P15，为了使 PA9 和 CH340_RXD 连接起来，需要用一个短路帽将双方连接起来，同理，也需要用一个短路帽将 PA10 和 CH340_TXD 连接起来。这样，STM32 的串口 USART1 就可以与计算机的串口互通了。

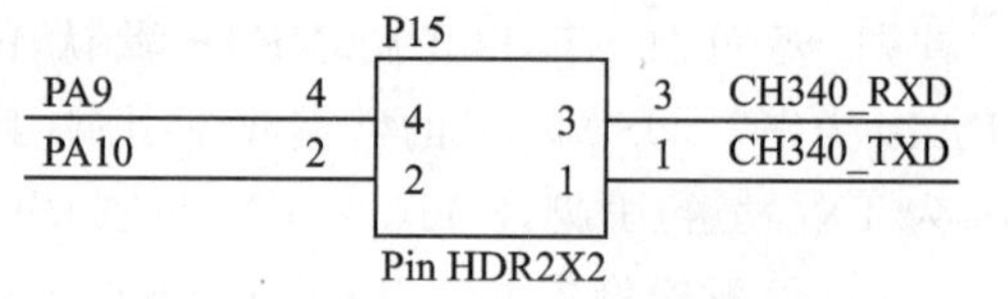

图 6-5　PA9 和 PA10 的转接电路

下面通过一个例子来介绍如何使用 STM32 串口发送数据。

6.2.2　USART1 和计算机通信示例

例 6-1：使用 STM32 的 USART1(串口 1)向计算机端的串口助手发送"hello world!"。

【实现过程】

① 打开 STM32CubeMX，设置系统高速时钟源和系统时钟频率为 72 MHz。

② 设置调试工具为 Serial Wire。再次强调，若这里采用默认值，则下载程序时需要先按复位键，再单击 MDK 上的下载按钮进行下载，单纯单击下载按钮下载不了程序。

③ 设置串口工作参数，如图 6-6 所示。

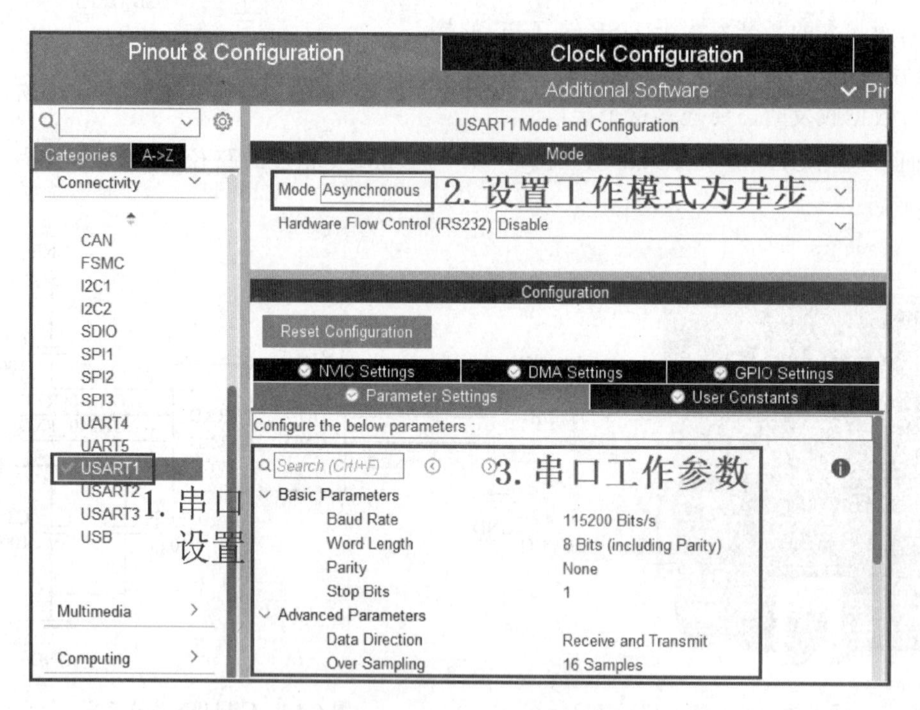

图 6-6　STM32CubeMX 的串口设置

设置时需要经过以下步骤：

a. 单击左边的 Connectivity 连接组件下的 USART1。

b. 使用异步方式收发数据，这里需要在弹出的窗口中设置串口的工作模式为异步——Asynchronous。

c. 设置串口工作参数，主要有：

- 通信波特率 Baud Rate，这里采用默认设置，双方的波特率为 115 200 Bits/s。
- 字长 Word Length，即一帧数据中数据位的位数，有 8 位和 9 位两种选择。由于发送的是字符，一个字符占一个字节，所以这里选择 8 位，也是默认值。
- 奇偶校验位 Parity，可以选择不校验、采用奇校验 Odd 或采用偶校验 Even。这里采用默认值不校验。
- 数据传输方向 Data Direction，这里选择默认值 Receive and Transmit，串口既可以发送也可以接收。
- 过采样率 Over Sampling，这里选择默认值，采用 16 倍过采样。

④ 设置工程管理相关选项，输出代码，并打开工程。

⑤ 在主函数 main 中添加串口发送程序段，使得整个 main 函数内容如图 6-7 所示。

```
66  int main(void)
67  {
68      uint8_t buf[12] = "hello world!";
69      HAL_Init();
70
71      SystemClock_Config();
72
73      MX_GPIO_Init();
74      MX_USART1_UART_Init();
75
76      while (1)
77      {
78          HAL_UART_Transmit(&huart1,buf, sizeof(buf), 5);
79          HAL_UART_Transmit(&huart1, (uint8_t *)"\r\n", 2, 5);
80          HAL_Delay(1000);
81      }
82  }
```

图 6-7　main 函数内容示意图

⑥ 编译程序，并将程序下载到开发板上（若没有设置下载完成复位，则按下复位键启动程序）。

⑦ 在电脑端打开串口助手，首先设置好电脑端串口、接收波特率等信息，然后单击打开串口助手，可以看到“hello world!”已经被正确发送到串口助手上，如图 6-8 所示，任务完成。

6.2.3　串口数据收发的 3 种方式

串口数据的发送和接收有 3 种方式，分别为轮询方式收发、中断方式收发和 DMA 方式收发。

(1) 轮询方式收发

① 轮询方式发送由函数 HAL_UART_Transmit()来完成，该函数的原型如下：

HAL_StatusTypeDef HAL_UART_Transmit(UART_HandleTypeDef * huart, uint8_t * pData, uint16_t Size, uint32_t Timeout)

它有以下 4 个参数：

- 参数 1，huart 是一个句柄结构体变量，串口对象、串口通信时的参数都被封装于该结构体中。句柄是一种特殊的结构体，它就如一把扫把的把柄一样，通过操作把柄可以随

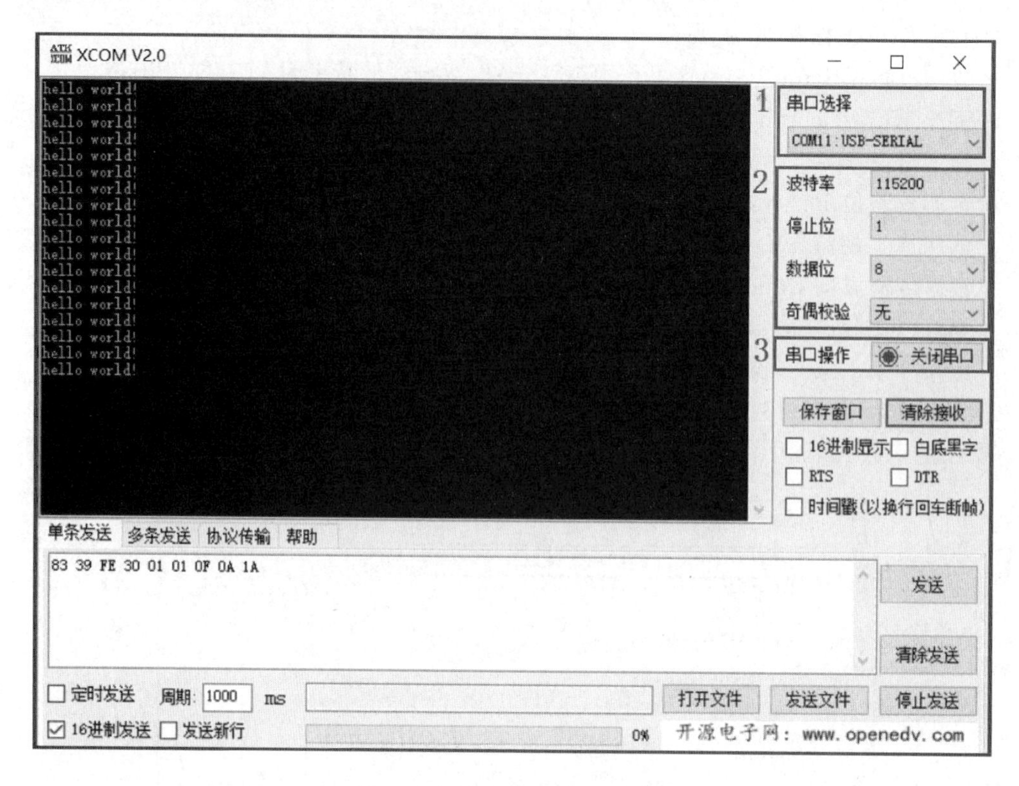

图 6-8 串口助手设置并显示

意操作扫把，而通过模块的句柄可以任意操作这个模块。

- 参数 2，用于指明要发送的数据来源，这个来源是一个地址。
- 参数 3，用于指明要发送的数据字节数，比如字符串“hello world!”一共 13 个字节(包含一个自动加上的空操作符)，那参数 3 应该设置为 13。
- 参数 4，用于设置超时时间，若超过这个时间还没有发送完，则退出发送，以免程序被堵在这里，这个时间的单位为 ms。比如程序中设置为 5，说明超时时间为 5 ms。这里要注意：如果发送的数据比较多，超时时间要设置大一点，最好估算好后加点余量，否则可能时间到了数据还没有发送完。

② 轮询方式接收通过函数 HAL_UART_Receive()来完成，该函数的原型如下：

HAL_StatusTypeDef HAL_UART_Receive(UART_HandleTypeDef * huart, uint8_t * pData, uint16_t Size, uint32_t Timeout)

可以看到，该函数有 4 个参数，第 2 个参数为接收到的数据存放的缓冲区的首地址，其他 3 个参数与轮询发送函数 HAL_UART_Transmit()对应的参数相同。

(2) 中断方式收发

① 中断方式发送使用的是函数 HAL_UART_Transmit_IT()，该函数的原型为：

HAL_StatusTypeDef HAL_UART_Transmit_IT(UART_HandleTypeDef * huart, uint8_t * pData, uint16_t Size)

可以看到，该函数有 3 个参数，分别是串口句柄类型变量、发送数据来源地址和待发送数据的字节数。与轮询方式发送函数相比，少了一个超时时间设置。这个情况其实非常好理解，因为是中断方式发送，只要发送缓冲区为空就发送数据，不需要有超时时间。

② 中断方式接收使用的是函数 HAL_UART_Receive_IT()，该函数的原型为：

HAL_StatusTypeDef HAL_UART_Receive_IT(UART_HandleTypeDef * huart, uint8_t * pData, uint16_t Size)

与轮询方式相比，它少了一个超时参数，其他参数一样。

实际上，虽然中断方式收发函数和轮询方式收发函数的函数名比较像，但是它们做的工作差别巨大。中断方式发送函数 HAL_UART_Transmit_IT()的主要工作是使能发送缓冲区空中断，一旦系统检查发现发送缓冲区为空，就会进入中断，然后数据的发送在中断服务程序中执行。

中断方式接收函数 HAL_UART_Receive_IT()的主要工作是开启接收缓冲区非空中断，在接收缓冲区接收到数据(此时接收缓冲区非空)后，就进入中断，然后在中断服务程序中将接收到的数据读走。

轮询方式只要执行到函数 HAL_UART_Transmit()或 HAL_UART_Receive()，就会启动一次发送或接收，这个发送和接收由串口独立完成。

(3) DMA 方式收发

关于串口的 DMA 方式发送和接收函数的学习放到 DMA 部分进行讲解。

6.2.4 串口句柄变量及其初始化

1. 串口句柄类型

在使用 HAL 库的串口收发函数时，遇到的第一个函数参数就是串口句柄变量。该变量的类型为 UART_HandleTypeDef，该类型的定义如下：

```
typedef struct __UART_HandleTypeDef
{
  USART_TypeDef * Instance;      /* ① */
  UART_InitTypeDef  Init;        /* ② */
  uint8_t   * pTxBuffPtr;        /* ③ */
  uint16_t  TxXferSize;          /* ④ */
  __IO uint16_t  TxXferCount;    /* ⑤ */
  uint8_t   * pRxBuffPtr;        /* ⑥ */
  uint16_t  RxXferSize;          /* ⑦ */
  __IO uint16_t  RxXferCount;    /* ⑧ */
    ......
} UART_HandleTypeDef;
```

下面对该类型中的部分成员进行介绍。

① Instance。翻译为实例对象。在 HAL 库中，ST 公司将各个模块的属性抽象出来用一个结构体封装起来。但是，无论怎么封装，最终的工作还是由硬件来实现，所以在初始化时要指明所使用的硬件是哪个，即初始化的对象是谁。串口的这个句柄对象就用来指明你要使用的是哪一个串口，如果要用串口 1，那么将串口 1 USART1 的基地址赋给 Instance，则接下来的数据收发等工作就通过 USART1 来实现。

HAL 库中已经定义好了 5 个串口的基地址，并分别用 UART4、UART5、USART1、

USART2、USART3 来表示，使用某个串口时，只需要将串口寄存器的起始地址（即基地址）赋值给 Instance 即可。比如，要用到的是 USART1，则采用如下方式赋值：

```
huart1.Instance = USART1;
```

即可使用 USART1 来收发数据了。

② Init。该成员中封装有串口通信的一些基本设置，比如数据位的大小、停止位的长度、是否使用校验、波特率是多少等。

③ pTxBuffPtr，发送缓冲区指针。在发送数据时，要指明发送数据的来源，该指针就用来做这件事情。

④ TxXferSize，发送的字节数。在发送数据时，要指明发送多少字节的数据，该参数就是用来保存要发送数据的字节数。

⑤ TxXferCount，发送数据计数。该参数用来记录已经发送的字符个数。

⑥ pRxBuffPtr，接收缓冲区指针。在使用串口接收数据时，要指明接收到的数据保存到哪里，该指针就用来做这件事情。

⑦ RxXferSize，接收字节个数。用于保存要接收的字节数据的个数。

⑧ RxXferCount，用于记录当前接收到了多少个数据。

2. 串口句柄变量的初始化

了解了串口句柄结构体的成员含义，接下来打开“例 6－1”的例程，可以看到主函数中有一个串口初始化函数 MX_USART1_UART_Init()，如图 6－9 所示。

```
/* Initialize all configured peripherals */
MX_GPIO_Init();
MX_USART1_UART_Init();
/* USER CODE BEGIN 2 */
```

图 6－9　串口初始化函数位置

打开该函数，可以看到它的定义如图 6－10 所示。

```
void MX_USART1_UART_Init(void)
{

  huart1.Instance = USART1;
  huart1.Init.BaudRate = 115200;
  huart1.Init.WordLength = UART_WORDLENGTH_8B;
  huart1.Init.StopBits = UART_STOPBITS_1;
  huart1.Init.Parity = UART_PARITY_NONE;
  huart1.Init.Mode = UART_MODE_TX_RX;
  huart1.Init.HwFlowCtl = UART_HWCONTROL_NONE;
  huart1.Init.OverSampling = UART_OVERSAMPLING_16;
  if (HAL_UART_Init(&huart1) != HAL_OK)
  {
    Error_Handler();
  }

}
```

图 6－10　串口初始化的内容

可见，在函数 MX_USART1_UART_Init()中，对句柄变量 huart1 的成员进行了初始化，其中串口对象是 USART1，而在 STM32CubeMX 中设置的串口参数则用于对成员 Init 中封装的成员进行赋值。

6.2.5 使用中断方式发送数据示例

例 6-2：使用串口中断方式发送字符串"guang zhou!"到 PC 端。

【实现思路】

HAL 库提供了一个中断方式发送函数 HAL_UART_Transmit_IT()，它的主要工作是开启串口发送缓冲区空中断。下面打开这个函数（如图 6-11 所示），来看一下它的内部是如何执行的。

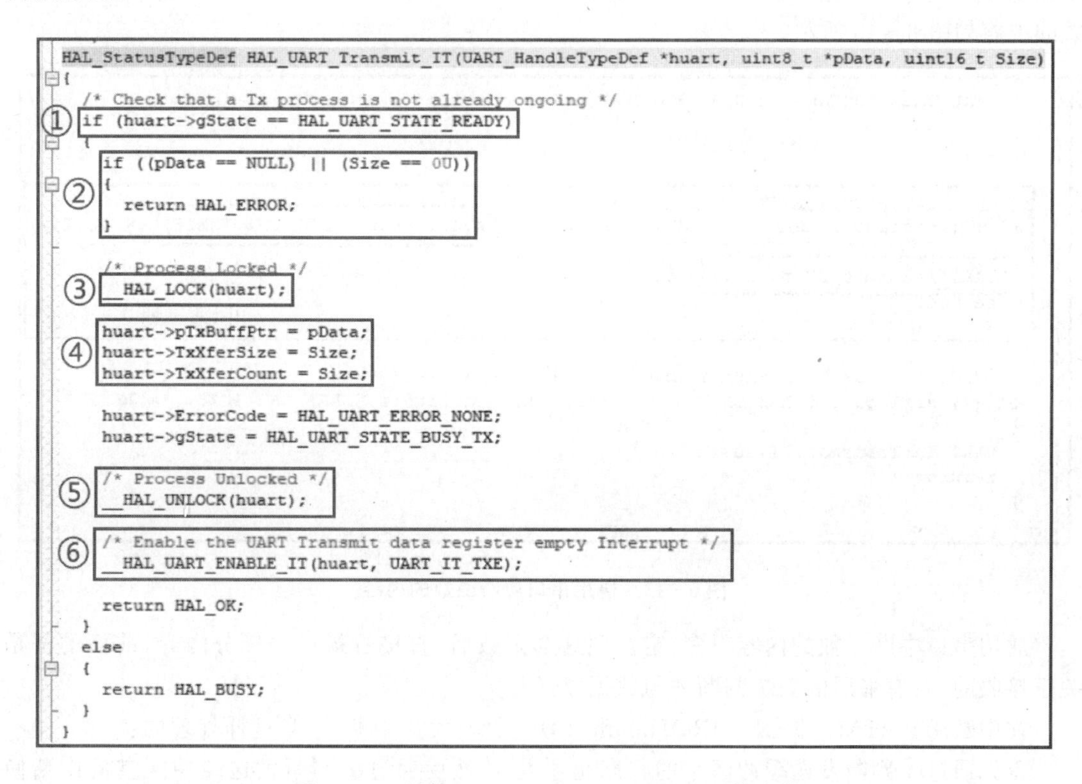

```
HAL_StatusTypeDef HAL_UART_Transmit_IT(UART_HandleTypeDef *huart, uint8_t *pData, uint16_t Size)
{
  /* Check that a Tx process is not already ongoing */
① if (huart->gState == HAL_UART_STATE_READY)
  {
    if ((pData == NULL) || (Size == 0U))
②   {
      return HAL_ERROR;
    }

    /* Process Locked */
③   __HAL_LOCK(huart);

    huart->pTxBuffPtr = pData;
④   huart->TxXferSize = Size;
    huart->TxXferCount = Size;

    huart->ErrorCode = HAL_UART_ERROR_NONE;
    huart->gState = HAL_UART_STATE_BUSY_TX;

⑤   /* Process Unlocked */
    __HAL_UNLOCK(huart);

⑥   /* Enable the UART Transmit data register empty Interrupt */
    __HAL_UART_ENABLE_IT(huart, UART_IT_TXE);

    return HAL_OK;
  }
  else
  {
    return HAL_BUSY;
  }
}
```

图 6-11　函数 HAL_UART_Transmit_IT()的内容

由函数 HAL_UART_Transmit_IT()的定义可以看到，它内部的执行是这样的：

通过语句①判断当前串口是不是处于准备好的状态，如果是处于准备好的状态，那么执行 if 语句的内容。

通过语句②判断待发送数据的基地址是不是一个空地址，或者要发送的字节数是不是 0，如果这两个条件有一个满足，说明发送数据来源出错或者没有要发送的数据，直接退出函数。

通过语句③对串口上锁，准备执行一些串口初始化工作。

通过语句④初始化要发送数据的源地址、要发送的数据个数，并初始化计数值。

通过语句⑤来解锁。

通过语句⑥来使能串口发送缓冲区空中断。使能后，若系统发现串口 1 的发送缓冲区为空,则会进入串口 1 的全局中断。

在全局中断中,串口将会执行哪些操作呢? 我们来看一下。

首先到启动文件.s 中找到串口 1 的全局中断的函数名,为 USART1_IRQHandler。然后找到该函数的定义,其定义如图 6-12 所示。

```
void USART1_IRQHandler(void)
{
  /* USER CODE BEGIN USART1_IRQn 0 */

  /* USER CODE END USART1_IRQn 0 */
  HAL_UART_IRQHandler(&huart1);
  /* USER CODE BEGIN USART1_IRQn 1 */

  /* USER CODE END USART1_IRQn 1 */
}
```

图 6-12　函数 USART1_IRQHandler()的内容

可以看到,函数 USART1_IRQHandler()中只有一条语句,这条语句调用的是串口通用函数 HAL_UART_IRQHandler()。该函数的内容如图 6-13 所示。

```
void HAL_UART_IRQHandler(UART_HandleTypeDef *huart)
{
  ......

  /* UART in mode Transmitter ------------------------------------------------*/
  if①((isrflags & USART_SR_TXE) != RESET) &&②((crlits & USART_CR1_TXEIE) != RESET))
  {
    UART_Transmit_IT(huart); ③
    return;
  }

  /* UART in mode Transmitter end --------------------------------------------*/
  if (((isrflags & USART_SR_TC) != RESET) && ((crlits & USART_CR1_TCIE) != RESET))
  {
    UART_EndTransmit_IT(huart);
    return;
  }
}
```

图 6-13　通用串口中断函数的内容

通用串口中断函数的内容很多,定位到这个函数后,直接看最后一部分内容,前面的都是关于接收的,只有最后的两个判断才与数据发送相关。

在中断函数 HAL_UART_IRQHandler()中,针对发送中断,它是这样处理的:

首先通过①判断发送缓冲区空的状态是不是 1,然后通过②判断发送缓冲区空的中断使能是否开启,如果发送缓冲区空的状态是 1 而且发送缓冲区空使能了,那么执行语句③,调用函数 UART_Transmit_IT()进行数据发送。

可以看到,当使能串口发送中断后,数据将会在发送缓冲区为空时被发送出去。

【实现步骤】

① 打开 STM32CubeMX,并做好配置。

② 配置好串口 USART1。

③ 输出工程,在工程的 main()函数中添加数组的定义和串口中断方式发送函数:

```
uint8_t buf[] = "guang zhou!\r\n";
HAL_UART_Transmit_IT(&huart1, buf,sizeof(buf));
```

添加的结果如图 6-14 所示。

```
int main(void)
{
  /* USER CODE BEGIN 1 */
  uint8_t buf[] = "guang zhou!\r\n";
  /* USER CODE END 1 */

  /* Reset of all peripherals, Initializes the Fla
  HAL_Init();
  SystemClock_Config();

  MX_GPIO_Init();
  MX_USART1_UART_Init();
  /* USER CODE BEGIN 2 */
  HAL_UART_Transmit_IT(&huart1, buf,sizeof(buf));
  /* USER CODE END 2 */
  /* USER CODE BEGIN WHILE */
  while (1)
  {
  }
}
```

图 6-14　添加相关代码后的 main()函数内容示意图

④ 添加好后，编译程序，并将结果下载到开发板，按下复位键启动，可以看到输出结果如图 6-15 所示。

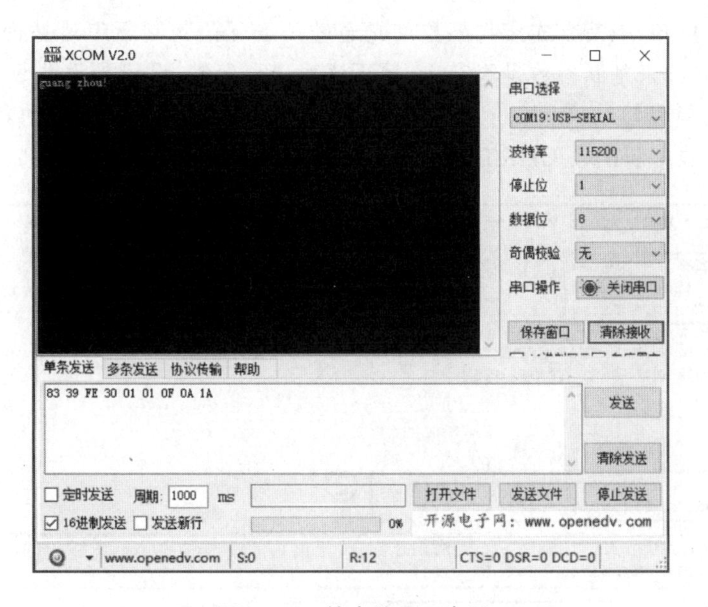

图 6-15　输出结果示意图

可以看到，结果与实验要求一致，任务目标实现。

6.2.6　中断方式接收数据实验

例 6-3:采用中断方式接收从串口助手向开发板发送的字符串“Go China!”。

【实现思路】

HAL 库提供了一个串口中断方式接收函数，具体为 HAL_UART_Receive_IT()，下面来分析该函数的执行过程。打开 HAL_UART_Receive_IT()函数的定义，其内容如图 6-16 所示。

```
HAL_StatusTypeDef HAL_UART_Receive_IT(UART_HandleTypeDef *huart, uint8_t *pData, uint16_t Size)
{
  /* Check that a Rx process is not already ongoing */
  if (huart->RxState == HAL_UART_STATE_READY) ①
  {
    if ((pData == NULL) || (Size == 0U)) ②
    {
      return HAL_ERROR;
    }

    /* Process Locked */
    __HAL_LOCK(huart);

    /* Set Reception type to Standard reception */
    huart->ReceptionType = HAL_UART_RECEPTION_STANDARD;

    return UART_Start_Receive_IT(huart, pData, Size)); ③
  }
  else
  {
    return HAL_BUSY;
  }
}
```

图 6-16　函数 HAL_UART_Receive_IT()的内容

由图 6-16 可知，中断方式接收函数首先通过一条 if 语句判断串口是否处于准备好的状态，然后通过语句②来判断参数是否有错，接下来对串口上锁、设置接收类型，最后在语句③调用开始接收中断函数 UART_Start_Receive_IT()中设置的接收信息开启中断。

打开开始接收中断函数 UART_Start_Receive_IT()，其内容如图 6-17 所示。

```
HAL_StatusTypeDef UART_Start_Receive_IT(UART_HandleTypeDef *huart, uint8_t *pData, uint16_t Size)
{
  huart->pRxBuffPtr = pData;   ①
  huart->RxXferSize = Size;
  huart->RxXferCount = Size;

  huart->ErrorCode = HAL_UART_ERROR_NONE;
  huart->RxState = HAL_UART_STATE_BUSY_RX;

  /* Process Unlocked */
  __HAL_UNLOCK(huart);

  /* Enable the UART Parity Error Interrupt */   ②
  __HAL_UART_ENABLE_IT(huart, UART_IT_PE);

  /* Enable the UART Error Interrupt: (Frame error, noise error, overrun error) */   ③
  __HAL_UART_ENABLE_IT(huart, UART_IT_ERR);

  /* Enable the UART Data Register not empty Interrupt */   ④
  __HAL_UART_ENABLE_IT(huart, UART_IT_RXNE);

  return HAL_OK;
}
```

图 6-17　开始接收中断函数 UART_Start_Receive_IT()的内容

由图 6-17 可见，开始接收中断函数执行过程如下：

通过语句组①初始化串口句柄变量的接收缓冲区地址、接收的字节数和接收计数器，然后设置错误码和接收状态并解锁。

通过语句②使能校验错误。

通过语句③使能帧、噪声和过载错误。

通过语句④使能接收缓冲区非空中断。这样，当串口的接收缓冲区接收到数据(非空)时，串口就会进入接收中断。

可以看到，HAL 库提供的中断方式接收函数 HAL_UART_Receive_IT()并没有真正接收数据，而只是对接收中断进行了使能，这意味着数据的接收应该在接收中断中完成。

对比图 6-18 的中断方式发送函数，可以看到，两者的执行过程类似，只是一个是发送，一个是接收而已。

下面打开接收中断，看看这个数据的接收是如何完成的。

串口中断只有一个函数 USART1_IRQHandler()，在这个函数中执行的是串口中断通用函数 HAL_UART_IRQHandler()，打开该函数，其接收部分内容如图 6-18 所示。

```
void HAL_UART_IRQHandler(UART_HandleTypeDef *huart)
{
  uint32_t isrflags   = READ_REG(huart->Instance->SR);
  uint32_t crlits     = READ_REG(huart->Instance->CR1);
  uint32_t cr3its     = READ_REG(huart->Instance->CR3);
  uint32_t errorflags = 0x00U;
  uint32_t dmarequest = 0x00U;

  /* If no error occurs */                                                              ①
  errorflags = (isrflags & (uint32_t)(USART_SR_PE | USART_SR_FE | USART_SR_ORE | USART_SR_NE));
  if (errorflags == RESET)
  {
    /* UART in mode Receiver -------------------------------------------------*/
    if (((isrflags & USART_SR_RXNE) != RESET) && ((crlits & USART_CR1_RXNEIE) != RESET)) ②
    {
      UART_Receive_IT(huart); ③
      return;
    }
  }
  ......
}
```

图 6-18　串口中断通用函数

由图 6-18 可知，串口中断通用函数 HAL_UART_IRQHandler()首先通过语句①判断接收过程是否有错误，这些错误包括校验错误、帧错误、过载错误等。若没有错误，则通过语句②判断接收缓冲区非空的状态是不是不等于复位 RESET(接收到数据后，状态寄存器的缓冲区非空位被硬件设置为 1，当然不等于 RESET)而且缓冲区非空的中断使能是否开启了，如果这两个条件满足，那么说明此时的接收中断由缓冲区接收到数据，接下来执行语句③，调用接收中断函数 UART_Receive_IT()。

至此还没有看到数据的接收，接着进入接收中断函数 UART_Receive_IT()内部去看一看。

由于该函数内容比较多，因此将它分为上下两部分来分析，该函数的上半部分内容如图 6-19 所示。

由图 6-19 可知，该函数的上半部分执行过程如下：

通过语句①判断数据长度和是否有校验，若数据长度不是 9 位而且没有使用校验，则执行语句②、③、④的内容。

通过语句②将接收缓冲区地址赋给指针变量 pdata8bits，这样变量 pdata8bits 和 huart->pRxBuffPtr 都指向同一个存储单元，赋值到指针变量 pdata8bits 指向的存储单元，也就是赋值到 huart->pRxBuffPtr 指向的存储单元。

```
static HAL_StatusTypeDef UART_Receive_IT(UART_HandleTypeDef *huart)
{
  uint8_t  *pdata8bits;
  uint16_t *pdata16bits;

  /* Check that a Rx process is ongoing */
  if (huart->RxState == HAL_UART_STATE_BUSY_RX)
  {
①  if ((huart->Init.WordLength == UART_WORDLENGTH_9B) && (huart->Init.Parity == UART_PARITY_NONE))
    {
      pdata8bits  = NULL;
      pdata16bits = (uint16_t *) huart->pRxBuffPtr;
      *pdata16bits = (uint16_t)(huart->Instance->DR & (uint16_t)0x01FF);
      huart->pRxBuffPtr += 2U;
    }
    else
    {
②    pdata8bits = (uint8_t *) huart->pRxBuffPtr;
      pdata16bits  = NULL;

③    if ((huart->Init.WordLength == UART_WORDLENGTH_9B) || ((huart->Init.WordLength == UART_WORDLENGTH_8B) \
          && (huart->Init.Parity == UART_PARITY_NONE)))
      {
        *pdata8bits = (uint8_t)(huart->Instance->DR & (uint8_t)0x00FF);
      }
      else
      {
        *pdata8bits = (uint8_t)(huart->Instance->DR & (uint8_t)0x007F);
      }
④    huart->pRxBuffPtr += 1U;
    }
```

图 6-19 接收中断函数 UART_Receive_IT()上半部分的内容

通过语句③判断数据长度，分为两种情况：

- 若数据的长度是 9 位但是使能了校验，则真正的数据位是 8 位，将这 8 位数据读到指针 pdata8bits 指向的存储单元；
- 若数据的长度是 8 位而且没有使能校验，则真正的数据位是 8 位，将这 8 位数据读到指针 pdata8bits 指向的存储单元。

通过语句④将指向接收缓冲区的指针移到下一位。

通过上面的介绍，我们发现数据已经接收到了，而且保存到了接收缓冲区，不过要注意，上面只是接收到一个字符而已！

接下来继续看下半部分的内容，如图 6-20 所示。

由于已经接收到了 1 字节数据，因此在下半部分程序中，首先通过语句①将接收计数器减去 1，并判断减去 1 后的结果是否为 0，若不为 0，则说明数据接收没有完成，返回 HAL_OK 的状态；若为 0，则说明数据接收完成了，此时：

- 通过语句②将接收缓冲区非空中断关闭；
- 通过语句③将校验错误中断关闭；
- 通过语句④将错误中断关闭。
- 通过语句⑤执行发送完成中断回调函数 HAL_UART_RxCpltCallback()。

至此，执行完接收中断的一次动作，可以发现 HAL 的接收中断具有如下特点：

① 一次中断只接收 1 字节数据，所以如果在一开始的中断接收函数 HAL_UART_Receive_IT()中设置了要接收 10 字节的数据，则需要执行 10 次中断。

② 只有全部接收完数据才关闭接收中断。

③ 全部数据接收完成后会执行一个接收完成中断回调函数 HAL_UART_RxCpltCallback()。

```
① if (--huart->RxXferCount == 0U)
  {
②   __HAL_UART_DISABLE_IT(huart, UART_IT_RXNE);
③   __HAL_UART_DISABLE_IT(huart, UART_IT_PE);
④   __HAL_UART_DISABLE_IT(huart, UART_IT_ERR);

    huart->RxState = HAL_UART_STATE_READY;

    if (huart->ReceptionType == HAL_UART_RECEPTION_TOIDLE)
    {
      huart->ReceptionType = HAL_UART_RECEPTION_STANDARD;

      CLEAR_BIT(huart->Instance->CR1, USART_CR1_IDLEIE);

      if (__HAL_UART_GET_FLAG(huart, UART_FLAG_IDLE))
      {
        __HAL_UART_CLEAR_IDLEFLAG(huart);
      }

    }
    else
    {
⑤   HAL_UART_RxCpltCallback(huart);
    }

    return HAL_OK;
  }
  return HAL_OK;
}
else
{
  return HAL_BUSY;
}
}
```

图 6-20　接收中断函数 UART_Receive_IT()下半部分的内容

基于以上讨论,我们来设计一个简单的串口中断方式接收函数,该函数在 main 函数的串口初始化完成后开启接收中断,然后到接收完成中断回调函数中用轮询方式发送函数将接收到的数据发送到 PC 端。

【实验步骤】

① 配置好 STM32CubeMX,使能 USART1 中断,设置其抢占式优先级的值为 1。

② 生成工程,然后将工程的主函数添加中断方式接收的语句,结果如图 6-21 所示。

```
int main(void)
{
  HAL_Init();
  SystemClock_Config();
  MX_USART1_UART_Init();
  /* USER CODE BEGIN 2 */
  HAL_UART_Receive_IT(&huart1, buf, len);
  /* USER CODE END 2 */
  while (1)
  {
  }
}
```

图 6-21　修改后的 main 函数的内容

③ 在 main.c 文件中添加中断完成回调函数的定义和接收缓冲区的声明,结果如图 6-22 所示。

可以看到,当串口 USART1 接收完成数据后,将会使用轮询方式发送函数将接收到的数据发送出去。

④ 编译并将程序下载到开发板,然后在串口助手中输入“Go China!”,选中串口助手的“发送新行”,然后单击“发送”按钮,将“Go China!”发送到串口 1,串口 1 接收到数据后会发送

回来，结果如图 6－23 所示。

```
/* USER CODE BEGIN 0 */
  uint8_t buf[9] = {0};
  uint8_t len = sizeof(buf);
  void HAL_UART_RxCpltCallback(UART_HandleTypeDef *huart)
  {
      HAL_UART_Transmit(huart, buf, len, 10);
  }
/* USER CODE END 0 */
```

图 6－22　接收完成回调函数的内容

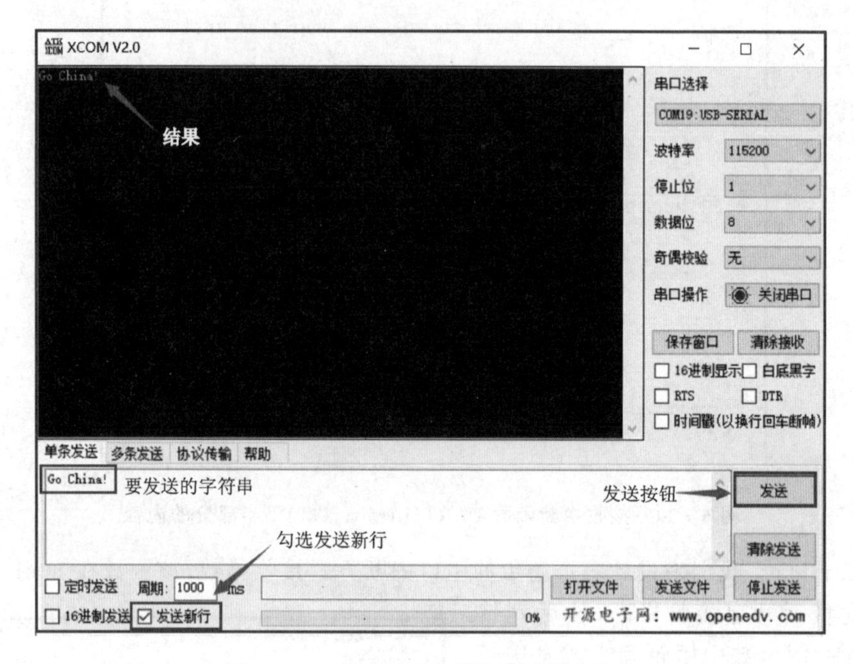

图 6－23　串口中断方式接收数据结果图

6.3　MDK 中 printf()函数的使用——串口重定向

在学习 C 语言时，经常使用打印函数 printf()来打印信息，MDK 这里能不能也这样做呢？我们来试一下，在"例 6－1"的 while 循环中添加一条 printf 语句，可以看到一个警告符号，如图 6－24 所示。

```
76    while (1)
77    {
78      HAL_UART_Transmit(&huart1,buf, sizeof(buf), 5);
79      HAL_UART_Transmit(&huart1,(uint8_t *)"\r\n", 2, 5);
80      printf("guangzhou!");
81      HAL_Delay(1000);
82    }
```

图 6－24　在 MDK 中使用 printf()函数时出现警告符号示意图

通过添加一个头文件“#include "stdio.h"”可以解除图 6 - 24 中的警告，如图 6 - 25 所示。

在将头文件 stdio.h 包含进工程后，可以看到 printf 的警告符号去掉了，原因在于 stdio.h 包含了 printf()函数的原型。

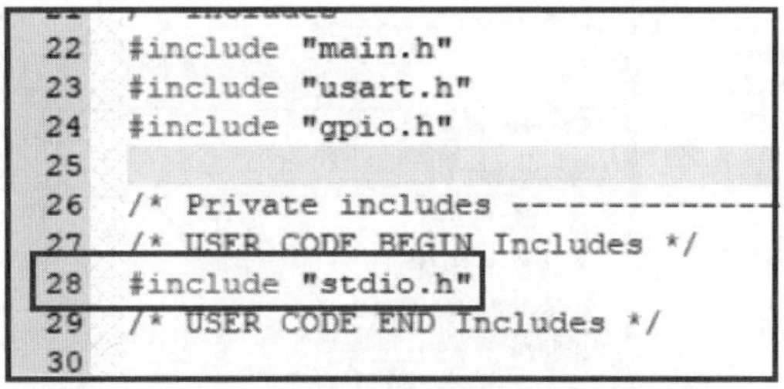

```
22  #include "main.h"
23  #include "usart.h"
24  #include "gpio.h"
25
26  /* Private includes ------------
27  /* USER CODE BEGIN Includes */
28  #include "stdio.h"
29  /* USER CODE END Includes */
30
```

图 6 - 25　printf()函数的头文件包含示意图

将增加 printf()函数后的文件进行编译并下载到开发板中，按复位键运行程序，可以看到串口助手上只显示一次“hello world!”，而 printf 中的内容没有被打印到串口助手上，此时死机了……

这又是为什么呢？原来标准库函数的默认输出设备是显示器，要实现在串口输出，必须重定义标准库函数中调用的与输出设备相关的函数。

例如：printf 输出到串口，这时需要将 printf()函数里面调用的函数 fputc 中的输出指向串口，这种情况叫重定向。

重定向是指重新定方向，在嵌入式系统开发中，常常需要将串口信息打印到串口助手中，以观察结果并判断程序是否按预定的方向执行。对于 STM32 来说，重定向就是修改 fputc()函数，使它的输出指向串口。修改后的结果如下：

```
int fputc(int ch,FILE * f)
{
    uint8_t temp[1] = {ch};
    HAL_UART_Transmit(&huart1,temp,1,2);    //huart1 是串口的句柄
    return ch;
}
```

修改时要注意使用的串口，在本书的实验中都是使用 USART1 向 PC 端发送数据，所以在 HAL 的串口发送语句中的第一个参数中使用的是 USART1 的句柄 huart1。改写后，当链接器检查到用户编写了与 C 库函数同名的函数时，会优先使用用户编写的函数。我们将改写的 fputc()函数放置于 STM32CubeMX 生成工程的 main.c 中，其结果如图 6 - 26 所示。

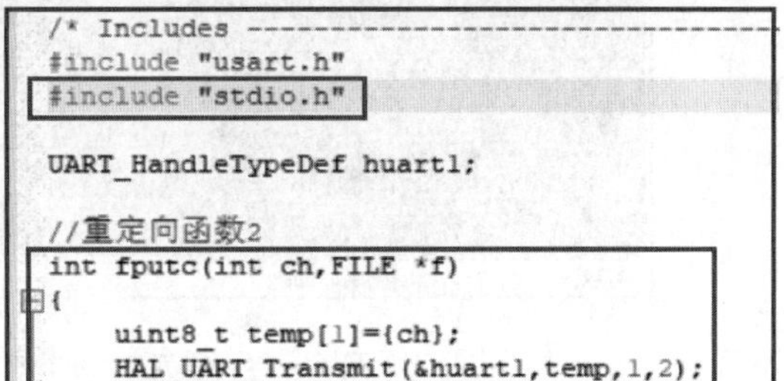

```
/* Includes -----------------------------------
#include "usart.h"
#include "stdio.h"

UART_HandleTypeDef huart1;

//重定向函数2
int fputc(int ch,FILE *f)
{
    uint8_t temp[1]={ch};
    HAL_UART_Transmit(&huart1,temp,1,2);
    return ch;
}
```

图 6 - 26　printf()函数重定向

除了要改写函数，还需要在 KEIL 中将目标选项中的 Use MicroLIB 选中，具体如图 6 - 27 所示。

接下来就可以使用 printf()通过 STM32 的串口向 PC 端的串口助手发送数据了。

最终的执行结果如图 6 - 28 所示，可以看到，使用 printf()函数可以正常打印数据了！

在后续实验中，在调试程序时经常用到这个重定向，希望大家能反复练习并记住！

最后，在串口向 PC 发送调试信息时，经常在信息结尾处加“\r\n”，或者在数据发送完成后使用如下语句：

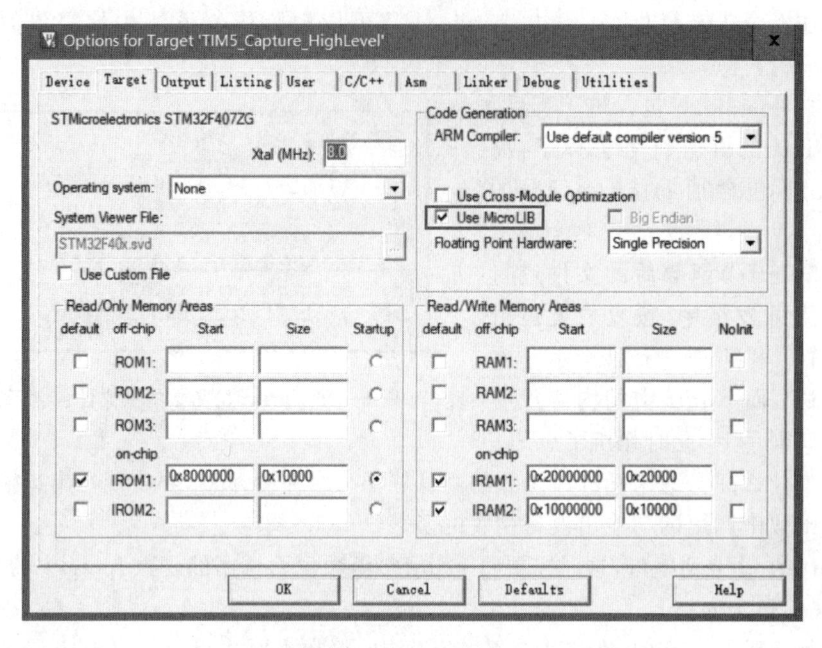

图 6-27　重定向 printf()函数时 KEIL 的设置

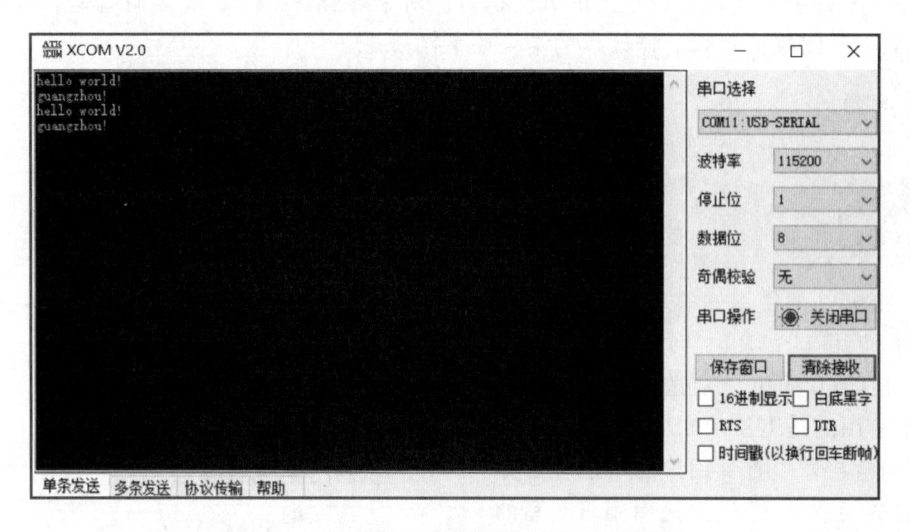

图 6-28　重定向 printf()输出后的结果示意图

```
HAL_UART_Transmit(&huart1,(uint8_t *)"\r\n", 2, 5);
```

向 PC 端发送这两个字符。那这两个字符的作用是什么呢？这两个字符的作用是换行并移到下一行行首。所以可以看到图 6-28 中的光标会在每一行的行首显示。后面会经常用到这两个换行字节数据,大家要特别注意!!

6.4　自定义帧格式传输

在前面的例程中都是以字节方式直接收发数据,而在一般的项目开发过程中,往往需要两块或多块单片机以数据包的形式进行数据传输以确保传输的可靠性，我们把这种数据包称为一帧数据。一般一帧数据包含以下几部分：帧头、地址信息、数据类型、数据长度、数据块、校验码和帧尾等。其中：

- 帧头和帧尾用于判别数据包的完整性。
- 地址信息主要用于多机通信中，通过不同地址信息识别不同通信终端。
- 数据类型可以标识后面紧接着的是命令还是数据。
- 数据块是需要传输的目标数据。
- 校验码用来检验数据的完整性和正确性，通过对数据类型、数据长度和数据块 3 部分进行相关运算得到。

图 6－29 给出了电子设备中常用的 Modbus 协议的帧格式。

起始符	设备地址	功能代码	数据	校验	结束符
1个字符	2个字符	1个字符	n个字符	2个字符	1个字符

图 6－29　Modbus 协议的帧格式

下面通过一个任务来学习自定义帧及其使用。

例 6－4：自定义数据帧用于控制 LED0 和 LED1 的亮灭，数据接收采用中断方式实现。

【思路分析】

仿照 Modbus 协议自定义一个串口协议，具体如表 6－1 所列。

表 6－1　自定义数据帧

起始符	功能码	数　据	校　验	结束符
0xaa	0x00 或 0x01	0x00 或 0x01	功能码＋数据	0x55

该自定义协议分为 5 部分，其中：

- 起始符为 0xaa；
- 功能码为 0x00 或者 0x01，用于选择控制对象，若为 0x00，则控制对象为 LED0，若为 0x01，则控制对象为 LED1；
- 数据为 0x00 表示打开受控设备（LED0 亮），为 0x01 表示关闭受控设备（LED0 灭），反过来也行，这个由用户喜好决定；
- 校验针对功能码和数据之和进行校验；
- 结束符为 0x55。

【实现过程】

1. 任务使用模块

本任务涉及 2 个模块，一个是 LED 灯模块，一个是串口模块。其中：

- LED 灯模块的 PF12 和 PF13 配置为推挽输出；
- 串口使用 USART1，工作模式配置为既可接收也可发送，同时接收使用中断方式，所以要注意配置接收中断使能和设置抢占式优先级（由于本任务只有一个中断，因此也可以不设置）。将这两个模块和时钟配置模块 RCC 配置好后，设置工程相关信息，然后生成工程。

2. 任务代码的编写

（1）整体思路设计

由前面介绍可知，嵌入式系统的中断执行过程可以用图 6-30 进行描述。

在本任务中，设计程序 1 为 main()函数，中断源为 USART1 的接收完成，串口 1 的中断服务函数为 USART1_IRQHandler()。中断服务函数 USART1_IRQHandler()先执行 HAL 库的 HAL_UART_IRQHandler()函数，然后在该函数中调用 UART_Receive_IT()，再通过在 UART_Receive_IT()函数中执行中断回调函数 HAL_UART_RxCpltCallback()来实现用户功能。即需要实现的功能编写于 HAL 库的串口接收完成回调函数 HAL_UART_RxCpltCallback 中。注意：接收中断函数 UART_Receive_IT()在调用接收完成中断回调函数 HAL_UART_RxCpltCallback()之前已经将接收中断关闭，所以如果需要进行多次接收，就要在回调函数中重新开启接收中断。

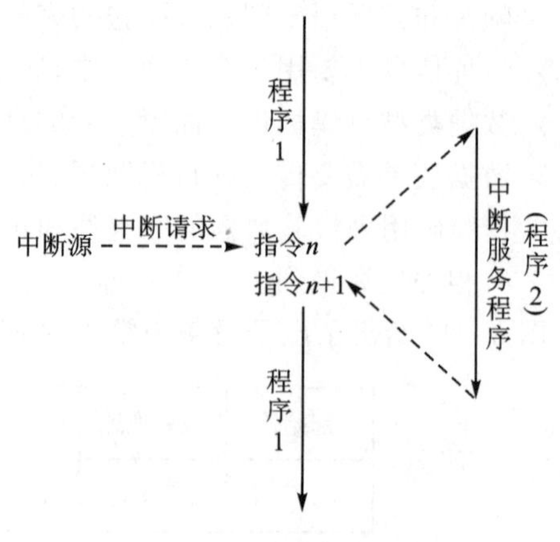

图 6-30 中断执行过程

为了尽量减少 CPU 中断处理时间，防止其他中断得不到及时有效的执行，将中断回调函数设计如下：

```
void HAL_UART_RxCpltCallback(UART_HandleTypeDef * huart)
{
    if( huart1.Instance == USART1)
    {
        Rxflag = 1;
        HAL_UART_Receive_IT(&huart1, (uint8_t *)RxBuffer,LEN);
    }
}
```

在该回调函数中，只将接收中断标志置 1 说明已经完成数据的接收，同时重新开启接收中断。

对自定义数据帧的解码放置于 main()函数中，采用轮询方式查询接收标志 Rxflag 是否已经被置 1，若被置 1，则说明数据接收完成，然后清空 Rxflag 并对接收到的数据帧进行解码，由此得到 main()函数的设计如下：

```
int main(void)
{
    系统初始化;
    说明串口使用中断方式接收 5 字节的数据放置到缓冲数组中;
    while(1)
    {
        if(Rxflag == 1)   //说明数据接收完成
        {
            Rxflag = 0;   //清空标志位,为下一次接收做好准备
            对数据帧进行解析;
```

```
            解析完成清空接收缓冲数组中的数据，为下一次接收做准备；
        }
    }
}
```

对于数据帧的解析，其思路设计如下：

```
void Frame_Control(void)
{
    if(接收到的数据头为 0xaa 而且数据尾为 0x55 而且校验正确)
    {
        switch(功能码)
        {
            case 0x00:  //DS0
            {
                依据数据字节对 LED0 灯作出亮灭控制；
            }
            break;
            case 0x01:  //DS1
            {
                依据数据字节对 LED1 灯作出亮灭控制；
            }
            break;
        }
    }
}
```

(2) 具体代码添加过程

① 添加串口重定位函数和声明帧解析函数等，如图 6-31 所示。

```
22  #include "main.h"
23  #include "usart.h"
24  #include "gpio.h"
25  #include "stdio.h"
26
27  uint8_t RxBuffer[5] = {0};  //接收缓冲区
28  uint8_t Rxflag = 0;         //接收完成标志，为0表示接收没有完成
29
30  void SystemClock_Config(void);
31  void Frame_Control(void);
32
33  int fputc(int ch,FILE *f)
34  {
35      uint8_t temp[1]={ch};
36      HAL_UART_Transmit(&huart1,temp,1,2);    //huart1是串口的句柄
37    return ch;
38  }
```

图 6-31 添加串口重定位函数示意图

其中，fputc()为串口重定向函数，“#include "stdio.h"”为 fputc()函数的声明信息，缓冲区 RxBuffer[]用于接收从串口助手中发送过来的自定义帧，变量 Rxflag 用于标识是否接收到数据，若接收完成则置 1，否则置 0。

② 按图 6-32 所示修改 main()函数。

```
int main(void)
{
    uint8_t i = 0;    1. 定义一个循环变量
    HAL_Init();
    SystemClock_Config();
    MX_GPIO_Init();
    MX_USART1_UART_Init();                    2. 显示帧信息
    /* USER CODE BEGIN 2 */
    printf("********************** Frame test **********************\r\n");
    printf("Head->0xaa Device->0x00/0x01 Operation->0x00/0x01 Check:Device+Operation Tail->0x55.\r\n");
    printf("Please enter instruction:\r\n");
    HAL_UART_Receive_IT(&huart1, (uint8_t *)RxBuffer, 5);  3. 使用中断方式接收
    /* USER CODE END 2 */
    while (1)
    {
      if(Rxflag == 1)  //判断数据是否接收完成
      {
        Rxflag = 0;
        Frame_Control();                      4. 对接收到的帧进行处理
        for( i=0; i<5; i++)
          RxBuffer[i] = 0;
      }
    }
}
```

图 6-32　main()函数内容示意图

其中,语句"HAL_UART_Receive_IT(&huart1, (uint8_t *)RxBuffer, 5);"表示 USART1 的接收采用中断方式实现,一次接收 5 个数据,接收到的数据置于 RxBuffer 中。

while 循环首先对接收标志进行判断,若接收到数据,则将标志位置 0,用于下一次判断。然后通过调用函数 Frame_Control()对接收到的数据帧进行分析并作出相应动作,执行完成后重新对接收缓冲区进行初始化。

③ 添加中断回调函数,如图 6-33 所示。

```
/* USER CODE BEGIN 4 */
void HAL_UART_RxCpltCallback(UART_HandleTypeDef *huart)
{
  if( huart1.Instance == USART1)
  {
    Rxflag = 1;
    HAL_UART_Receive_IT(&huart1, (uint8_t *)RxBuffer,5);
  }
}
```

图 6-33　接收中断回调函数

在中断回调函数中,首先判断中断源是不是 USART1,若是则将接收标志位置 1,然后重新开启串口接收中断。

④ 添加帧分析和处理函数,如图 6-34 所示。

在该函数中,首先对帧头、帧尾和帧校验进行判断,若正确则对受控对象进行判断,然后执行具体的动作。

(3) 将程序添加好后,对工程进行编译链接并将结果下载到开发板中。

(4) 将开发板和 PC 连好并给开发板上电。

(5) 打开串口调试助手,设置波特率等与程序设置参数一致,选择采用十六进制进行发送,然后打开串口助手,如图 6-35 所示。

(6) 在输入窗口中输入相关信息,比如要点亮 LED0,应该输入:

aa 00 00 00 55

要点亮 LED1,应该输入:

aa 01 00 01 55

```
void Frame_Control(void)
{
  uint8_t temp = RxBuffer[1]+RxBuffer[2];
  if(RxBuffer[0] == 0xaa && RxBuffer[4] == 0x55 && (temp == RxBuffer[3])) //说明帧完整且正确
  {
    switch(RxBuffer[1])
    {
      case 0x00:      /* DS0 */
      if(RxBuffer[2] == 0x00)
      {
        HAL_GPIO_WritePin(GPIOE,GPIO_PIN_12,GPIO_PIN_RESET);
        printf("DS0 is Open!\r\n");
      }
      else if(RxBuffer[2] == 0x01)
      {
        HAL_GPIO_WritePin(GPIOE,GPIO_PIN_12,GPIO_PIN_SET);
        printf("DS0 is Close!\r\n");
      }
      break;
      case 0x01:    /* DS0 */
      if(RxBuffer[2] == 0x00)
      {
        HAL_GPIO_WritePin(GPIOE,GPIO_PIN_13,GPIO_PIN_RESET);
        printf("DS1 is Open!\r\n");
      }
      else if(RxBuffer[2] == 0x01)
      {
        HAL_GPIO_WritePin(GPIOE,GPIO_PIN_13,GPIO_PIN_SET);
        printf("DS1 is Close!\r\n");
      }
      break;
    }
  }
  else
  {
     printf("Frame Receive Error! Please Send again!\r\n");
  }
}
```

图 6-34　帧分析和处理函数示意图

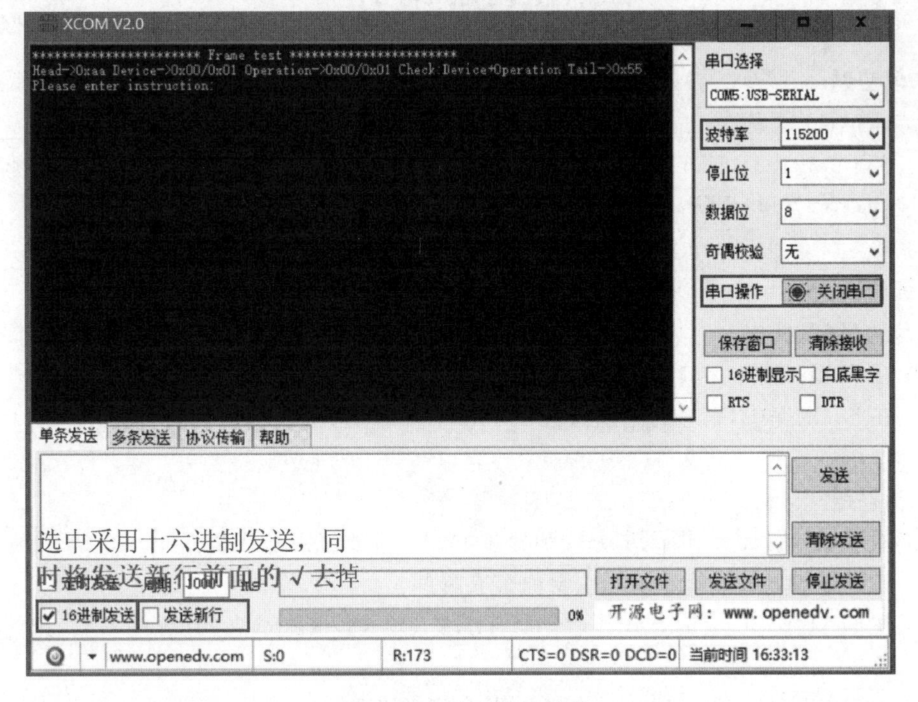

图 6-35　串口助手设置

注意:输入校验值为输入设备和数据之和。串口显示结果如图 6-36 所示。

图 6-36 串口显示结果

至此,整个功能任务完成。

思考与练习

1. 填空题

(1) USART 全称为__________________,UART 全称为__________________。

(2) STM32F103VET6 默认 PA9 和 PA10 为串口 USART1 的数据收发引脚,其中________为 TX(发送)引脚,________为 RX(接收)引脚。

(3) ________是一个电平转换芯片,作用是将 STM32 的串口电平信号转换成计算机的串口电平信号。

(4) 在 HAL 库中,串口轮询方式发送函数的函数名为__________________。

(5) 在 HAL 库中,串口中断方式接收函数的函数名为__________________。

(6) 在 ST 的库中,串口的中断只提供了一个中断函数,该函数的名称为______________________________。

2. 简答题

(1) 物理上,串口通信中同步方式和异步方式的重要区别是什么?

(2) 串口异步方式通信协议的主要内容有哪些?

(3) 在 HAL 库中,轮询方式接收函数 HAL_UART_Receive()有哪些参数,这些参数的作用是什么?

(4) 在 HAL 库中,串口接收中断的执行有哪些特点?

模块 7

STM32 定时器及其应用

定时器是 STM32 系列处理器的大家族。在本模块的学习中，我们将从定时器的作用机理出发，逐渐过渡到 STM32 的 TIM 定时器的内部结构，然后学习 TIM 定时器的工作原理。从原理出发，对定时器使用中最常用的定时器中断、定时器如何产生 PWM、定时器如何捕获一个脉冲信号或者测量一个信号的频率进行详细介绍，并配套了对应的示例来学习和巩固这些应用。通过本模块的学习，能够对 STM32 定时器有一个深入认识，为电机驱动、测频、任务调度、数字电源设计奠定坚实基础。

7.1 STM32F103VET6 定时器概述

1. 定时器的作用

定时器顾名思义就是用来定时的器件，在处理器的内部，它是一个计数电路模块，用来对输入的脉冲进行计数，并通过计数达到计时的目的。

2. 定时器和计数器的区别

定时器和计数器都用来对输入脉冲进行计数，它们有哪些区别呢？计数器只单纯对输入脉冲进行计数，对脉冲的频率、周期没有要求，但定时器不同，定时器要求输入脉冲信号的周期固定，所以定时器是一种特殊的计数器。

3. 定时器的定时原理

定时器的定时原理很好理解，假设输入到定时器脉冲信号的周期为 1 ms，若想定时 1 000 ms，那开始时可以设定计数次数为 1 000 次，计数次数到，定时器关闭并发出一个计数结束信号。当系统收到这个计数结束信号时，就知道 1 000 ms 的定时时间到了，如果有需要执行的动作（比如读取某个传感器的值），那此时去读取即可。由这个原理可以很容易理解要求定时器输入脉冲信号的周期固定的原因了。试想，如果周期不固定，那计数器计数 1 000 次还是 1 000 ms 吗？

4. STM32F103VET6 的定时器

单击 STM32CubeMX 定时器右边箭头，弹出下拉列表，可以看到 STM32F103VET6 的定时器列表，如图 7-1 所示。

可以看到，STM32F103VET6 的定时器一共有 9 个（实际上是 12 个，有一个是滴答定时器，另外两个是独立看门狗定时器和窗口看门狗定时器）。这 9 个定时器中有一个 RTC 为实时时钟定时器，其他的都是 TIM 定时器。

本模块学习的是 TIM 定时器。

TIM 定时器根据其结构特点又可以分为基本定时器、通用定时器和高级定时器，下面结合 3 种定时器的内部电路结构图进行简单的介绍。

（1）基本定时器

TIM 定时器中的 TIM6 和 TIM7 为基本定时器，它们的内部结构如图 7－2 所示。

由图 7－2 可知，基本定时器由以下 3 部分构成：

① 时基单元，它又包含计数器、预分频器和自动重装载寄存器。这 3 个寄存器都是 16 位的。

② 定时器信号来源，只有一个，来自 RCC 的 TIMxCLK。由于这个信号来自处理器内部，因此称为内部时钟 CK_INT。

③ 输出触发控制，可以输出触发信号，触发 D/A 转换。

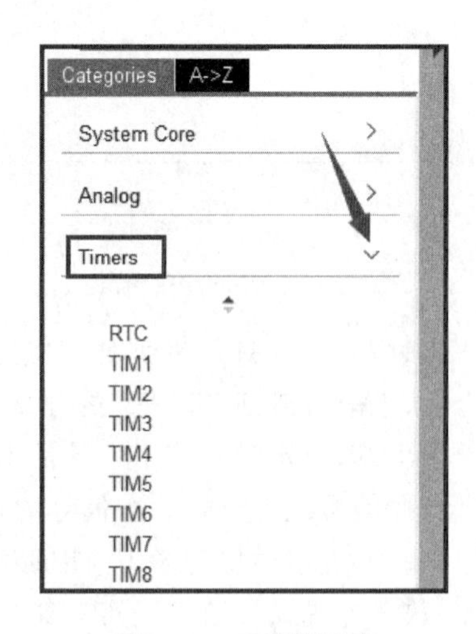

图 7－1　定时器列表

（2）通用定时器

除了基本定时器 TIM6、TIM7 和高级定时器 TIM1 和 TIM8，其他的 TIM 都是通用定时器。

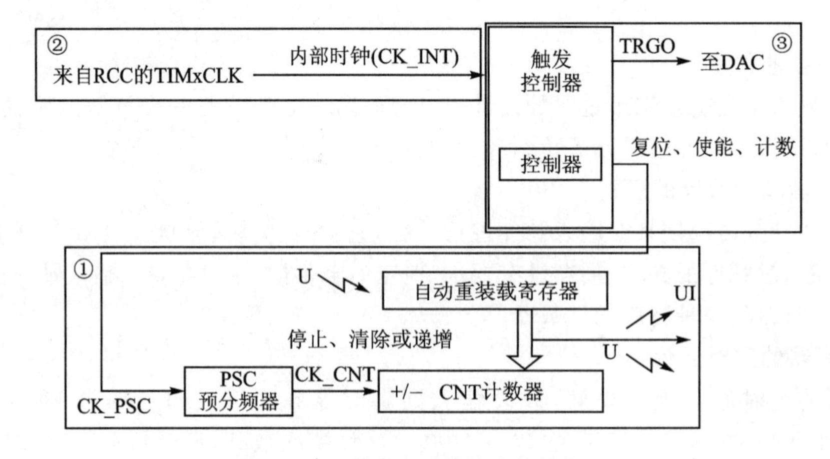

图 7－2　基本定时器的内部结构

图 7－3 给出了一个通用定时器的内部结构图。

由图 7－3 可知，通用定时器由以下几部分构成：

① 时基单元，它又由计数器、预分频器和自动重装载寄存器 3 部分构成。

② 时钟信号来源，其比较复杂，有内部时钟 CK_INT、外部触发输入 ETR、内部触发输入 ITR 等。

③ 输入捕获单元，图中定时器显示的捕获有 4 路，可以对 4 路输入信号进行捕获。

④ 输出 PWM 控制，图中的 PWM 输出通道有 4 路，可以输出 4 路 PWM 信号。

注意：输入捕获和输出 PWM 控制共用捕获/比较寄存器 CCRx（x 代表第几路输入捕获输出 PWM 通道）。当将某个通道设置为输入捕获通道时，该寄存器用于捕获计数器的值；当某个通道设置为输出 PWM 通道时，该寄存器用于保存比较值。

⑤ 模块的信号输入和输出端，一共有 5 个，1 个是外部触发输入端 ETR，另外 4 个 TIMx_CHx 在通道配置为不同的功能时，它们的功能也不同。若配置为输入，则 TIMx_CHx 为待捕获信号的输入引脚；若配置为输出，则 TIMx_CHx 为 PWM 信号的输出引脚。

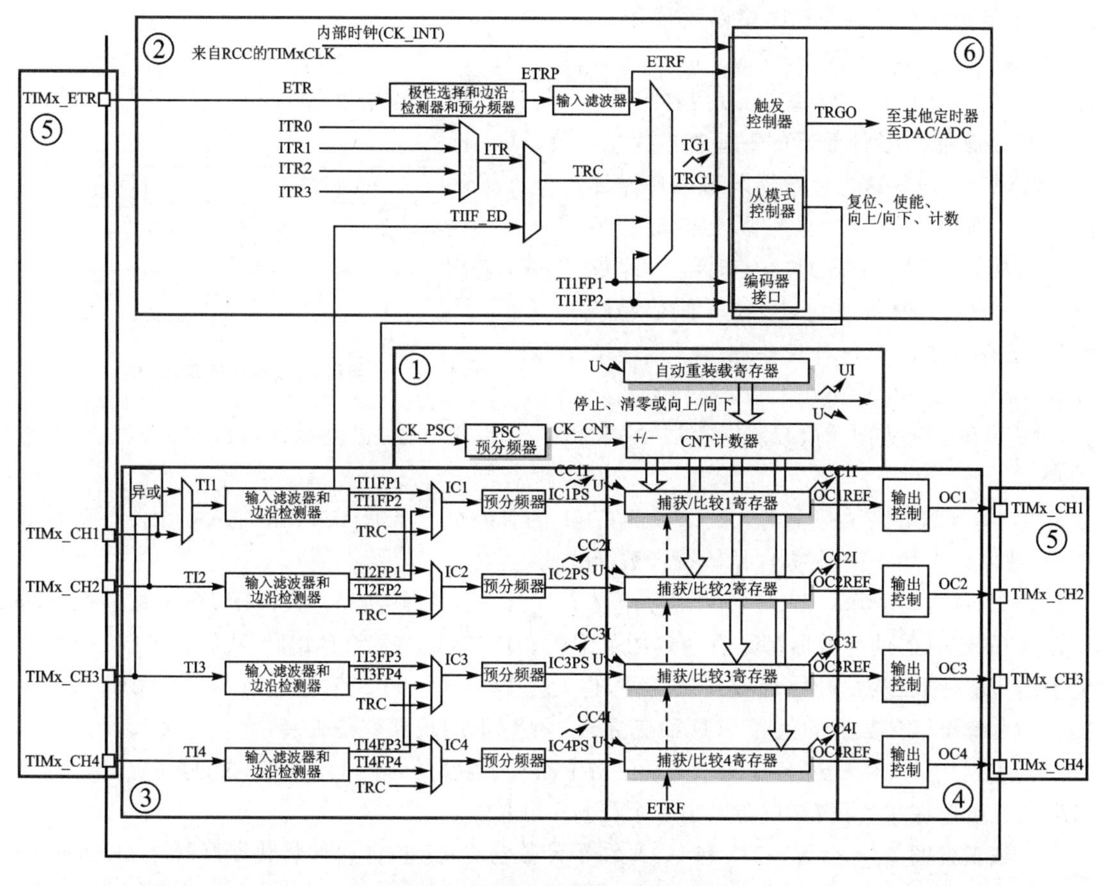

图 7-3　通用定时器的内部结构图

⑥输出触发控制端，用于在计数到一定值时输出触发信号，触发 D/A 转换、A/D 转换，或者将这个触发信号作为其他定时器的输入。

通用定时器远比基本定时器复杂，当然功能也更加丰富。

(3) 高级定时器

TIM 定时器中的高级定时器有 TIM1 和 TIM8，它们的内部结构与通用定时器差不多，此处不再赘述。

高级定时器除了具有通用定时器的功能外，还具有以下功能：死区时间可编程的互补输出；刹车输入信号可以将定时器输出信号置于复位状态或者一个已知状态；允许在指定数目的计数器周期之后更新定时器寄存器的重复计数器。

7.2　TIM 定时器的时基单元

由图 7-2 和图 7-3 可知，定时器都有一个核心单元，即时基单元，这个时基单元包含计数器、预分频器和自动重装载寄存器，下面详细介绍这 3 个寄存器。

1. 计数器

计数器是定时器的核心部件，定时器的所有外部电路都围绕它来设计，因此学习定时器时，一定要先清楚计数器在哪里以及它有哪些特点。

计数器用 CNT 来表示，CNT 是 Counter 的简写。计数器用于对 CK_CNT（脉冲信号）进行计数，来一个脉冲计数一次。为了便于分析，将计数器及其周边重新截图，如图 7-4 所示。

图 7-4 给出了计数器的一些基本信息：

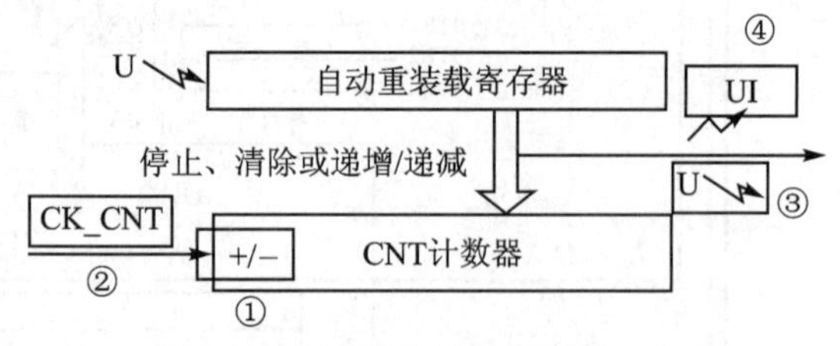

图 7-4 计数器及其周边信息示意图

① +/-表示这个计数器既可以递增计数也可以递减计数。这里实际上涉及的是计数器的计数模式，STM32 定时器的计数模式有 3 种，一种是递增计数，一种是递减计数，还有一种是中心对齐计数。若是递增计数，则 CNT 将会从 0 往上数，若是递减计数，则 CNT 将会从自动重装载寄存器 ARR 的值开始往下数，也就是计数器的初值由计数方式确定。

② CK_CNT 表示一个输入到计数器 CNT 的脉冲信号，CK_CNT 每注入一个脉冲到计数器，计数器就会加 1 或者减 1，具体视计数模式而定。

③ U 的英文全称为 Update（更新）。这个更新是什么意思呢？实际上，对于每一款处理器，它们的定时器的计数器都是有一定的范围的。比如，定时器 TIM2，计数器的位数是 16，假设采用递增计数，从 0 开始计数到最高位，也就是 $2^{16}-1=65\ 535$，这时计数器会做什么事情呢？会重新设置计数器的值为 0，这种变更为一个新值的现象就是更新。

④ UI 的全称为 Update Interrupt（更新中断）。也就是若使能了定时器的更新中断，则定时器的计数器在发生更新时，会发出一个更新中断信号。

仔细观察图 7-4 会发现，U 和 UI 画在了计数器 CNT 和自动重装载寄存器（Auto Reload Value，简写为 ARR）的中间，为什么画在中间呢？原因在于，何时更新和触发更新中断，需要由 CNT 和 ARR 值的比较结果来决定。

2. 预分频器(PSC)

这个预分频器有什么用呢？来看一下定时器输入脉冲信号的传输路径，如图 7-5 所示。

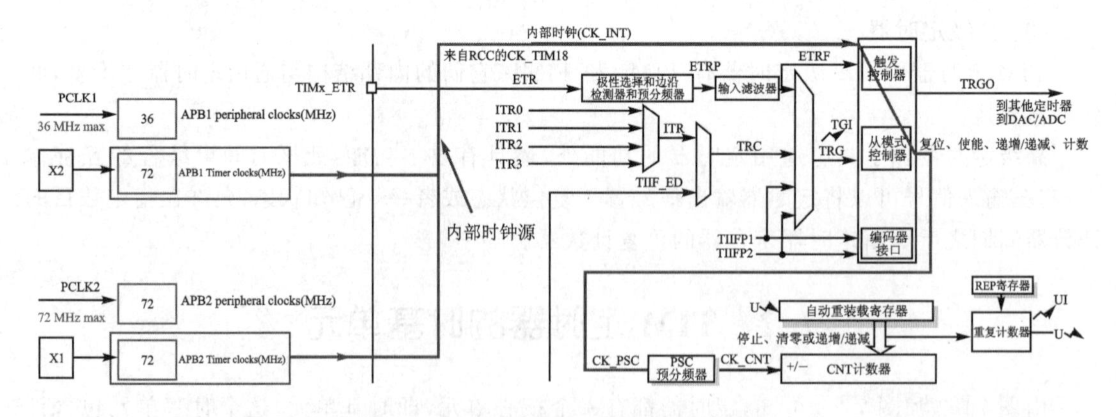

图 7-5 STM32 的定时器内部时钟信号

在图 7-5 中，假设定时器的时钟来自 TIMxCLK，这个时钟信号来自芯片内部的 APB1 或者 APB2 的信号。不管是 APB1 还是 APB2，这个信号频率都是 72 MHz，非常高。假设计数器采用递增计数，不分频，则计满一次经历的时间为 1/72M * 65 536≈910 μs。如果分频，假设采用 72 分频，那么进入计数器的脉冲信号的频率为 1 MHz，计满一次经历的时间为 1/1M * 65 536=65 535 μs。可以看到，分频后，同等情况下计时范围扩大了。所以，预分频的作用就是扩大计时范围。

注意：预分频器的值与分频值不相等，它们的关系如下：

分频值=预分频器的值+1

比如，若预分频器的值是 71，输入预分频器信号的频率是 72 MHz，则预分频器的输出信号的频率为 72 MHz/(PSC+1)=1 MHz。

3. 自动重装载寄存器(ARR)

这个 ARR 有什么用呢？用来保存计数的上限值或者计数的初始值！到底保存的是上限值还是初始值由计数模式来决定。

① 若设定为递增计数，则 ARR 中保存的是上限值，比如此时 ARR 的值为 5，计数器的计数过程如下：

0→1→2→3→4→5→0→1→2→……

在不关闭定时器的情况下，定时器会周而复始地计数，数到与 ARR 相等时，计数器的值会获得更新，重新变为 0，然后继续数……

② 若设定为递减计数，则 ARR 中保存的是初始值，比如此时 ARR 的值为 5，计数器的计数过程如下：

5→4→3→2→1→0→5→4→3→……

定时器从 ARR 的值开始递减，到 0 时发生更新，然后重新计数……

最后，总结一下定时器的时基单元特点：

① 计数器用于计数，读的时候读到的是当前计数值。

② ARR 的值决定计数周期，计数周期和 ARR 的关系是：周期=ARR+1。

③ 预分频器的作用是降频，扩大计时周期。

7.3 STM32 定时器的应用

7.3.1 定时器中断

在前面的介绍中讲到，定时器启动后如果不关闭，它会周期性计数，计数的周期为：(ARR+1)×输入到计数器的信号周期。若使能了定时器的溢出中断，则定时器每发生一次更新事件，它就会进入一次中断。由于定时器是周期性计数，因此定时器的溢出中断也是周期性的。

由于溢出是周期性的，因此 HAL 库里面提供的与溢出相对应回调函数取名为 HAL_TIM_PeriodElapsedCallback(定时器周期性回调函数)。用户编写中断溢出要处理的动作就放置于该周期性回调函数中。

例 7-1：应用 STM32CubeMX 软件配置定时器 TIM2，实现采用 TIM2 中断方式控制 LED1 间隔 1 s 闪烁，在此过程中 LED0 常亮。

【实现过程】

① 选择目标芯片。

② 设置时钟模块，使用晶振/陶瓷振荡器作为时钟源，配置时钟树。

③ 设置调试方式。

④ 设置引脚工作模式。由于本示例使用到 LED0 和 LED1 两颗 LED 灯，因此用于控制这两颗 LED 灯的引脚 PE12 和 PE13 都要设置为输出，设置 LED0 引脚的初始电平为低电平，LED1 引脚为高电平。

⑤ 设置 TIM2。设置过程如下：

➢ 设置 TIM2 的时钟源采用内部时钟，这样 TIM2 输入信号的频率为 72 MHz；

➢ 预分频器的值设置为 7 200－1(此时输入到计数器的脉冲信号的周期为 0.1 ms)；

➢ 定时器的定时周期设置为 1 s，即需要配置的自动重装载寄存器的值为 10 000－1。

整个参数设置过程如图 7－6 所示。

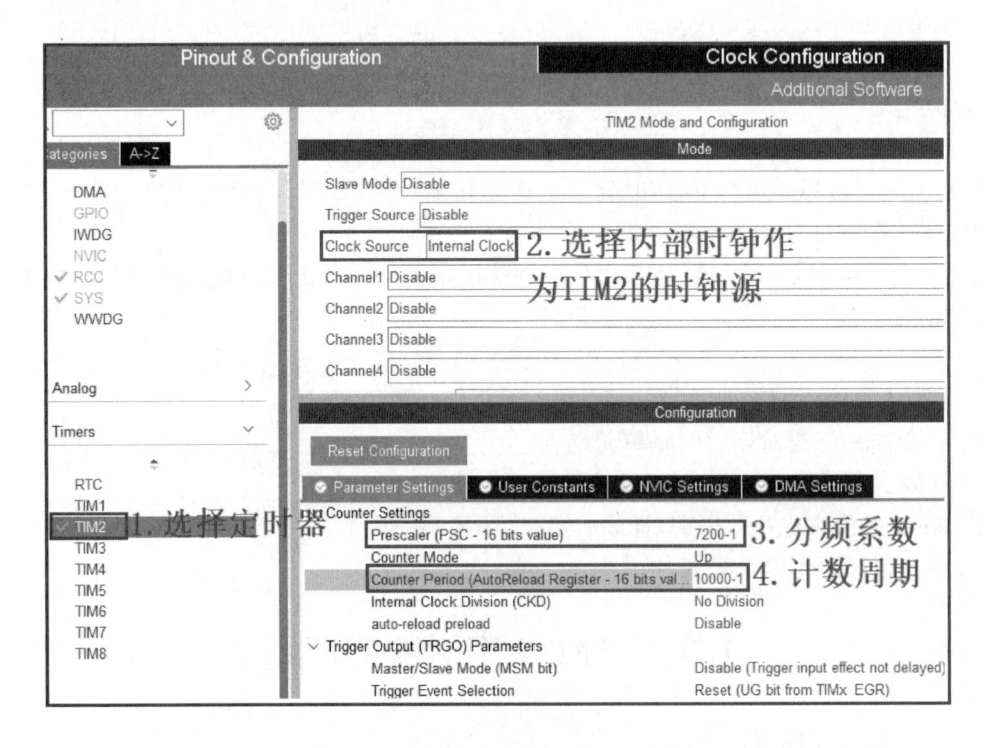

图 7－6 TIM2 的参数设置过程示意图

在示例中，希望每隔 1 s 进入中断一次，在中断中将 LED1 的阴极电平反转，因此需要使能 TIM2 的全局中断，并配置抢占式优先级为 1，如图 7－7 所示。

⑥ 配置工程名、工程存放路径等信息，然后生成代码。

⑦ 打开工程，然后在文件 main.c 中添加定时器周期性回调函数的相关代码，如图 7－8 所示。

⑧ 启动定时器，定时器的启动方式有轮询方式启动、中断方式启动和 DMA 方式启动 3 种。这里采用中断方式启动，启动语句添加在 main()函数中，如图 7－9 所示。

编译并将结果下载到开发板上按下复位键，可以看到开发板上的 LED0 常亮，LED1 间隔 1 s 闪烁，任务完成。

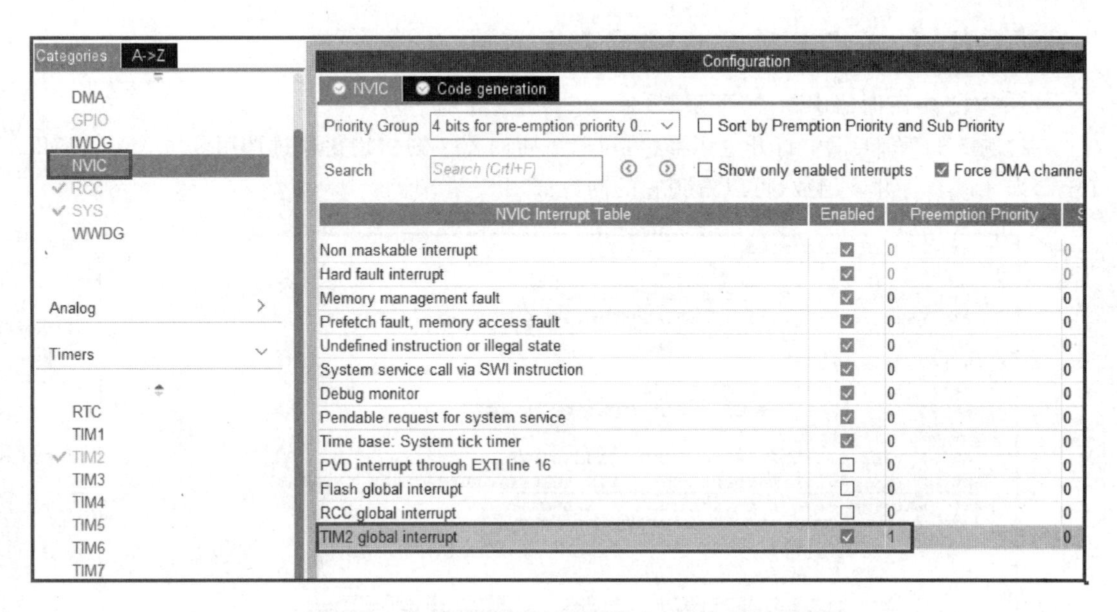

图 7-7　使能全局中断并设置优先级为 1 的示意图

```
143   /* USER CODE BEGIN 4 */
144   void HAL_TIM_PeriodElapsedCallback(TIM_HandleTypeDef *htim)
145   {
146     if(htim == &htim2)
147     {
148       HAL_GPIO_TogglePin(GPIOE, GPIO_PIN_13);
149     }
150   }
151   /* USER CODE END 4 */
```

图 7-8　定时器周期性回调函数

```
66   int main(void)
67   {
68     HAL_Init();
69
70     SystemClock_Config();
71
72     MX_GPIO_Init();
73     MX_TIM2_Init();
74     /* USER CODE BEGIN 2 */
75     HAL_TIM_Base_Start_IT(&htim2);
76     /* USER CODE END 2 */
77     while (1)
78     {
79
80     }
81     /* USER CODE END 3 */
82   }
```

图 7-9　中断方式启动定时器

7.3.2 HAL 库中定时器溢出中断的使能与响应

1. NVIC 中定时器中断的“顶层”设置

在“例 7-1”的工程中打开主函数,可以看到定时器 2 的初始化通过调用函数 MX_TIM2_Init()来完成。打开该函数,可以看到它的内容如图 7-10 所示。

```
void MX_TIM2_Init(void)
{
  TIM_ClockConfigTypeDef sClockSourceConfig = {0};
  TIM_MasterConfigTypeDef sMasterConfig = {0};

  htim2.Instance = TIM2;
  htim2.Init.Prescaler = 7200-1;
  htim2.Init.CounterMode = TIM_COUNTERMODE_UP;
  htim2.Init.Period = 10000-1;
  htim2.Init.ClockDivision = TIM_CLOCKDIVISION_DIV1;
  htim2.Init.AutoReloadPreload = TIM_AUTORELOAD_PRELOAD_DISABLE;
① if (HAL_TIM_Base_Init(&htim2) != HAL_OK)
  {
    Error_Handler();
  }
  sClockSourceConfig.ClockSource = TIM_CLOCKSOURCE_INTERNAL;
② if (HAL_TIM_ConfigClockSource(&htim2, &sClockSourceConfig) != HAL_OK)
  {
    Error_Handler();
  }
  sMasterConfig.MasterOutputTrigger = TIM_TRGO_RESET;
  sMasterConfig.MasterSlaveMode = TIM_MASTERSLAVEMODE_DISABLE;
③ if (HAL_TIMEx_MasterConfigSynchronization(&htim2, &sMasterConfig) != HAL_OK)
  {
    Error_Handler();
  }

}
```

图 7-10　函数 MX_TIM2_Init()的内容

可以看到,函数 MX_TIM2_Init()主要做以下 3 项工作:

① 利用函数 HAL_TIM_Base_Init()对定时器的 PSC、ARR、计数方式等进行初始化;

② 配置定时器的时钟源;

③ 主从同步设置。

打开定时器的底层初始化函数 HAL_TIM_Base_Init(),其内容如图 7-11 所示。

其中语句②用于设置定时器的寄存器,配置 ARR、PSC 的值等。那语句①用来做什么呢?打开函数 HAL_TIM_Base_MspInit(),可以看到它的内容如图 7-12 所示。

由图 7-12 可知,函数 HAL_TIM_Base_MspInit()主要做两个工作:

① 使能 TIM2 的时钟;

② 在 NVIC 模块中配置定时器 TIM2 的中断抢占式优先级为 1,子优先级为 0,同时在 NVIC 模块中使能 TIM2 的中断。

MSP 的全称是 MCU Support Package,即处理器的支持包,从这个名字可以看出,HAL 库里面的 MSP 函数做的是与底层相关的一些设置。在“例 7-1”的工程中,该函数用于使能模块时钟和设置模块 NVIC 相关的中断。而如果回头去看一下前面讲的串口工程,可以知道串口例程的 MSP 函数中,除了使能串口模块的时钟和设置串口模块在 NVIC 中的中断,还设

```
HAL_StatusTypeDef HAL_TIM_Base_Init(TIM_HandleTypeDef *htim)
{
  if (htim == NULL)
  {
    return HAL_ERROR;
  }

  if (htim->State == HAL_TIM_STATE_RESET)
  {
    htim->Lock = HAL_UNLOCKED;
    HAL_TIM_Base_MspInit(htim); ①
  }

  htim->State = HAL_TIM_STATE_BUSY;

  TIM_Base_SetConfig(htim->Instance, &htim->Init); ②

  htim->DMABurstState = HAL_DMA_BURST_STATE_READY;

  TIM_CHANNEL_STATE_SET_ALL(htim, HAL_TIM_CHANNEL_STATE_READY);
  TIM_CHANNEL_N_STATE_SET_ALL(htim, HAL_TIM_CHANNEL_STATE_READY);

  htim->State = HAL_TIM_STATE_READY;

  return HAL_OK;
}
```

图 7-11　定时器基本初始化函数的内容

```
void HAL_TIM_Base_MspInit(TIM_HandleTypeDef* tim_baseHandle)
{

  if(tim_baseHandle->Instance==TIM2)
  {
    __HAL_RCC_TIM2_CLK_ENABLE(); ①

    HAL_NVIC_SetPriority(TIM2_IRQn, 1, 0); ②
    HAL_NVIC_EnableIRQ(TIM2_IRQn);
  }
}
```

图 7-12　函数 HAL_TIM_Base_MspInit()的内容

置 PA9 和 PA10 复用为串口的输入/输出引脚。

注意：在使用 STM32 的每个功能模块时都要使能该模块的时钟。由于在使用 STM32CubeMX 生成工程时，生成的工程中已经自动在 MSP 初始化函数中使能了模块时钟，因此前面没有提及这一点，但大家在使用时一定要注意！如果模块程序全部自己实现，那么一定要先使能模块的时钟！

现在总结一下定时器初始化函数 HAL_TIM_Base_Init()所做的工作：

① 配置定时器的基本工作参数，比如设置 PSC、ARR 的值。

② 使能定时器模块的时钟。

③ 设置 NVIC 中 TIM2 相关中断的优先级，并使能 NVIC 中 TIM2 的中断。

仔细观察上面描述的定时器的初始化过程，可以发现在定时器的初始化中存在两个问题：

① 定时器并没有开启。

② 前面讲过 STM32 的中断采用分层设计，刚才的初始化函数 HAL_TIM_Base_Init()通

过调用 MSP 初始化函数 HAL_TIM_Base_MspInit()在 NVIC 中对模块的中断进行了“顶层设计”,而模块的底层设置在哪里呢？在中断方式启动定时器的函数 HAL_TIM_Base_Start_IT()中。

2. NVIC 中定时器中断的“底层”设置

与串口一样,HAL 库在定时器最基本的应用中也提供了 3 种方式启动定时器,分别是：

① 轮询方式启动定时器,对应的函数为 HAL_TIM_Base_Start()。

② 中断方式启动定时器,对应的函数为 HAL_TIM_Base_Start_IT()。

③ DMA 方式启动定时器,对应的函数为 HAL_TIM_Base_Start_DMA()。

可以看到,3 个启动函数名除了最后部分用于指明启动方式,其他都一样。下面对中断方式启动定时器函数进行详细介绍。

打开函数 HAL_TIM_Base_Start_IT(),可以看到它的主要内容如图 7-13 所示。

```
HAL_StatusTypeDef HAL_TIM_Base_Start_IT(TIM_HandleTypeDef *htim)
{
  uint32_t tmpsmcr;

  if (htim->State != HAL_TIM_STATE_READY)
  {
    return HAL_ERROR;
  }

  htim->State = HAL_TIM_STATE_BUSY;

  __HAL_TIM_ENABLE_IT(htim, TIM_IT_UPDATE);   ①

  if (IS_TIM_SLAVE_INSTANCE(htim->Instance))   ②
  {
    tmpsmcr = htim->Instance->SMCR & TIM_SMCR_SMS;
    if (!IS_TIM_SLAVEMODE_TRIGGER_ENABLED(tmpsmcr))
    {
      __HAL_TIM_ENABLE(htim);
    }
  }
  else
  {
    __HAL_TIM_ENABLE(htim);
  }

  return HAL_OK;
}
```

图 7-13 中断方式启动定时器函数的内容

由图 7-13 可知,中断方式启动定时器函数 HAL_TIM_Base_Start_IT()主要做两个工作：

① 通过调用宏__HAL_TIM_ENABLE_IT 使能定时器的溢出中断,这个是模块内部的中断使能,属于“底层”使能。

② 启动定时器(虽然对启动方式进行了判断,但最终都启动定时器)。

可以看到,中断方式初始化函数刚好解决了定时器基础初始化函数 HAL_TIM_Base_Init()存在的两个问题。

这也是在“例 7-1”中使用中断方式启动定时器的原因。

3. 定时器中断服务函数的执行过程

在配置好时基参数和使能定时器 TIM2 的溢出中断后，当计数器溢出时会执行定时器中断服务函数。HAL 库中的定时器模块提供了一个统一的定时器中断服务函数 HAL_TIM_IRQHandler()，该函数的参数只有一个，就是定时器句柄变量。定时器的各种中断都在该中断函数中处理，对于"例 7-1"的周期性溢出中断，该函数最终调用的是定时器周期性回调函数 HAL_TIM_PeriodElapsedCallback()，用户在定时器中断中需要做的工作就写在这里。

7.3.3 定时器的 PWM 功能

PWM 全称为 Pulse Width Modulation，脉冲宽度调制，也就是占空比可以调制的脉冲波形。所谓占空比是指高电平在一个周期之内所占的时间比率。以图 7-14 为例，第 1 周期高电平在一个周期中占 50%，即占空比为 50%；第 2 周期高电平在一个周期中占 33%，即占空比为 33%；第 3 周期占空比为 25%，第 4 周期占空比为 17%，这种占空比可以调制的脉冲波形就是 PWM 调制。应用 PWM 功能可以对电机进行灵活控制。

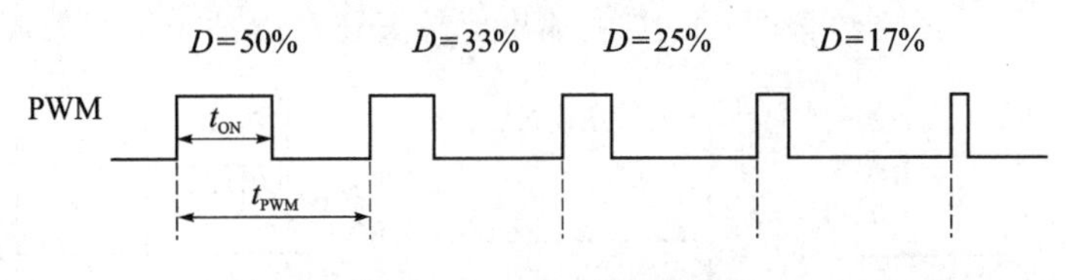

图 7-14 PWM 调制波形

除了基本定时器 TIM6 和 TIM7 外，其他定时器都可以输出 PWM 信号。

若想定时器能够输出 PWM 信号，需要将图 7-3 的输入捕获/输出比较功能配置为输出比较功能。配置为输出比较功能后，依靠通道上的捕获比较寄存器 CCRx 的值与 CNT 的值的对比关系，可以控制一个周期内高低电平的比例。又由于定时器的周期性计数，因此能够获得周期性的脉冲信号。这个周期性的脉冲信号将从 TIMx_CHx 引脚中输出。

哪些 I/O 引脚可以成为 TIMx_CHx 引脚呢？在 STM32CubeMX 中单击某一个 I/O 引脚的功能，可以在它列出的功能中找到该引脚能否成为定时器某个通道的引脚。

以 PE13 为例，单击打开它的功能列表，如图 7-15 所示。

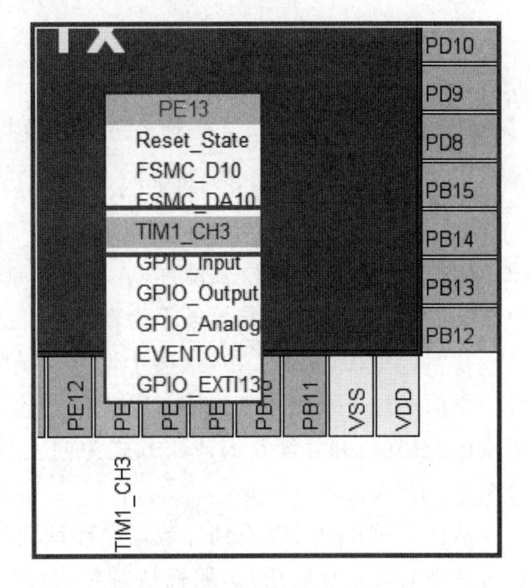

图 7-15 PE13 功能列表

可以看到引脚 PE13 可以作为定时器 TIM1 通道 3 的信号输入/输出引脚。

根据 CCRx 的值小于 CNT 的值时通道输出的电平是有效电平还是无效电平，定时器的 PWM 模式可以分为 PWM 模式 1 和 PWM 模式 2。

下面以通道 1 为例来说明 PWM 模式 1 和 PWM 模式 2 的区别。

① 如果设置为 PWM 模式 1,那么：

➢ 采用向上计数时,若 TIMx_CNT＜TIMx_CCR1,则通道 1 为有效电平,否则为无效电平。

➢ 采用向下计数时,若 TIMx_CNT＞TIMx_CCR1,则通道 1 为无效电平,否则为有效电平。

② 如果设置为 PWM 模式 2,那么：

➢ 采用向上计数时,若 TIMx_CNT＜TIMx_CCR1,则通道 1 为无效电平,否则为有效电平。

➢ 采用向下计数时,若 TIMx_CNT＞TIMx_CCR1,则通道 1 为有效电平,否则为无效电平。

可以看到 PWM 模式 1 和 PWM 模式 2 的执行刚好相反。

不过,在上面的 PWM 模式通道电平的描述中存在两个问题,分别是：

① 有效电平和无效电平是什么样的电平?

② CNT 和 CCR1 比较后的电平信号是不是就是引脚 TIMx_CH1 输出的信号?

回答以上两个问题需要结合图 7-16 的输出比较通道的内部结构图来说明。

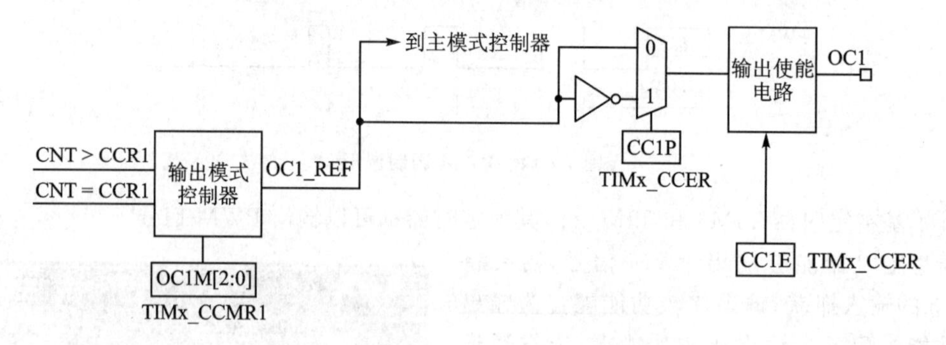

图 7-16 输出比较通道的内部结构图

由图 7-16 可知,CNT 与 CCR1 比较后输出的电平为 OC1_REF 端的信号电平,不是 TIMx_CH1 端的输出电平。另外,有效电平和无效电平到底是高电平还是低电平,由 TIMx_CCER 寄存器的 CC1P 位来设置,若 CC1P＝0,则有效电平为高电平,无效电平为低电平。若 CC1P＝1,则刚好相反,有效电平为低电平,无效电平为高电平。

在 STM32CubeMX 中,这两个地方的设置如图 7-17 所示。

下面通过一个例子来说明 PWM 信号的产生过程,假设通道已经设置为输出 PWM 功能,通道已经使能,并且设置的计数方式为向上计数,ARR 的值为 8,PWM 模式使用模式 1。结合图 7-18 来讲解。

从图 7-18 中可以看到计数器循环计数,循环的周期为 9,即 ARR 的值加 1。从这里可以获得一条非常重要的信息,那就是若希望计数器的计数周期是 1 000,则 ARR 的值应该设置为 999,若希望计数器的计数周期为 10 000,则 ARR 的值应该设置为 9 999,即 ARR 的值设置为计数周期减 1。

接下来对 CCRx 在不同情况下比较通道输出的 PWM 信号进行详细介绍。

① 将 CCRx 的值设置为 4。根据前面的分析,当计数器的值从 0 数到 3 时(即 CNT＜CCRx),通道输出有效电平,数到 4 时,变为无效电平,数到 8 更新为 0 后又重新变为有效

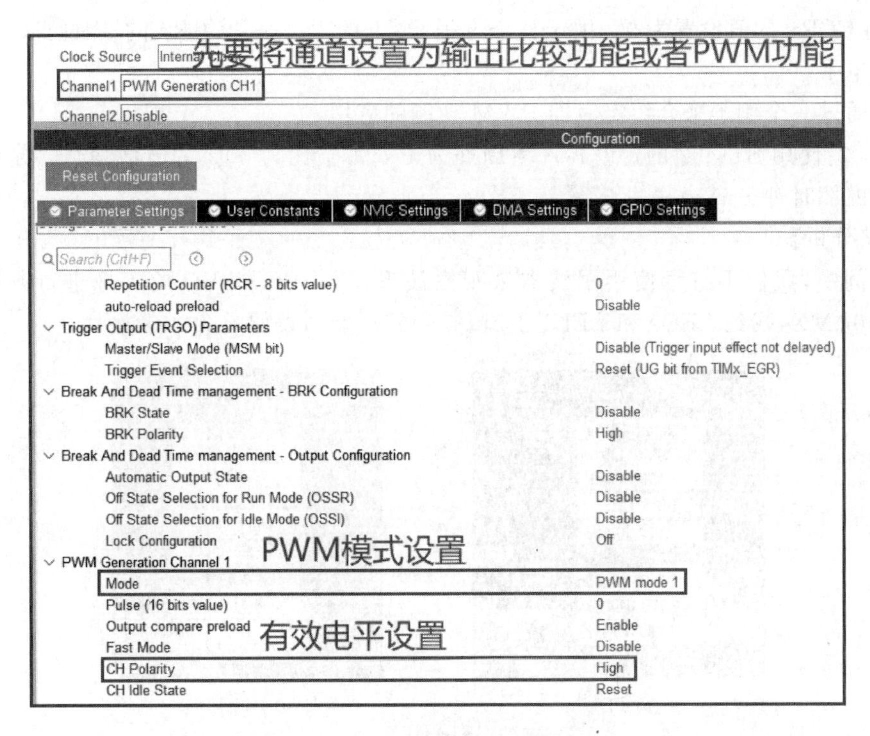

图 7-17　PWM 模式和有效电平的设置

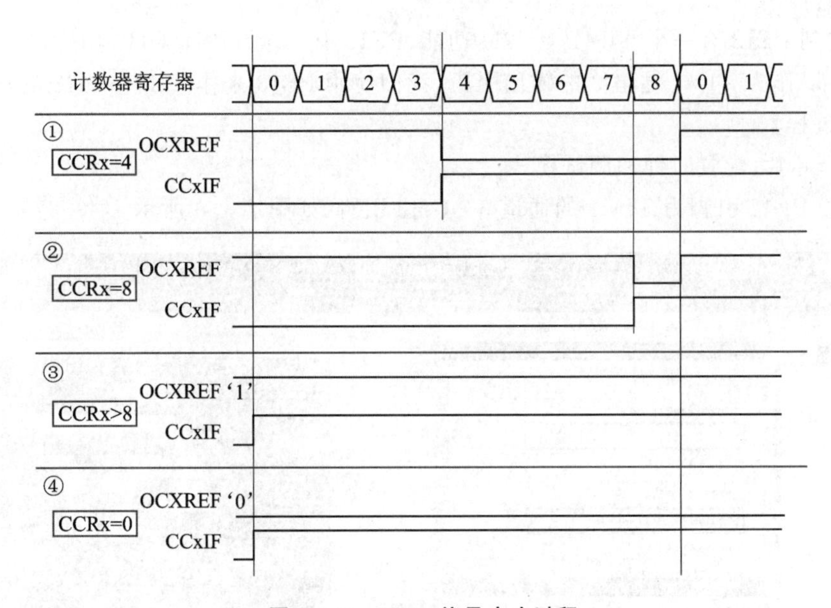

图 7-18　PWM 信号产生过程

电平。

② 将 CCRx 的值设置为 8，根据前面的分析，当计数器从 0 数到 7 时，通道输出有效电平，到达 8 后电平变化，输出无效电平。

③ 将 CCRx 的值设置为>8。由于此时 CNT 的值在计数过程中一直都是小于 CCRx 的值，因此整个计数过程都是输出有效电平。

④ 将 CCRx 的值设置为 0。由于整个过程 CNT 的值都是≥CCRx 的，因此此时输出全部都是无效电平。

下面通过一个例子来介绍定时器 PWM 功能的应用。

例 7－2：使用 STM32 的定时器产生周期为 1 s、占空比为 50％的方波信号。定时器的时钟源采用内部时钟。

【思路分析】

在本例中，我们不打算使用示波器来观察波形，而是通过 LED 的闪烁进行判断。打开 STM32CubeMX，找到 LED0 和 LED1 引脚，它们的功能列表如图 7－19 所示。

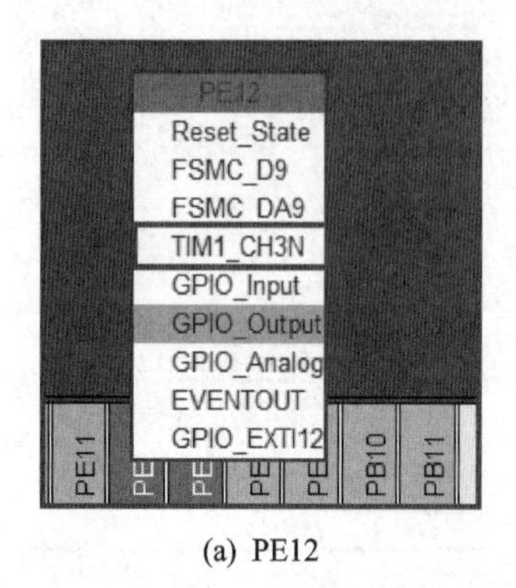

(a) PE12

PE13
Reset_State
FSMC_D10
FSMC_DA10
TIM1_CH3
GPIO_Input
GPIO_Output
GPIO_Analog
EVENTOUT
GPIO_EXTI13

(b) PE13

图 7－19 PE12 和 PE13 的引脚功能列表

可以看到 PE12 有一个 TIM1_CH3N 功能，PE13 有一个 TIM1_CH3 功能，这意味着这两个引脚都可以作为 TIM1 通道 3 的输出引脚，我们使用 PE13 来作 TIM1_CH3 的功能引脚。

【实现过程】

① 选择芯片，配置时钟和调试模式。

② 配置 PE12 引脚为 TIM1 的通道 3—CH3 引脚，如图 7－20 所示。

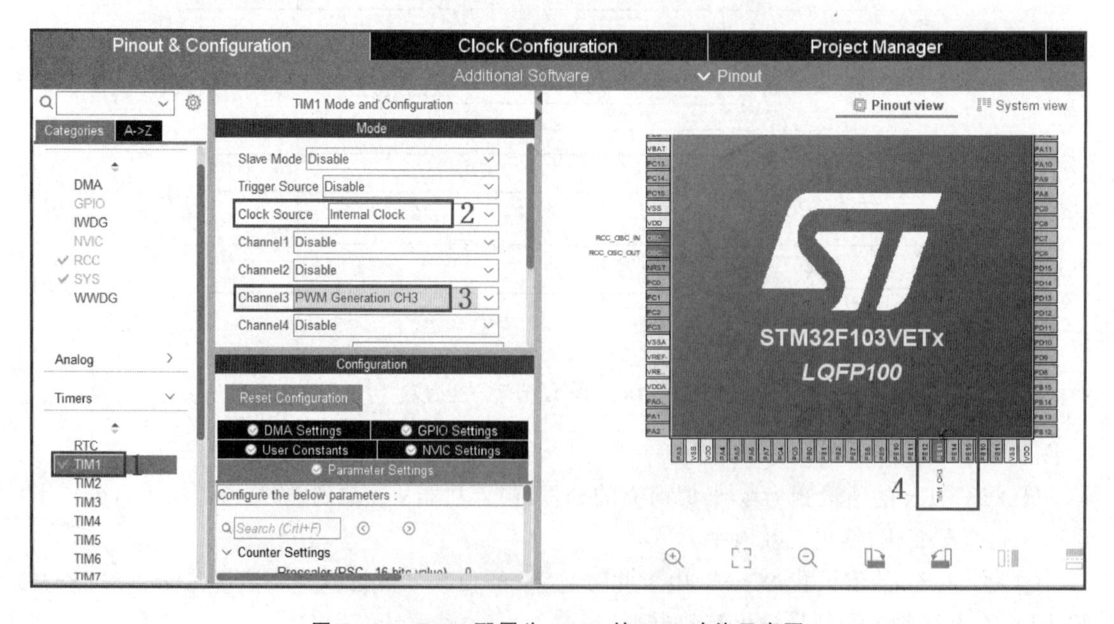

图 7－20 PE13 配置为 TIM1 的 CH3 功能示意图

配置时首先选择定时器 TIM1，然后选择时钟源为内部时钟，最后将通道 3—CH3 设置为 PWM Generation CH3 功能（这个功能就是输出 PWM 功能），可以看到 PE13 被自动设置为 TIM1_CH3 功能。

③ 配置定时器 TIM1 的核心单元参数。配置时将 PSC 的值配置为 7200－1，这样输入到计数器信号的频率为 72M/7 200＝10 kHz；将 ARR 设置为 10000－1，这样计数周期为10 000 次，计时周期为 1 s。设置 CCR3 的值为 5 000，计数方式采用默认的递增计数，PWM 模式使用模式 1，在 CNT＜CCR3 时输出有效电平，CNT≥CCR3 时为无效电平。具体过程如图 7－21 所示。

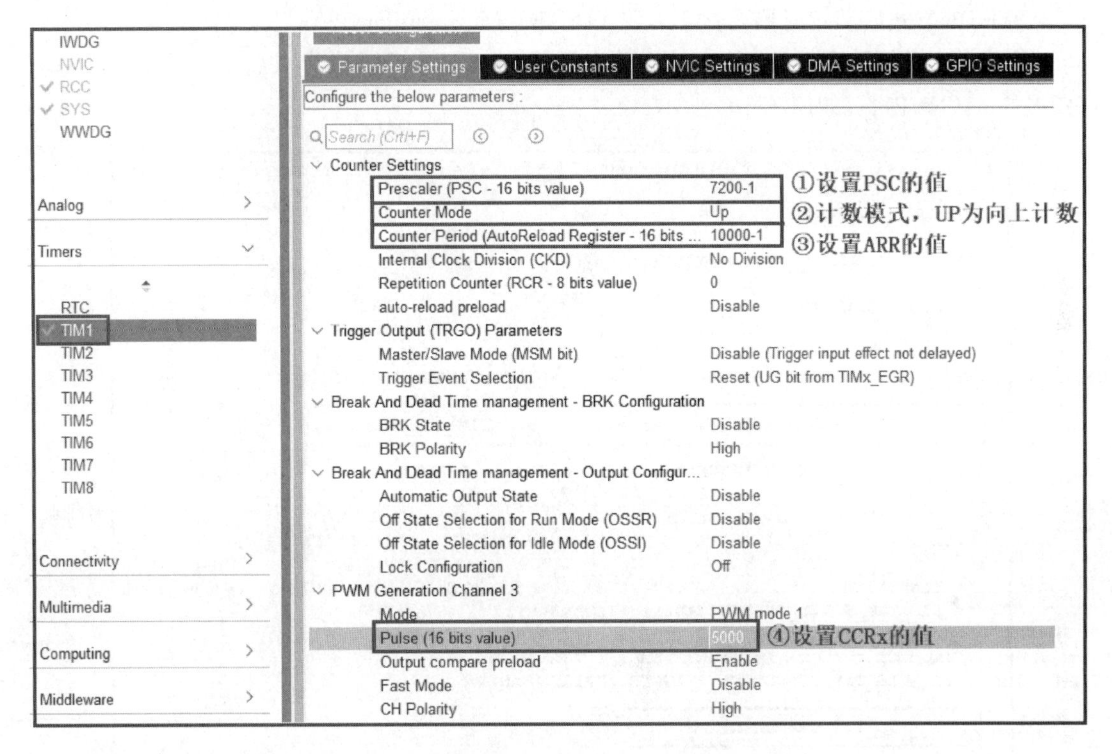

图 7－21　定时器作 PWM 输出时的设置示意图

④ 配置工程并生成代码。

⑤ 在 main 文件中添加使用 PWM 方式启动定时器的代码，如图 7－22 所示。

```
86    /* USER CODE END SysInit */
87
88    /* Initialize all configured peripherals */
89    MX_GPIO_Init();
90    MX_TIM1_Init();
91    MX_TIM2_Init();
92    /* USER CODE BEGIN 2 */
93    HAL_TIM_Base_Start_IT(&htim2);
94    HAL_TIM_PWM_Start(&htim1, TIM_CHANNEL_3);
95    /* USER CODE END 2 */
```

图 7－22　PWM 方式启动定时器 1 示意图

添加好代码后，编译并将程序下载到开发板，可以看到 LED1 在闪烁，如果保持“例 7-1”的 LED0 的 1 s 闪烁不变，可以看到 LED0 闪烁 1 次，LED1 闪烁 2 次，这说明达到实验目的。

7.3.4 HAL 库中 PWM 模式下轮询方式启动函数的功能

与工作于最基础的定时方式一样，定时器工作于 PWM 模式时也有 3 种启动方式，分别是：

① 轮询方式启动定时器函数 HAL_TIM_PWM_Start()；

② 中断方式启动定时器函数 HAL_TIM_PWM_Start_IT()；

③ DMA 方式启动定时器函数 HAL_TIM_PWM_Start_DMA()。

在“例 7-2”中采用的是轮询方式启动定时器，下面来分析轮询方式启动函数 HAL_TIM_PWM_Start()的内容，如图 7-23 所示。

```
HAL_StatusTypeDef HAL_TIM_PWM_Start(TIM_HandleTypeDef *htim, uint32_t Channel)
{
  uint32_t tmpsmcr;

  if (TIM_CHANNEL_STATE_GET(htim, Channel) != HAL_TIM_CHANNEL_STATE_READY)
  {
    return HAL_ERROR;
  }

  TIM_CHANNEL_STATE_SET(htim, Channel, HAL_TIM_CHANNEL_STATE_BUSY);

  TIM_CCxChannelCmd(htim->Instance, Channel, TIM_CCx_ENABLE);   ①

  if (IS_TIM_BREAK_INSTANCE(htim->Instance) != RESET)
  {
    __HAL_TIM_MOE_ENABLE(htim);
  }

  /* Enable the Peripheral, except in trigger mode where enable is automatical
  if (IS_TIM_SLAVE_INSTANCE(htim->Instance))
  {
    tmpsmcr = htim->Instance->SMCR & TIM_SMCR_SMS;
    if (!IS_TIM_SLAVEMODE_TRIGGER_ENABLED(tmpsmcr))
    {
      __HAL_TIM_ENABLE(htim);   ②
    }
  }
  else
  {
    __HAL_TIM_ENABLE(htim);
  }

  return HAL_OK;
}
```

图 7-23 PWM 模式下轮询方式启动函数的内容

可以看到 PWM 模式下轮询方式启动函数主要做两个工作：

- 在语句①中调用函数 TIM_CCxChannelCmd()来使能通道；
- 在语句②中调用宏来使能定时器。

这两点与前文分析的定时器工作于最基本的定时功能时的中断方式启动所做的工作类似，大家可以一边学习一边总结。

7.3.5 输入捕获的原理

STM32 的通用定时器和高级定时器提供了输入捕获功能，可以用这个功能来捕获信号的宽度或者测量信号的频率。

输入捕获和输出比较共用一个通道，如图 7－24 所示。

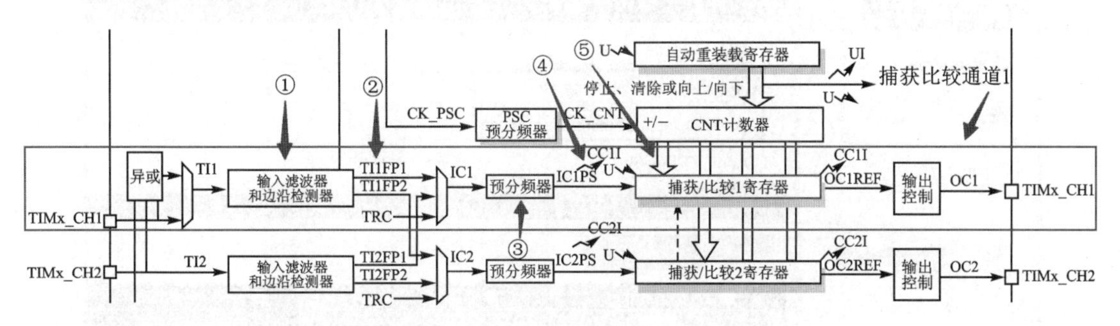

图 7－24　捕获比较通道示意图

在使用输入捕获功能时要先配置该通道为捕获功能，在 STM32CubeMX 中，其配置的位置如图 7－25 所示。

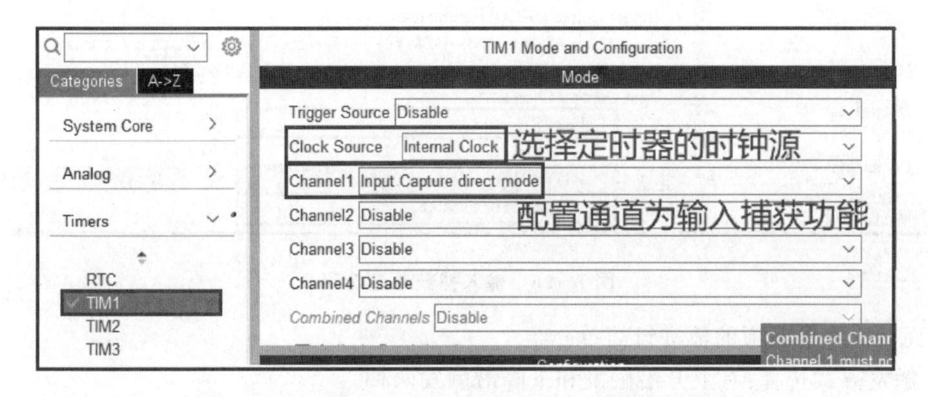

图 7－25　通道的输入捕获模式设置(以通道 1 为例)

配置通道为输入捕获功能后，通道的 CHx 引脚就成为待捕获信号的输入引脚，而 CCRx 变为捕获寄存器。

下面以通道 1 为例介绍捕获过程，具体为：

① 信号从 TI1 进入到输入滤波器和边沿检测器模块，如图 7－24 的①所示。

② 从输入滤波器和边沿检测器模块出来的信号可以通过 TI1FP1 再经过一个 3 路选择开关进入到输入捕获通道 1(IC1)，也可以通过 TI1FP2 再经过一个 3 路选择开关进入到输入捕获通道 2(IC2)。

③ 进入输入捕获通道 1 的信号被一个预分频器分频，见图 7－24 的③。

④ 分频后触发捕获，见图 7－24 的④。

⑤ 执行捕获动作，将计数器 CNT 的当前值捕获到 CCR1 中。

从上述捕获过程可以看到，对于一个捕获动作，我们需要进行如下设置：

① 设置触发方式；

② 设置 IC1 之前的 3 路选择开关选择使用哪一路信号进行触发；

③ 设置预分频值；

④ 设置输入滤波器的值。

这些设置在 STM32CubeMX 中的位置分别如图 7－26 中的①②③④所示。

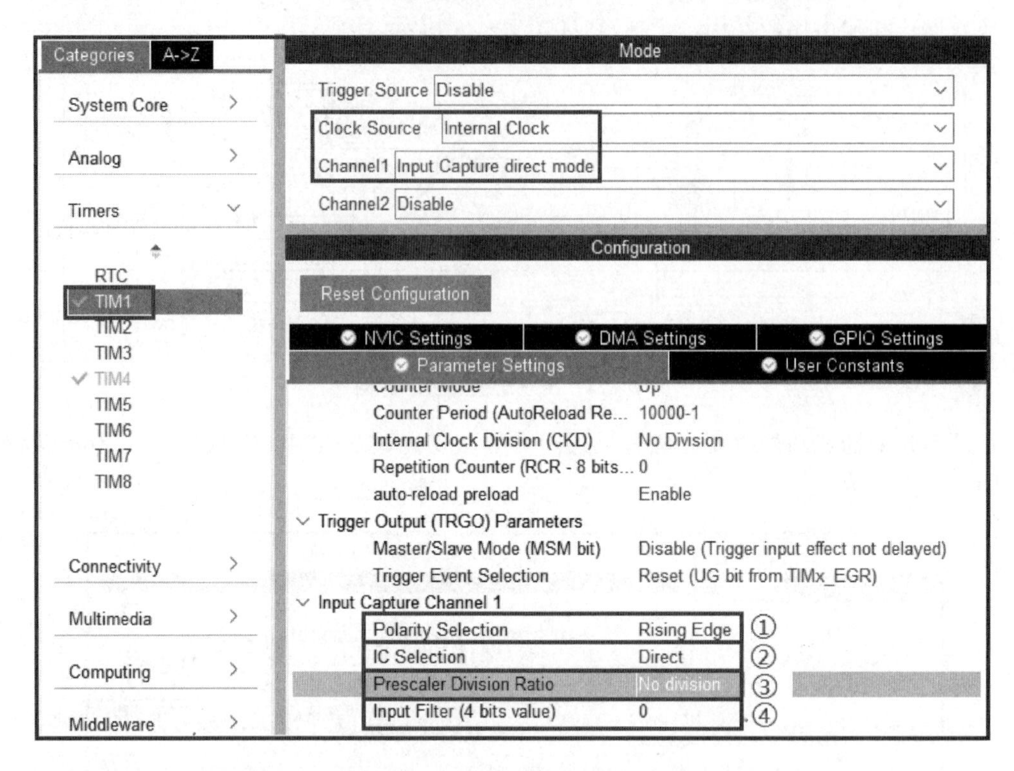

图 7－26 输入捕获通道选项

下面对这些设置项的值进行简单介绍。

① 触发方式选择：有上升沿触发和下降沿触发两种。

② IC 映射选择，即配置 IC 前面的 3 路选择开关，选择哪个信号作为 IC 的触发信号。STM32CubeMX 中只提供一个设置 Direct（直接之意），此时 IC1 映射到 TI1FP1。

③ 捕获通道预分频器值的设置有 4 种选择，如图 7－27 所示。

位3:2	IC1PSC[1:0]：输入/捕获1预分频器(Input capture 1 prescaler) 这2位定义了CC1输入(IC1)的预分频系数。 一旦CC1E=0(TIMx_CCER寄存器中)，则预分频器复位。 00：无预分频器，捕获输入口上检测到的每一个边沿都触发一次捕获； 01：每2个事件触发一次捕获； 10：每4个事件触发一次捕获； 11：每8个事件触发一次捕获。

图 7－27 捕获通道预分频器值的设置及其作用

④ 输入滤波设置，其作用及可以设置的值如图 7－28 所示。

对于一般的实验，通常只设置触发方式，其余采用默认值。

下面以图 7－29 所示的捕获一个高电平持续时间为例来说明捕获功能的使用。图 7－29

位7:4	IC1F[3:0]：输入捕获1滤波器 (Input capture 1 filter) 这几位定义了TI1输入的采样频率及数字滤波器长度。数字滤波器由一个事件计数器组成，它记录到N个事件后产生一个输出的跳变：
	0000：无滤波器，以f_{DTS}采样
	0001：采样频率$f_{SAMPLING}=f_{CK_INT}$，N=2
	0010：采样频率$f_{SAMPLING}=f_{CK_INT}$，N=4
	0011：采样频率$f_{SAMPLING}=f_{CK_INT}$，N=8
	0100：采样频率$f_{SAMPLING}=f_{DTS}/2$，N=6
	0101：采样频率$f_{SAMPLING}=f_{DTS}/2$，N=8
	0110：采样频率$f_{SAMPLING}=f_{DTS}/4$，N=6
	0111：采样频率$f_{SAMPLING}=f_{DTS}/4$，N=8
	1000：采样频率$f_{SAMPLING}=f_{DTS}/8$，N=6
	1001：采样频率$f_{SAMPLING}=f_{DTS}/8$，N=8
	1010：采样频率$f_{SAMPLING}=f_{DTS}/16$，N=5
	1011：采样频率$f_{SAMPLING}=f_{DTS}/16$，N=6
	1100：采样频率$f_{SAMPLING}=f_{DTS}/16$，N=8
	1101：采样频率$f_{SAMPLING}=f_{DTS}/32$，N=5
	1110：采样频率$f_{SAMPLING}=f_{DTS}/32$，N=6
	1111：采样频率$f_{SAMPLING}=f_{DTS}/32$，N=8

图 7-28　输入捕获通道滤波器的设置

中，假设输入到 CNT 的信号周期为 1 μs，现在待捕获的信号从 TIMx_CH1 进入，一开始设置上升沿捕获，计数方式为递增计数。

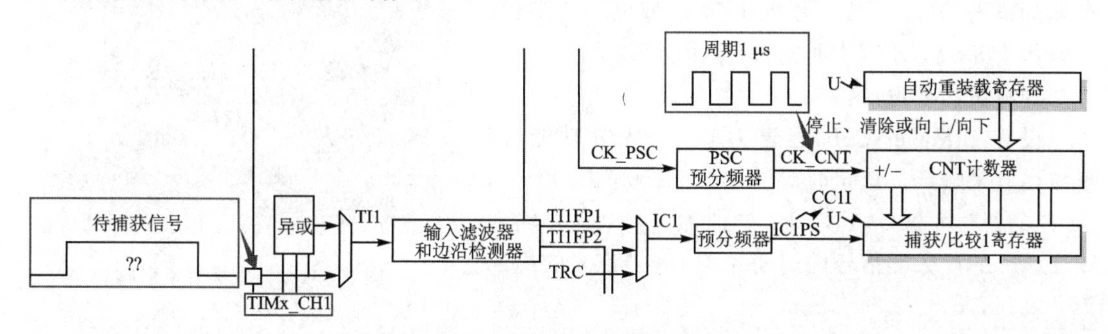

图 7-29　捕获过程相关信号示意图

当 TIMx_CH1 的上升沿到来时，定时器启动捕获工作，将 CNT 的值捕获到 CCR1，假设此值为 5，在捕获到高电平后马上将捕获方式改为下降沿捕获，在下降沿到来后，定时器又开启捕获，此时捕获的 CNT 值假设为 15，在捕获过程中假设计数器没有溢出，则可以计算出高电平的脉冲宽度就是(15－5)×1 μs＝10 μs。

如果在整个过程中发生了溢出，那么脉冲高电平的宽度又是多少呢？我们来计算一下，假设 ARR 的值为 20，则整个计数过程如图 7-30 所示。

上升沿捕获

CNT = 0,1,2,3,4,5,6,7,8,9,10,11,12,13,14,15,16,17,18,19,20,

0,1,2,3,4,5,6,7,8,9,10,11,12,13,......

下降沿捕获

图 7-30　高电平捕获过程

可以看到，从上升沿启动捕获到溢出，计数次数为 20－5＝15(ARR－5)，然后从 0 重新计数到下降沿捕获，计数次数为 10－0＝10 次，所以发生一次溢出时总的计数次数是：15＋1＋10＝26＝ARR＋1＋(10－5)。

此时高电平持续时间为：26×1 μs＝26 μs。

总结上面的分析可以看到，若发生溢出，则电平持续时间的计算应该为：

溢出次数×(ARR＋1)＋(第 2 次捕获值－第 1 次捕获值)

所以，在使用输入捕获功能时，要注意统计捕获过程中捕获定时器溢出次数。

7.3.6 输入捕获实验——测量信号周期(频率)

下面通过测量矩形波信号的频率来介绍定时器捕获功能的使用。

例 7-3:根据定时器输入捕获原理,自行设计一个测量矩形波信号周期(频率)的实验。

【设计思路】

依据实验要求,要实现:

① 使用定时器 PWM 功能输出一个频率固定的矩形波。

② 使用某个定时器的输入捕获功能捕获矩形波的周期。

寻找开发板上的空闲引脚,如图 7-31 所示。

图 7-31 开发板空闲引脚

可以看到,开发板引出的空闲引脚还是比较多的,当然,作为其他模块引脚的,如果该模块没有用到,那么它们的 I/O 引脚也可以拿来做实验。

通过检查发现 PB9 是空闲的,可以作为 TIM4 通道 4 的输入/输出引脚。另外,PE9 引脚也是空闲的,可以作为 TIM1 通道 1 的输入/输出引脚。

现在做如下设计:

设置 TIM4 的 CH4 通道为输出 PWM 功能,矩形波由它来输出。该定时器设计的 PSC 为 7 200-1,ARR 的值为 8 000-1,CCR1 的值为 3 000,这样输入到 TIM4 的计数器信号的周期为 0.1 ms,信号的周期为 800 ms。

设置 TIM1 的 CH1 通道为输入捕获功能。该定时器的时基单元设置为:PSC=7 200-1,ARR=10 000-1,此时输入到 TIM1 的计数器的信号频率为 10 kHz,信号周期为 0.1 ms。捕获通道设置为上升沿触发,其他选项采用默认。对于中断的设置,需要记录溢出的次数,这个记录放在溢出中断中,所以需要使能 TIM1 的溢出中断。同时,希望第 1 次中断上升沿到来后,触发输入捕获中断,然后去中断中读取 CCR1 的值,假设此值为 startval;第 2 次上升沿到来后再次触发捕获中断,然后去中断中读取 CCR1 的值,假设此值为 endval,这样一次捕获就完成了。根据矩形波信号的特点(两次相邻的上升沿之间的时间就是矩形波信号的周期),由溢出次数和前后两次捕获值以及 TIM1 的计数器输入信号的周期,即可计算出一个周期的时间,最后根据周期和频率互为倒数的关系,可以算出矩形波信号的频率。

为了简便,在第一次上升沿到来时不读取 CCR1 的值,而是在这个瞬间设置定时器计数器的值为 0,这样在最后计算信号周期时直接采用下式计算:

$$\text{脉冲宽度}=[\text{溢出次数}\times(\text{ARR}+1)+\text{endval}]\times 0.1\ \text{ms}$$

最后,要注意两点:

① TIM4 的 CH4 默认使用 PD4 作为 CH4 的输出信号引脚,若要改用 PB9,则需要将 PB9 设置为 TIM4_CH4 引脚。

② 要将 PB9 和 PE9 用一根导线连接起来,这样 TIM4_CH4 出来的信号才能进入 TIM1_CH1 的输入捕获通道。

接下来分析软件设计思路。

(1) 溢出次数的统计

溢出次数的统计放置于周期性中断回调函数中。在此函数中,先判断溢出中断是不是由定时器 1 发生,若是定时器 1 发生,则接下来判断捕获是否已经开始,如果已经开始,那么将溢出次数加 1 并判断是否越界。使用 0xffff 来判断是否越界,只要溢出次数超过 0xffff,则认为信号出错或者电平信号长度太长了。最终得到周期性回调函数的参考内容为:

```
/* 捕获比较中断回调函数 */
void HAL_TIM_PeriodElapsedCallback(TIM_HandleTypeDef * htim)
{
    if(htim != &htim1) return;
    /* 如果已经开始捕获,那么统计溢出次数 */
    if(ic_flag == IC_START_STATUS)  //ic_flag 为输入捕获标志
    {
        if(++flowcnt >= 0xffff)     //越界,将捕获标志设置为初始状态(结束状态)
        {
            flowcnt = 0;
            ic_flag = IC_END_STATUS;
            printf("IC_ERROR & IC_END!");
        }
    }
}
```

(2) 捕获中断回调函数的设计

由于设置上升沿触发,因此当输入到 TIM1_CH1 的信号出现上升沿时,将会进入捕获中断,执行捕获中断回调函数。对于第 1 个上升沿的触发,设置计数器的初值为 0,并将捕获标志设置为已经开始捕获的状态;对于第 2 个上升沿的触发,将捕获寄存器的值读取到变量 endval 中保存,并设置一次完整捕获结束。

基于以上考虑,捕获中断回调函数的参考设计如下:

```
/* 溢出时的周期性回调函数 */
void HAL_TIM_IC_CaptureCallback(TIM_HandleTypeDef * htim)
{
    if(htim != &htim1) return;
    if(ic_flag == IC_END_STATUS)
    {
        __HAL_TIM_SetCounter(&htim1, 0);
        ic_flag = IC_START_STATUS;
    }else
    {
        ic_flag = IC_END_STATUS;
        endval = HAL_TIM_ReadCapturedValue(&htim1,TIM_CHANNEL_1);
    }
}
```

(3) 主函数的设计

在主函数中,会循环判断一次周期测量是否结束,若已经结束,则通过串口打印出矩形波的周期。由此得到的主函数参考代码如下:

```
int main(void)
{
    int T = 0;
    HAL_Init();
    SystemClock_Config();
```

```
    MX_GPIO_Init();
    MX_TIM1_Init();
    MX_TIM4_Init();
    MX_USART1_UART_Init();;
    HAL_TIM_IC_Start_IT(&htim1, TIM_CHANNEL_1);
    __HAL_TIM_ENABLE_IT(&htim1, TIM_IT_UPDATE);
    HAL_TIM_PWM_Start(&htim4,TIM_CHANNEL_4);
    printf("start ......\r\n");
    while (1)
    {
        if((ic_flag == IC_END_STATUS) && (( flowcnt != 0 ) || (endval != 0)))
        {
            T = (flowcnt * (htim1.Init.Period + 1) + endval) / 10;
            endval = 0;
            flowcnt = 0;
            printf("T = %dms\r\n", T);
        }
    }
}
```

其他变量的定义如下：

```
uint32_t flowcnt = 0; //溢出次数计数
uint8_t ic_flag = IC_END_STATUS;  //用来标记捕获是否已经开始，若已经开始，则设置为 1，为 0 说
                                   明还没有开始
int endval = 0;   //用来记录第 2 次捕获结果
```

【实现步骤】

① 选择 MCU，配置时钟系统，设置调试模式，使能串口 1。

② 将 TIM4 的参数设置为图 7－32 所示的结果。

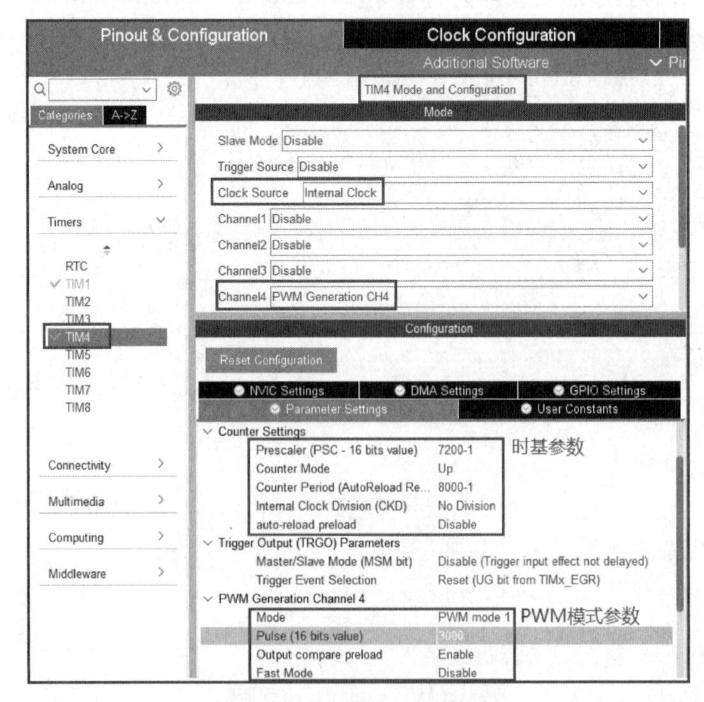

图 7－32 定时器 4 的设置图

③ 设置定时器 TIM1 的参数如图 7－33 所示。

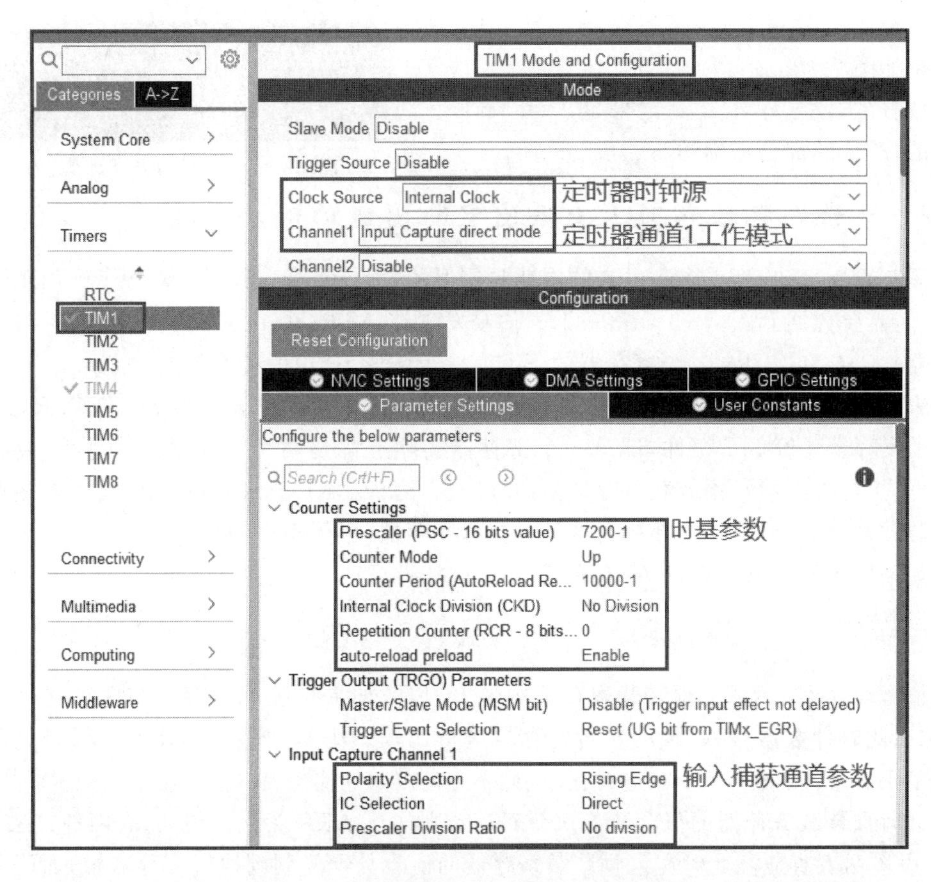

图 7－33　定时器 1 的时基和 IC 通道参数

④ 由于本例程需要用到定时器 1 的溢出中断和捕获中断，因此需要在图 7－33 所示的 TIM1 设置中也设置它的溢出中断和捕获中断。设置结果如图 7－34 所示。

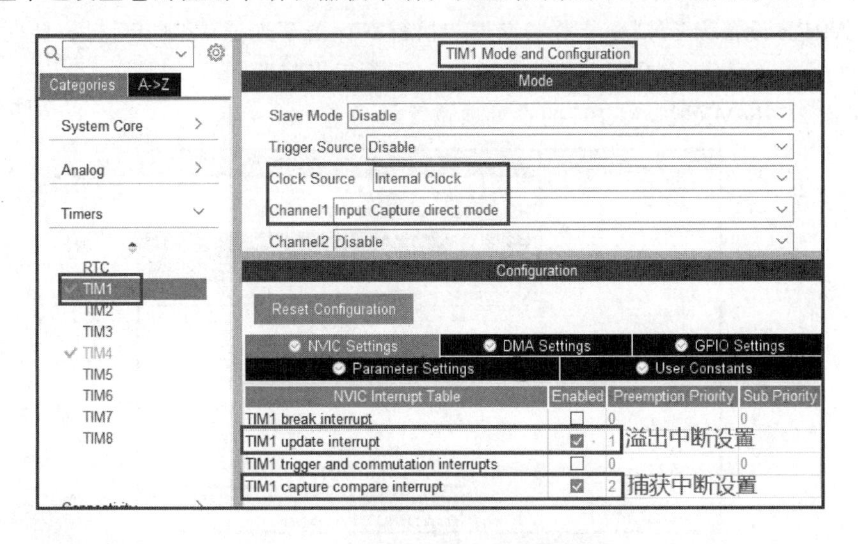

图 7－34　定时器 1 的中断设置示意图

⑤ 将设计思路中的程序添加进工程，编译并将结果下载到开发板上，按下复位键启动程序，可得结果如图7-35所示。

可以看到，除了第1次测出来是1 000 ms，是错误的，后续的都是正确的。

图7-35　例7-3结果示意图

7.3.7　影子寄存器和第1次溢出中断出错的解决方法

由图7-35可知，第1次测出来的周期是错误的，为什么会这样呢？若想了解出现这个问题的原因，需要先回到图7-3观察一下。你会发现在ARR(Auto Reload Register，自动重装载寄存器)、PSC和CCRx三个寄存器的下方有一个阴影，这说明什么呢？

原来，公司在设计STM32时，充分考虑了各种情况。由此在ARR、PSC和CCRx三个非常重要的寄存器中都做了缓冲，即这3个寄存器实际上都是两个寄存器，一个为预装载寄存器，一个是执行寄存器。预装载寄存器面向程序员，写入ARR、PSC和CCRx寄存器的值都是写到预装载寄存器，但是在内部执行的却是执行寄存器(影子寄存器)。

比如采用下面的语句设置ARR的值为9 999：

```
TIM1 ->ARR = 9999;
```

此值是写入到ARR的预装载寄存器中的。但是，如果预装载寄存器与执行寄存器没有直通，那么此时计数器与ARR的执行寄存器进行比较。比如，如果ARR的执行寄存器的值是8 000，那么CNT是与8 000进行比较，而不是与9 999比较。

那何时预装载寄存器的值会装入执行寄存器呢？以ARR为例来说明，有两种方法：

① 设置两者直通。此时写入预装载寄存器的值会马上复制到执行寄存器中，而两者相通的设置由TIMx->CR1寄存器的bit7位(ARPE位)来控制。

- 将ARPE设置为0，则预装载寄存器与执行寄存器连通，预装载寄存器的值在设置时会直接复制到执行寄存器。
- 将ARPE设置为1，则预装载寄存器与执行寄存器不连通，缓冲起作用，此时需要更新事件到来，预装载寄存器的内容才会复制到执行寄存器。

在STM32CubeMX中，ARPE的设置项位置如图7-36所示。

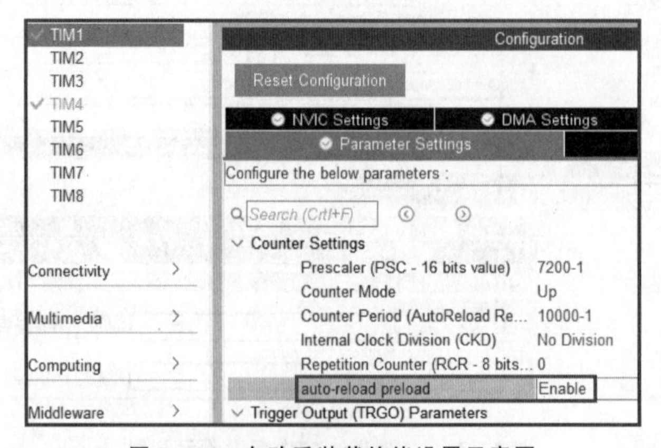

图7-36　自动重装载使能设置示意图

方框中设置为 Enable，表示 ARPE=1，该选项默认为 Disable。

② 更新事件发生。更新事件的发生有两种：

➢ 硬件计数发生更新事件，比如溢出。

➢ 软件触发更新，通过将事件触发寄存器 TIMx->EGR 的 bit0 位（UP 位）设置为 1 来触发。

了解了 TIMx->EGR 的 bit0 位可以进行软件更新后，一起来看"例 7-3"的工程中的定时器 1 的初始化函数 HAL_TIM_Base_Init()。打开该函数，可以看到其内容如图 7-37 所示。

```
HAL_StatusTypeDef HAL_TIM_Base_Init(TIM_HandleTypeDef *htim)
{
  /* Check the TIM handle allocation */
  if (htim == NULL)
  {
    return HAL_ERROR;
  }

  if (htim->State == HAL_TIM_STATE_RESET)
  {
    /* Allocate lock resource and initialize it */
    htim->Lock = HAL_UNLOCKED;

    HAL_TIM_Base_MspInit(htim);
  }

  htim->State = HAL_TIM_STATE_BUSY;

  TIM_Base_SetConfig(htim->Instance, &htim->Init);

  htim->DMABurstState = HAL_DMA_BURST_STATE_READY;

  TIM_CHANNEL_STATE_SET_ALL(htim, HAL_TIM_CHANNEL_STATE_READY);
  TIM_CHANNEL_N_STATE_SET_ALL(htim, HAL_TIM_CHANNEL_STATE_READY);

  htim->State = HAL_TIM_STATE_READY;

  return HAL_OK;
}
```

图 7-37 定时器 1 的初始化函数内容

可以看到，定时器的时基单元参数的设置函数 HAL_TIM_Base_Init()中通过调用底层配置函数 TIM_Base_SetConfig()来完成对时基单元的设置。打开该函数，它的定义如图 7-38 所示。

在该函数中，完成对 ARR、PSC、CR1 等重要的与基础配置相关寄存器的设置，设置完成后会执行语句"TIMx->EGR=TIM_EGR_UG;"，这条语句的作用就是触发一次软件更新，将 ARR 的预装载值装入 ARR 的执行寄存器中。

由于这里执行了更新操作，因此在使能更新中断后，定时器 1 马上会产生一次溢出中断，这可能是 HAL 库设计不周的问题吧！

那如何解决此问题呢？

只要在使能定时器 1 的溢出中断之前将状态寄存器 SR 的溢出标志位清除即可！具体可以采用如下语句来实现：

```
__HAL_TIM_CLEAR_IT(&htim1, TIM_IT_UPDATE);
```

```
void TIM_Base_SetConfig(TIM_TypeDef *TIMx, TIM_Base_InitTypeDef *Structure)
{
  uint32_t tmpcr1;
  tmpcr1 = TIMx->CR1;

  if (IS_TIM_COUNTER_MODE_SELECT_INSTANCE(TIMx))
  {
    tmpcr1 &= ~(TIM_CR1_DIR | TIM_CR1_CMS);
    tmpcr1 |= Structure->CounterMode;
  }

  if (IS_TIM_CLOCK_DIVISION_INSTANCE(TIMx))
  {
    tmpcr1 &= ~TIM_CR1_CKD;
    tmpcr1 |= (uint32_t)Structure->ClockDivision;
  }

  MODIFY_REG(tmpcr1, TIM_CR1_ARPE, Structure->AutoReloadPreload);

  TIMx->CR1 = tmpcr1;

  TIMx->ARR = (uint32_t)Structure->Period ;

  TIMx->PSC = Structure->Prescaler;

  if (IS_TIM_REPETITION_COUNTER_INSTANCE(TIMx))
  {
    TIMx->RCR = Structure->RepetitionCounter;
  }

  TIMx->EGR = TIM_EGR_UG;
}
```

图 7-38　函数 TIM_Base_SetConfig()的定义

将 SR 的溢出标志清除后,定时器 1 使能溢出中断马上产生一次溢出中断的问题得到解决。

思考与练习

1. 填空题

(1) TIM 定时器根据它们的结构特点又可以分为高级定时器(TIM1 和 TIM8)、通用定时器和基本定时器,其中与 51 单片机定时器类似的是________。

(2) TIM 定时器的时基单元由________、________和________构成,其中________又是定时器的核心,定时器各个模块的电路都围绕它来设计。

(3) TIM 定时器的计数周期由寄存器________决定。

(4) 假设 TIM 定时器的 PSC=71,则该定时器的分频值是____________。

(5) HAL 库中周期性溢出回调函数的名称是____________。

(6) 在 HAL 库中,中断方式启动定时器的函数是____________。

(7) 在 HAL 库中,清除中断标志的宏是____________。

(8) 语句“TIMx->EGR=TIM_EGR_UG;”的作用是____________。

(9) 在 HAL 库中,定时器 TIM 的 PWM 模式轮询方式启动定时器函数是____________。

(10) 在 HAL 库中,带中断的输入捕获方式启动定时器的函数是____________。

2. 简答题

(1) 定时器和计数器的区别是什么?

(2) 高级定时器除了具有通用定时器的功能外,还具有哪些特别的功能?

(3) 简述 TIM 定时器如图 7-39 所示部件中①②③④标志的含义。

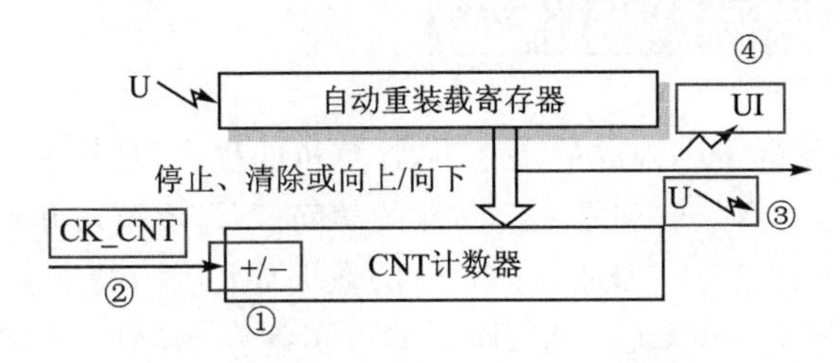

图 7-39　题(3)图

(4) TIM 定时器工作于 PWM 模式时,PWM2 模式的特点有哪些?

(5) 结合图 7-40,简述 TIM 定时器输入捕获的过程。

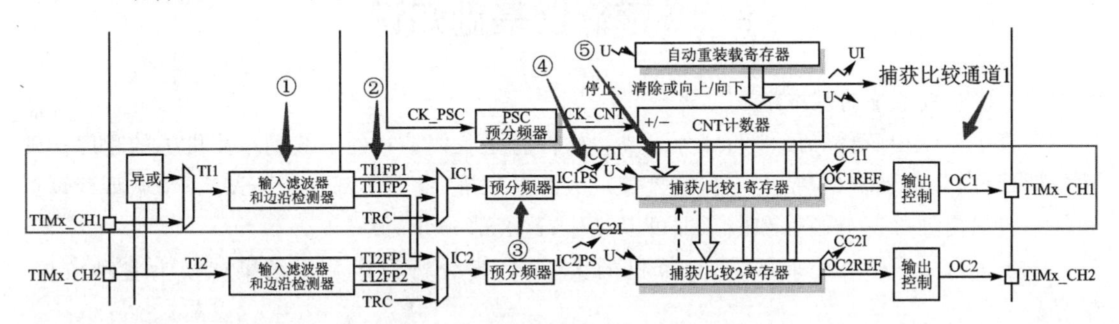

图 7-40　题(5)图

模块 8

STM32 的存储器结构

存储器是计算机系统的最小构成单元之一，计算机的程序、各种执行中的中间数据都存放在存储器中，对存储器进行有效管理是一门高深的学问，不过本模块并不去解决存储器的管理问题，而是对存储器的分类、特点、编址、与 CPU 的数据如何交互进行介绍。通过本模块的学习，不但能够获知存储器的一些基础知识，而且能够了解到 STM32 的程序、中间数据保存在哪些地方。最后还对与数据存储、优化相关的 C 语言中的关键字 volatile、const 进行了介绍，为大家进一步学习数据存储管理打下基础。

8.1 存储器基础知识

(1) 计算机系统的基本组成

计算机系统由软件和硬件两部分组成。软件就是我们编写的下载到单片机中的程序。硬件包括处理器、存储器(包括内存和硬盘等)、液晶显示屏、键盘等部件。不过，一个微型计算机硬件系统只需要 3 部分硬件和电源即可以工作，这 3 部分分别是：

① CPU，又称中央处理器，是计算机的大脑，负责分析程序并将结果转换为各种数据、信号。

② 存储器，用于保存信息。在数字系统中，只要能保存二进制数据的都可以看作是存储器(如内存条、TF 卡等)。计算机系统中的全部信息，包括输入的原始数据、程序、中间运行结果和最终运行结果都保存在存储器中。这些信息根据控制器指定的位置存入和取出信息。有了存储器，计算机系统才有记忆功能，才能保证正常工作。

③ I/O 口，即输入/输出端口，是 CPU 与键盘、打印机等外部设备交换数据的接口。处理器分析程序获知各种结果后，要通过 I/O 口送到外面去。而计算机外面的各种数据、信息也通过 I/O 口进入到计算机中。平时我们看到的液晶显示屏、键盘等都连接到 I/O 口上。

由于单片机系统就是一个小型的计算机系统，因此上述结论也适用于单片机。

(2) 存储器分类

常见存储器的分类如图 8-1 所示。由图可知，它分为两种：易失性存储器和非易失性存储器。两者的区别是易失性存储器掉电后数据会被清除，而非易失性存储器掉电后数据不被清除。

易失性存储器的代表就是 RAM(Random Access Memory，随机存取存储器)，RAM 又分 DRAM(动态随机存储器)和 SRAM(静态随机存储器)，它们的不同在于生产工艺的不同，SRAM 保存数据是靠晶体管锁存的，而 DRAM 保存数据则靠电容充电来维持。SRAM 的工艺复杂，生产成本高，价格也比较贵(不过速度比较快)，容量比较大的 RAM 一般都选用 DRAM。STM32F103VET6 内部的 RAM 一共 64 KB。

非易失性存储器常见的有 ROM(Read Only Memory，只读存储器)、Flash、光盘、软盘、机械硬盘。它们作用相同，只是实现工艺不一样。只读意指这种存储器只能读取它里面的数据

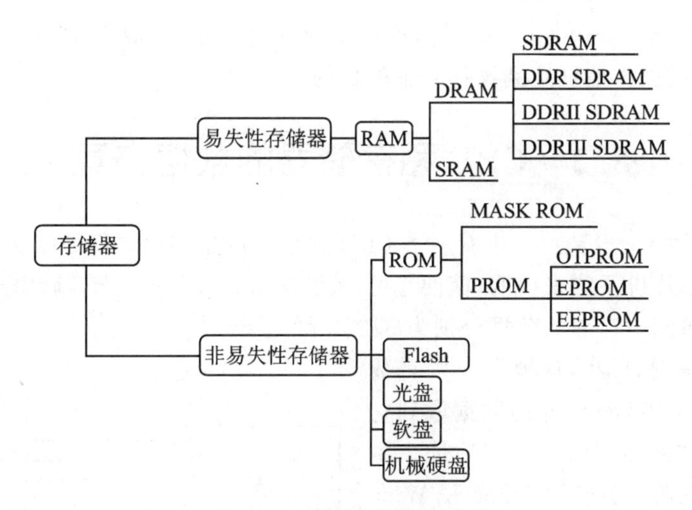

图 8-1　常见存储器的分类

而不能向里面写入数据。不过，现在已经既可读也可写了，但名称保留了下来。Flash 又称闪存，是一种可以写入和读取的存储器。Flash 的存储容量比较大，速度也比较快。Flash 又分为 NOR Flash 和 NAND Flash，现在的 U 盘和 SSD 固态硬盘都是 NAND Flash。STM32F103VET6 内部有 512 KB 的非易失性存储器，起始地址为 0x0800 0000，用来存储烧写到 STM32 的代码。

(3) 存储器的容量

存储器的容量指的是存储器能存放的二进制编码的总位数，单位为 bit。不过平时所说一般以字节为单位，8 bit 为 1 字节(byte，B)。STM32 开发中还经常涉及半字和字这两个概念，其中半字为 16 位，字为 32 位。除了这些单位，在单片机开发中，经常涉及的存储器单位还有 KB、MB、GB 等，它们之间的关系如下：

```
1 GB = 1024 MB;1 MB = 1024 KB;1 KB = 1024 B
```

(4) 存储器的存储单元编址

存储器是由一个个存储单元构成的，为了使 CPU 准确地找到存储有某个信息的存储单元，就需要对各个存储单元编号，这个过程叫存储器编址，而这个编号即为存储单元的地址码，简称地址。在单片机系统中，CPU 即通过此地址来定位存储单元。在嵌入式系统中，编址单位为字节，即每一个字节编有一个地址。这个地址跟人的身份证一样，一一对应，即一个地址与一个字节对应。对于 51 单片机，其地址引脚为 16 根，故地址编码为 16 位，对于 STM32，其地址引脚为 32 根，故地址编码为 32 位。STM32 的程序存储器、数据存储器、各种外设的寄存器和 I/O 端口等在同一个顺序的 4 GB 地址空间内进行统一编址。各字节按小端格式在存储器中编码。编号最低的字节被视为该字的最低有效字节，而编号最高的字节被视为最高有效字节。

(5) 存储器的地址映射

在 STM32 内部集成了多种类型的存储器，同一类型的存储器为一个存储块。一般情况下，处理器设计者会为每一个存储块分配一个数值连续、数目与其存储单元数相等、以十六进制表示的自然数集合作为该存储块的地址编码。这种地址编码与存储单元存在的一一对应关

系称为存储器映射(memory map,也叫内存映射或地址映射)。**存储器映射的核心就是将对象映射为地址,通过操作地址达到操作对象的目的。**

8.2 CPU 和存储器的数据交互

了解了存储器的编址特点后,来看一下 CPU 和存储器是如何进行数据交换的。以图 8-2 所示的最简单的单片机系统来说明,简便起见,假设存储器只有 4 字节,地址分别为 0、1、2 和 3,这 4 字节的存储单元中存储的数据分别为 5、2、7 和 6。

先看第一种情况,CPU 从地址 1 中将数据 2 取出(像这种 CPU 将外部的数据取到它里面的操作,叫作"读")。为了得到地址 1 中的内容,CPU 将先通过读/写信号线 R/$\overline{W}$ 向存储器发送读命令 1,然后再通过地址线发出地址 1(A1 和 A0 为地址线,此时 A1 信号为 0,A0 为 1,所以发出 1 就是发出 0b01)。当存储器收到地址信息和读写指令后,就将地址中的数据 2 发送给数据总线(图中 D2、D1、D0 为数据线,数据线的信号为 0b010),这样 CPU 就读到字节 1 的内容了。

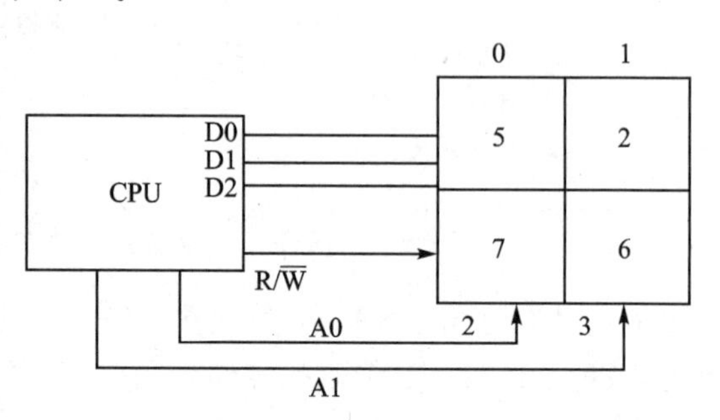

图 8-2 CPU 和存储器构成系统示意图

再看第二种情况,CPU 要将自己里面的一个数据 4 送到地址 3(像这种 CPU 将它里面的数据送到外面去的现象,叫作"写")。这时,CPU 先通过读/写信号线向存储器发出写命令 0,告诉存储器,要送数据过来了。然后,CPU 将地址 3 送给地址线,将 4 送给数据线。存储器收到指令后,对地址进行译码,获知目的地后对数据线进行采样,得到 4 并发送到地址 3 的存储单元存储起来。

8.3 STM32 的存储器部件

STM32F103VET6 的内部由内核和 GPIO、TIM 等外设构成。由于 GPIO、TIM 等在芯片内部,但又在内核 Cortex-M3 的外面,因此叫片上外设。下面分别针对内核和片上外设来介绍 STM32 内部的存储器。

(1) 内核内部的存储器

内核 Cortex-M3 的存储器主要由 R0～R15 的寄存器组和若干特殊功能寄存器构成,其中:

① R0～R12 都是 32 位通用寄存器,用于数据操作。

② Cortex-M3 拥有两个堆栈指针,但任一时刻只能使用其中的一个。其中

- 主堆栈指针(MSP):复位后缺省默认使用的堆栈指针,用于操作系统内核以及异常处理例程(包括中断服务例程)。
- 进程堆栈指针(PSP):由用户的应用程序代码使用。

堆栈指针的最低两位永远是 0,这意味着堆栈总是 4 字节对齐的。

③ R14:链接寄存器,当调用一个子程序时,由 R14 存储返回地址。

④ R15：程序计数寄存器，指向当前的程序地址，修改它的值就能改变程序的执行流程。

特殊功能寄存器，包括

① 程序状态字寄存器组（PSRs）。

② 中断屏蔽寄存器组（PRIMASK、FAULTMASK、BASEPRI）。

③ 控制寄存器（CONTROL）。

除此之外，内核中还包含 NVIC 控制器和滴答定时器，这些电路也都有自己的专属寄存器。

以上寄存器在进入调试模式时都可以观察到。

(2) 各种片上外设寄存器

STM32F1 的众多外设都有自己专门的寄存器组，比如 GPIO 口，其拥有的寄存器如下：

➢ 端口配置低寄存器 GPIOx_CRL；

➢ 端口配置高寄存器 GPIOx_CRH；

➢ 端口输入数据寄存器 GPIOx_IDR；

➢ 端口输出数据寄存器 GPIOx_ODR；

➢ 端口位设置/清除寄存器 GPIOx_BSRR；

➢ 端口位清除寄存器 GPIOx_BRR；

➢ 端口配置锁定寄存器 GPIOx_LCKR。

对每个模块的操作本质上都是对其寄存器的操作，打开 HAL 库的函数可以看到，最终操作的都是寄存器。

STM32 的片上外设寄存器的起始地址为 0x4000 0000。

(3) Flash

STM32 的程序就保存在 Flash 中，STM32F103VET6 的 Flash 有 512 KB，开始地址为 0x0800 0000，所以下载的程序都保存在从 0x0800 0000 开始的存储区。打开 MDK 的魔术棒，可以在其 Target 栏中看到 Flash 的开始地址和大小，如图 8-3 所示。

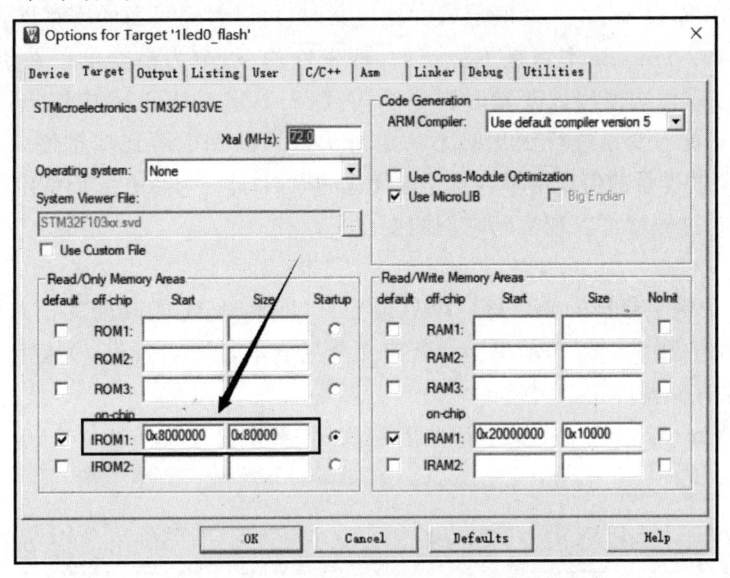

图 8-3　MDK 中 Flash 起始地址和大小位置图

其中,IROM1 的 Size 框中的 0x80000(512 KB)即为 Flash 的大小。

(4) 数据存储器 SRAM

STM32F103VET6 的 SRAM 用于存储程序运行过程中的各种中间结果,一共有 64 KB,开始地址为 0x2000 0000。在图 8-4 的右边可以看到 SRAM 的起始地址和大小。

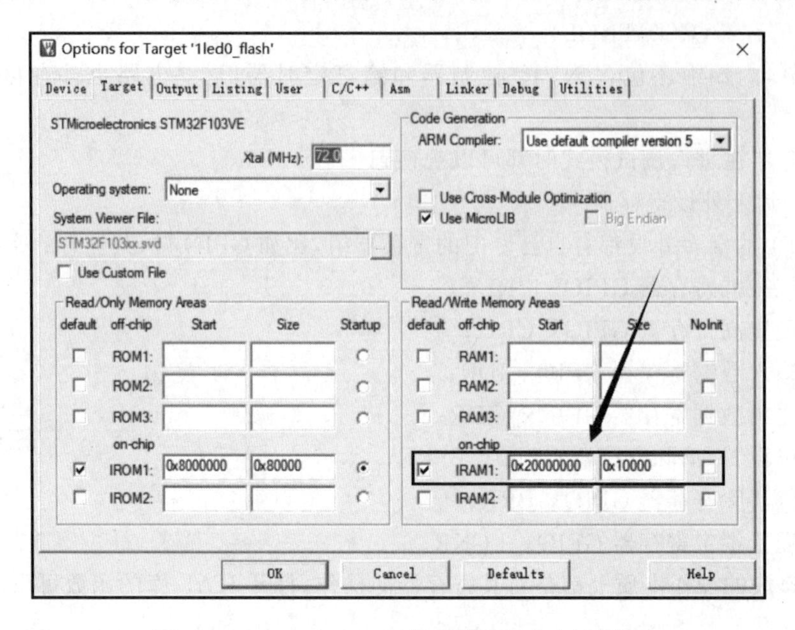

图 8-4 MDK 中 SRAM 起始地址和大小位置图

8.4 与存储器操作相关的 C 语言中的修饰符

(1) volatile

在打开 HAL 库中 STM32 的底层寄存器定义时,可以看到里面的寄存器在定义时基本上都用 volatile 修饰。volatile 本意是不稳定的、挥发性的,引申为易变的。在定义变量时加上 volatile 关键字表示每次使用该变量时都要从内存(SRAM 或 Flash)中取出该值。若不加该关键字,编译器可能对变量进行优化时不一定每次都从内存中得到变量值。在使用 MDK 进入调试状态时,某些变量的值观察不到就是被优化的原因,此时可以在它们的定义前面加 volatile 关键字进行修饰,这样就可以观察到它们的变化了。

(2) const

使用 const 关键字修饰的变量是一个只读变量(即常量,不能改变其值),编译时,若尝试修改只读变量的值,则编译器提示出错。若定义全局变量时加上 const 关键字,则系统会将此变量保存在程序存储器(Flash)中。

ST 公司的 Cortex 内核中提供了一些宏定义,重新定义了 volatile 与 const 关键字,具体如下:

```
#ifdef __cplusplus
  #define   __I     volatile             /*!< Defines 'read only' permissions */
#else
```

```
  #define    __I     volatile const      /*!< Defines 'read only' permissions */
#endif
#define    __O     volatile            /*!< Defines 'write only' permissions */
#define    __IO    volatile            /*!< Defines 'read / write' permissions */

/* following defines should be used for structure members */
#define    __IM    volatile const   /*! Defines 'read only' structure member permissions */
#define    __OM    volatile         /*! Defines 'write only' structure member permissions */
#define    __IOM   volatile
```

在编写程序时，可以灵活使用上述定义。

思考与练习

填空题

(1) STM32F103VET6 的 Flash 大小是__________，SRAM 的大小是__________。

(2) 存储器出厂时使用的存储单位是________。

(3) 存储单元的编址以________为单位。

(4) 内核中 R14 寄存器的作用是________________。

(5) 内核中 R15 寄存器的作用是________________。

(6) 使用 const 修饰的全局变量保存在______________。

(7) STM32 的 SRAM 的起始地址是______________。

(8) STM32 的 Flash 的起始地址是______________。

(9) 宏定义“#define __I volatile”的作用是__________________。

模块 9

STM32 的 ADC 及其应用

A/D 转换是数据采集中的非常重要的一环，也是 STM32 一个比较复杂的知识点。在本模块中，先介绍 A/D 转换的作用，然后通过一个典型的 ADC 模块/芯片讲解 A/D 的转换原理，最后通过一个简单的示例来学习 ADC 是如何使用的。在了解了 ADC 的使用后，大家要重点注意 ADC 中参考电压一定要精准、稳定，A/D 转换的速率不要过高，否则会导致精确度变差。

9.1 A/D 转换的作用

A/D 转换中 A 的英文是 analog(模拟信号)，D 的英文是 digital(数字信号)。什么样的信号是模拟信号呢？比如电路中电压、电流随时间而变化，这些变化就如河水的流淌一样，是连续的，这些信号就是模拟信号。那什么样的信号是数字信号呢？那些由“0”和“1”构成的信号就是数字信号，数字信号的典型特征是离散性。

A/D 转换指将模拟信号转换为数字信号。那为什么要将模拟信号转换为数字信号呢？要想回答这个问题，需要展开一下想象：假设你走在小蛮腰广州塔的边上，看到有人在唱歌，你马上留步掏出手机录像。这个过程的本质就是一个 A/D 转换。歌曲是模拟信号，我们要存储到手机的存储器中。但是，存储器只能存“0”和“1”，因此需要将歌曲变为由一堆“0”和“1”构成的信号才能保存到手机。这就回答了刚才的问题：目前我们用的存储器只能存“0”和“1”，模拟信号只有变为“0”和“1”，才能保存到存储器中，所以，无论在生活还是工作中，我们都需要 A/D 转换。

9.2 A/D 转换的过程

A/D 转换过程是怎样的呢？我们通过将一个电压信号转换为数字信号的过程来回答这个问题。先来看一个示例：假设有一个正弦电压信号输入到某个 ADC 模块，它只持续一周期时间，这一周期的时间是 100 s，如图 9-1 所示。

我们使用比较器每隔 1 s 与这个电压信号进行一次比较，每一次比较的瞬间，电压值都转换为 12 位的数字信号，那么比较 100 次，就得到 100×12=1 200 位数字信号，将这 1 200 位数字信号保存在存储器中，由此完成了一个正弦模拟信号的全部 A/D 转换。

这个过程涉及两个新的概念，一个叫采样，另一个叫 A/D 转换的分辨率。其中，每隔 1 s 比较器就与电压信号进行一次比较以确定这个瞬间信号的电压值，这一过程就叫采样。每一次比较的结果都转换为 12 位的数字信号，这个 12 位就是分辨率。如果每一次采样的结果转换为 8 位二进制数字，那么该 A/D 转换的分辨率为 8 位；如果每一次采样的结果转换为 16 位二进制数字，那么该 A/D 转换的分辨率为 16 位，其余类推。

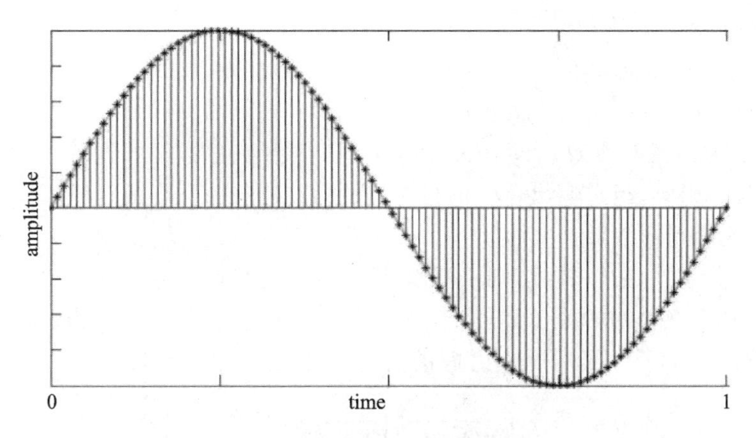

图 9-1 正弦电压信号示意图

一般来说，A/D 转换由专门的模块或者芯片来完成，但无论是模块还是芯片，它们的工作过程都差不多。

为了便于分析，假设有这么一个 A/D 转换芯片，如图 9-2 所示。

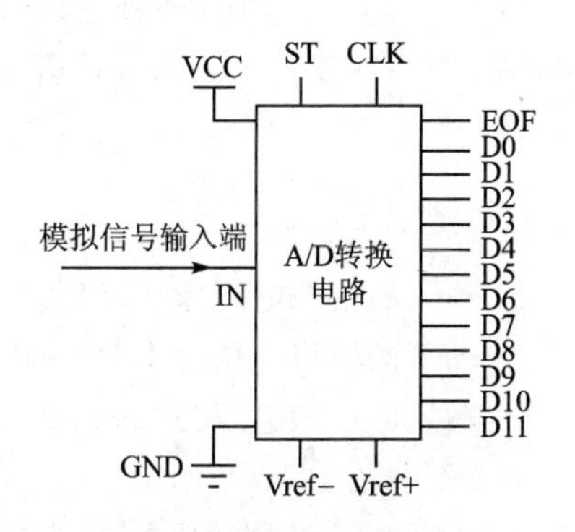

图 9-2 A/D 转换器示意图

学习每一个芯片，都要先知道其引脚的功能。对于图 9-2 所示的 A/D 转换芯片，它的各个引脚功能如下：

① VCC 和 GND 为 A/D 转换电路的供电端。

② ST 为 Start 的简写，它是 A/D 转换电路的启动端，只有在 ST 上加有效信号，A/D 转换电路才启动转换工作。

③ CLK 为 Clock 的简写，它是 A/D 转换电路的时钟信号输入端，用来同步及控制内部的转换动作。注意，由于 A/D 转换需要一定的时间，因此该时钟信号频率不能太高，否则会使 A/D 转换模块跟不上，从而导致发生转换错误。**STM32F103VET6 的 ADC 的输入时钟由 PCLK2 经分频产生，不得超过 14 MHz。**

④ EOF 为转换完成输出信号端。A/D 转换完成后要通知外部的世界，我转换完成了！EOF 引脚就是起这个作用。当 A/D 转换完成后，该引脚会输出一个有效信号，因此在启动转换后可以通过持续监视该引脚的输出信号电平判断转换是否完成。

⑤ D0～D11 为转换得到的数字信号的输出端。可以看到，每一次转换的结果都为 12 位的数字信号，所以此芯片的分辨率是 12 位。对于 STM32F103VET6，转换的结果保存在 ADC 的数据寄存器中，ADC 的数据寄存器是 16 位。

⑥ V_{ref-} 和 V_{ref+} 为参考电压信号的负极性端和正极性端。由前文可知，输入信号需要和比较器进行比较，这里的 V_{ref-} 和 V_{ref+} 就是比较器的比较信号来源。由于这两个比较信号的精度会直接影响转换结果，因此要全力保证这两个比较信号的稳定。

⑦ IN 为模拟信号输入引脚。对于 STM32F103VET6，它有 3 个 A/D 转换模块，每一个模块都有多个输入端，这个输入端可以在 STM32CubeMX 中选择。

掌握了 A/D 转换器的引脚功能，接下来学习 A/D 转换器的工作流程：

① 给 A/D 转换芯片上电；

② 确保参考电压稳定；

③ 从模拟通道引脚输入模拟信号；

④ 将 ST 信号设置为有效，启动转换；

⑤ 监视 EOF 引脚，当它输出有效信号时，说明转换完成；

⑥ 读取转换得到的结果。

如果需要进行多次 A/D 转换，则重复步骤④～⑥的过程。

掌握了 A/D 转换器的转换过程，接下来看看 V_{ref-} 和 V_{ref+} 与输入的模拟信号（电压）、转换得到的数字信号、A/D 模块的分辨率之间的关系，它们之间的关系如下：

$$\text{数字量} = \frac{\text{模拟电压值}}{(V_{ref+} - V_{ref-})} \times (2^{\text{分辨率}} - 1) \tag{9-1}$$

对于 STM32 内部的 ADC 模块，V_{ref-} 设计为 0 V，V_{ref+} 设计为 3.3 V，分辨率为 12 位，所以它输入的模拟电压值与输出的数字量的关系如下：

$$\text{数字量} = \frac{\text{模拟电压值}}{3.3\ \text{V}} \times (2^{12} - 1) \tag{9-2}$$

由式(9-2)可知：

① 输入的模拟电压为 0 V 时，输出的数字量为 0b0000 0000 0000；

② 输入的模拟电压为 1.5 V 时，输出的数字量为 0b0111 0100 0110；

③ 输入的模拟电压为 3.3 V 时，输出的数字量为 0b1111 1111 1111。

其余类推。

“0b”开头，指这些数字是二进制数字。对于 STM32，A/D 转换电路位于芯片内部，转换完成后数据保存在 DR（数据寄存器）中，一般要及时读取转换所得的数据并保存到存储器中。

9.3 STM32F103VET6 的 A/D 转换模块的应用

下面通过一个例子来学习 STM32F103VET6 的 A/D 转换模块的应用。

例 9-1：已知开发板上的可调电阻 R15 的电路如图 9-3 所示，调节 R15 上的可调旋钮，改变 PC5 端的电压，并将该电压通过串口助手进行显示。

【思路分析】

若想显示 PC5 端的电压，需要将 PC5 端作为模拟信号输入端，然后采用 STM32 内部的 A/D 转换模块对该电路进行 A/D 转换，转换数字信号再通过式(9-3)转换为模拟电压值，最后使用串口将该电压值显示出来。

$$\text{模拟电压值} = 3.3\ \text{V}/(2^{12} - 1) \times \text{转换后的数字量} \tag{9-3}$$

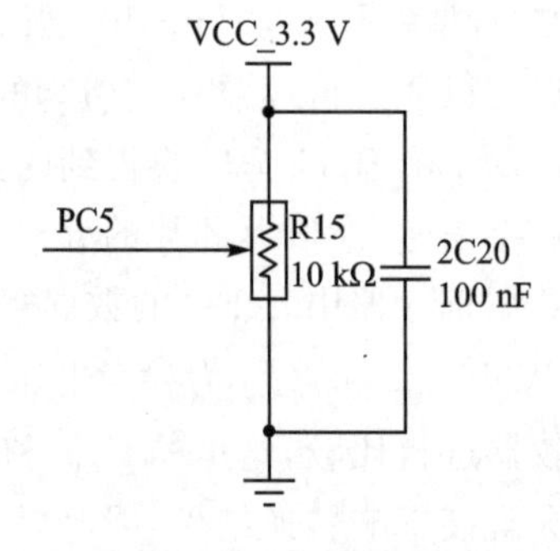

图 9-3 可调电阻电路

明确了整体思路后，接下来学习如何将 PC5 引脚的电压信号发送到 STM32 内部的 ADC 模块中。在 STM32CubeMX 中单击 PC5，弹出如图 9-4 所示的 PC5 功能列表。

由图 9-4 可知，PC5 既可以作为 ADC1 模块通道 15 的输入引脚，也可以作为 ADC2 模块通道 15 的输入引脚。可以随便选择一个，比如选择 PC5 引脚为 ADC1_IN15 功能引脚，PC5 的模拟信号就会从 ADC1 的通道 15 进入 ADC1 中。

接下来配置工程。

【实现步骤】

① 选择芯片、配置调试模式。

② 使能 HSE，配置系统时钟为 72 MHz。

③ 由于本实验需要用到串口 1 向串口助手发送电压数据，因此使能串口 1 - USART1，其参数采用默认值即可，此时设置波特率为 115 200 bps。

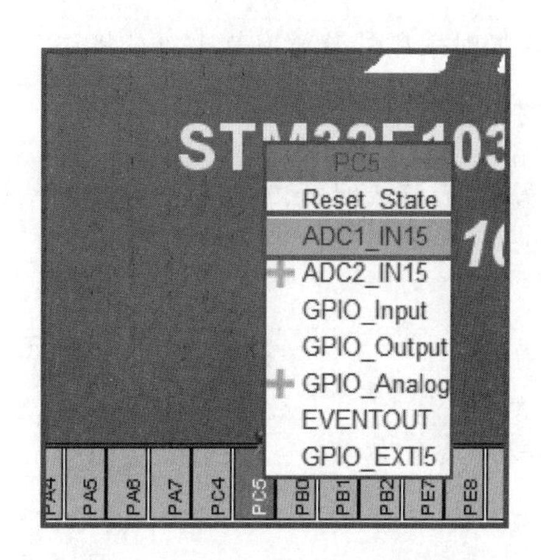

图 9-4　PC5 功能列表示意图

④ 设置 PC5 引脚的功能为 ADC1_IN15（其实 IN15 是 ADC1 的 IN15 的默认输入通道，设置 ADC1 后会自动设置 PC5 为 ADC1_IN15 功能）。

⑤ 使能 ADC1，选择 IN15 作为模拟信号输入通道，其他参数使用默认设置，设置过程和结果如图 9-5 所示。

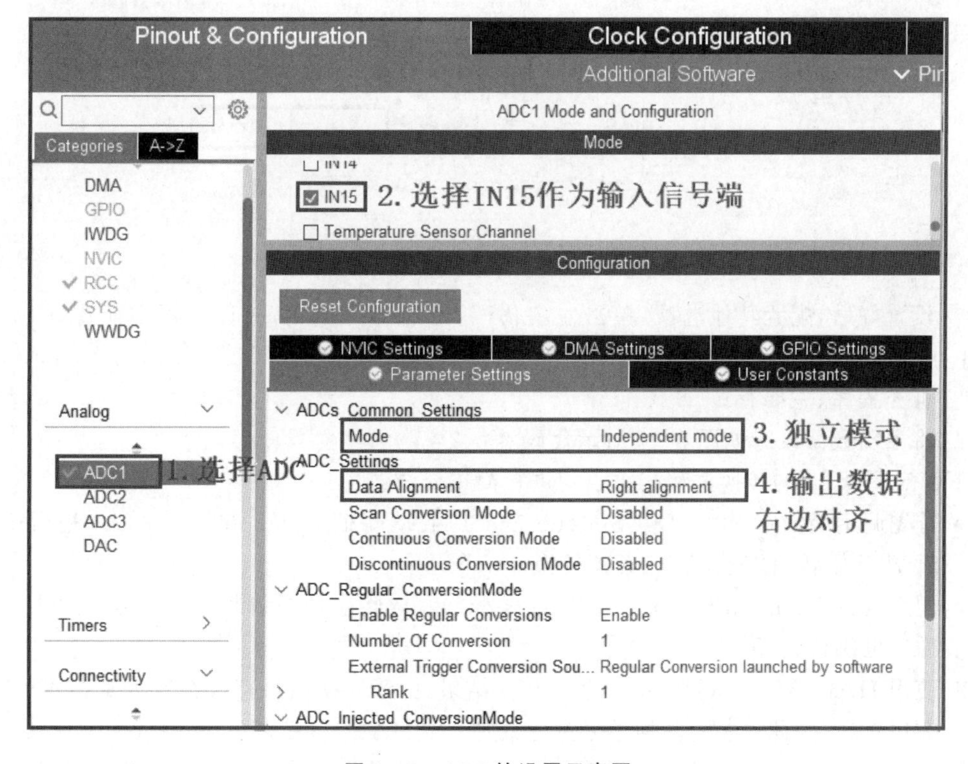

图 9-5　ADC 的设置示意图

在图 9-5 中，ADC 转换模式有多种，由于本实验只有一路模拟信号需要进行转换，因此选择独立模式即可。另外还有一个选项 Data Alignment，这个选项用来设置转换后的信号存入 ADC 的数据寄存器是采用左对齐还是右对齐。ADC 的数据寄存器是一个 16 位的寄存器，而转换时采用的分辨率是 12 位，将这 12 位的数据存入数据寄存器时就会出现左对齐和右对齐的问题，这里采用默认值右对齐。

⑥ 对于 STM32F103VET6，其 ADC1 的输入时钟频率不能超过 14 MHz，因此还需要设置 ADC 的输入时钟，具体设置过程和结果如图 9-6 所示。

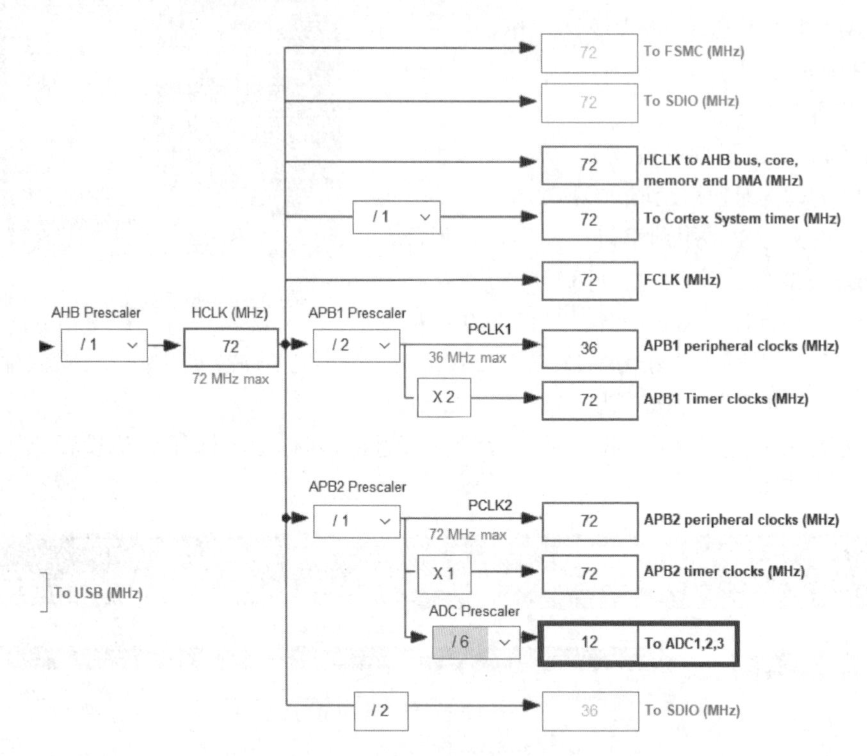

图 9-6　ADC 时钟设置示意图(<14 MHz)

⑦ 设置好后，配置其他选项，单击输出代码，然后打开工程，并在工程中配置好，下载完后，启动程序选项。

⑧ 补充程序，主要有：

a. 将主函数修改为如图 9-7 所示代码。

下面对图 9-7 的转换过程相关语句进行简单介绍：

- 首先调用函数 HAL_ADC_Start(&hadc1)启动句柄 hadc1 指向的 ADC，相当于发出 Start 开始转换信号，ADC 开始转换。
- 调用函数 HAL_ADC_PollForConversion()获取转换是否结束信号，转换结束后，while 循环也执行完了。
- 使用 HAL_ADC_GetValue()获取转换结果，由于转换结果存放在数据寄存器中，设置右边对齐，因此需要对转换结果进行处理，用“HAL_ADC_GetValue(&hadc1)&0xfff”提取出 12 位的转换结果。提取出来后，再通过数值和模拟电压的关系转换出对应的模拟电压值。
- 使用语句“sprintf(string, "%f", Vol_value);”将模拟电压值转换为字符串，以便用 printf 打印到串口助手进行显示。
- 使用语句“printf("%s\r\n", string);”将电压数值打印到串口助手。

```
73  int main(void)
74  {
75      char string[12] = {0};
76      float Vol_value = 0;
77
78      HAL_Init();
79      SystemClock_Config();
80      MX_GPIO_Init();
81      MX_ADC1_Init();
82      MX_USART1_UART_Init();
83
84      while (1)
85      {
86        HAL_ADC_Start(&hadc1);
87        while(HAL_OK != HAL_ADC_PollForConversion(&hadc1, 10));
88        Vol_value = 3.3/(4096-1) * (HAL_ADC_GetValue(&hadc1)&0xfff);
89        sprintf(string, "%f", Vol_value);
90        printf("%s\r\n", string);
91        HAL_Delay(1000);
92      }
93  }
```

图 9-7　主函数的内容示意图

b. 由于需要使用函数 printf(),因此在本程序中需要添加串口重定向的代码段,直接添加在 main.c 文件中即可,如图 9-8 所示。

```
59  /* USER CODE BEGIN 0 */
60  int fputc(int ch,FILE *f)
61  {
62     uint8_t temp[1]={ch};
63     HAL_UART_Transmit(&huart1,temp,1,2);
64     return ch;
65  }
```

图 9-8　串口重定向程序段

添加好相关语句后,编译程序并下载到开发板上进行启动。打开串口助手并设置,可以看到结果如图 9-9 所示。

图 9-9　转换结果示意图

在旋转可调电阻时,可以看到输出电压值也随着变化。通过与万用表测量值进行比较,可以发现该结果与万用表的测量结果一致,任务目标实现。

在此补充一下,一些读者可能以为可调电阻是转动一圈电阻的变化会从 0 到最大电阻值,实际上并不是这样,可调电阻从 0 转动到最大值通常需要旋转很多圈,如本开发板的 3296 的可调电阻,旋转圈数就超过 20。

思考与练习

填空题

(1) A/D 转换的作用是____________________。

(2) 假设参考电压 $V_{ref+}=3.3$ V,$V_{ref-}=0$ V,输入电压是 1 V,A/D 模块的分辨率为 12 位,则经 A/D 转换后的输出数值是________。

(3) HAL 库中启动 A/D 转换的函数是____________________。

(4) HAL 库中用于获取转换结果的函数是____________________.

(5) HAL 库中用于获取转换是否结束的信号函数是____________________。

模块 10 STM32 的 DAC 及其应用

DAC 的作用和 ADC 刚好相反，各种三角波、锯齿波、正弦波的产生都与它密切相关，所以熟练掌握 DAC 非常重要。在本模块中，首先介绍了 DAC 的作用，然后结合内部框图对 DAC 的原理进行了深入介绍，最后通过一个示例来介绍 DAC 的应用，并在其中说明了 D 和 A 的相互关系。与 ADC 一样，DAC 对参考电压的稳定性和精确度要求也非常高，使用时一定要注意这一点。

10.1 D/A 转换的作用

D/A 转换通常写成 DAC，意思是将数字信号转换为模拟信号。为什么需要 D/A 转换呢？在上一模块的学习中，讲到在小蛮腰附近录制唱歌的视频。现在我回家了，想回味一下，于是打开手机来播放，这时，视频非常清晰地呈现在眼前，歌声依然动听……这本质就是一个数字信号转换为模拟信号的过程。此过程也解释了 D/A 转换的作用：我们感受到的是模拟信号，所以要想将那一堆堆枯燥的二进制数译成悦耳的歌声等人可以感受到的信息，就需要用到 D/A 转换。

D/A 转换被广泛应用于计算机函数发生器、计算器图形显示及与 A/D 转换器相配合的控制系统中。

10.2 STM32 的 D/A 模块结构图及其在 STM32CubeMX 中的设置

1. STM32 的 D/A 模块结构图

STM32F103VET6 内部只有一个 D/A 模块，但是却有两个输出通道，每个输出通道有自己独立的 D/A 转换器。通道 1 转换的模拟信号默认从 PA4 输出，通道 2 转换的模拟信号默认从 PA5 输出。

图 10－1 给出了 D/A 模块的内部结构框图。

由图 10－1 可知，STM32 的内部模块主要分为 5 部分，下面分别进行介绍。

① 是核心转换部分，它由数据输出寄存器 DOx、DAC 模块、输出缓冲、输出选择等构成。其中 DAC 模块用于将数字信号转换为模拟信号，是整个 D/A 模块的核心，D/A 模块的其他控制逻辑都围绕它进行设计。DAC 转换的是 DOx 数据输出寄存器中的数据，然后通过 DAC_OUT1 引脚输出转换后的模拟信号。

这里 x 的值是 1 或者 2，如果是 1 说明是通道 1，如果是 2 说明是通道 2，若只单独使用一个通道，则为单通道工作方式，若两个都使用，则为双通道工作方式。

② 是面向程序员的数据保持寄存器 DH。虽然 DAC 转换的是 DO 寄存器的数据，但是程

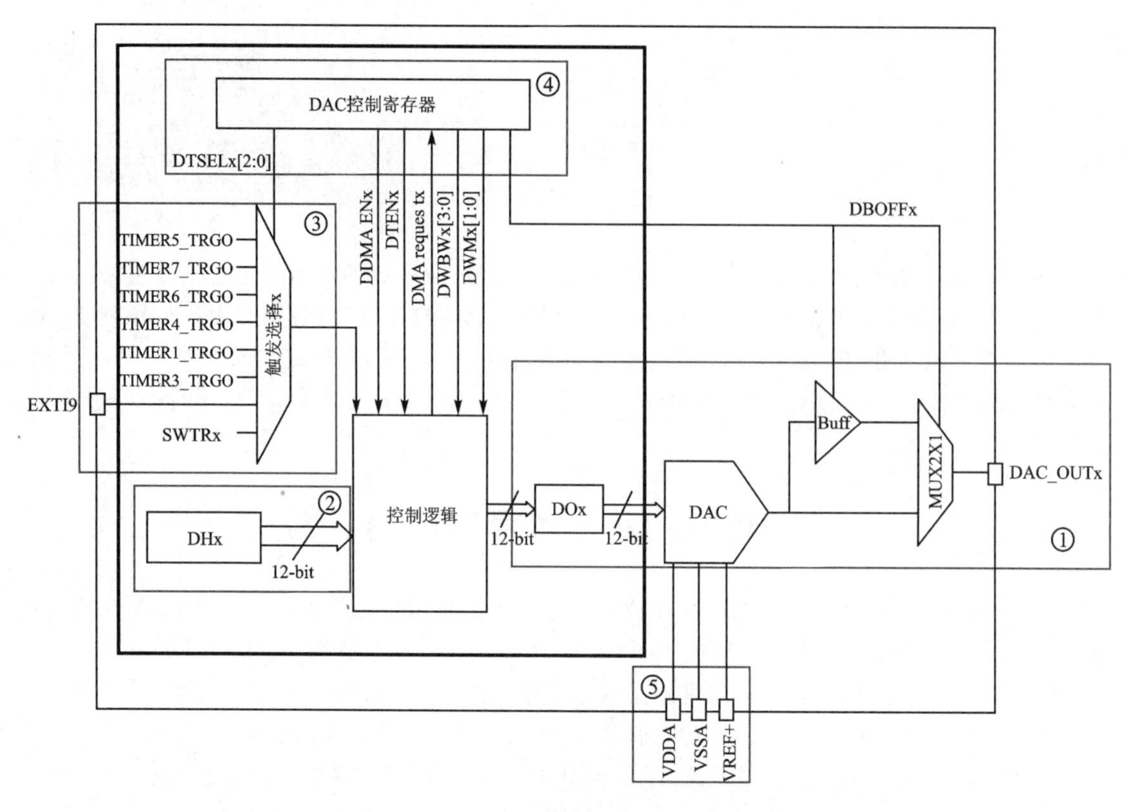

图 10－1 D/A 模块的内部结构框图

序员写入的待转换的数据却是写入到 DH 中,即 DH 提供的是一个缓冲功能,DH 和 DO 的设置类似于定时器中的预加载寄存器和影子寄存器的设计。

STM32F103VET6 内部提供了 9 个 DH 寄存器,不过一般使用的都是右对齐数据保持寄存器。其中:

➢ DAC 通道 1 的 12 位右对齐数据保持寄存器是 DAC_DHR12R1(单通道方式)。
➢ DAC 通道 2 的 12 位右对齐数据保持寄存器是 DAC_DHR12R2(单通道方式)。
➢ 双 DAC 的 12 位右对齐数据保持寄存器是 DAC_DHR12RD(双通道方式)。

③ 是数据从 DH 复制到 DO 的触发信号端。上文提到,DAC 转换的是 DO 中的数据,但数据却是写入到 DH 中,所以需要将 DH 的数据复制到 DO 中。若在触发控制逻辑中配置了触发方式,则触发信号到来后,DH 的值将会被复制到 DO 中,然后启动转换。若没有使能触发信号,则写入 DH 的数据将会在一个 APB1 周期后被写入 DO 中。

④ 是 DAC 控制寄存器 CR。它的位序和各位序的作用如图 10－2 所示。

由图 10－2 可知,DAC->CR 寄存器控制两个 DAC 通道,其中低 16 位控制通道 1,高 16 位控制通道 2。下面来介绍低 16 位。

➢ bit0 位为 EN1 位,也就是通道 1 的使能控制位,为 1 使能通道 1,为 0 关闭通道 1。
➢ bit1 位为 BOFF1 位,也就是通道 1 的输出缓冲区使能位,为 1 使能通道 1 的缓冲区,为 0 失能通道 1 的缓冲区。
➢ bit2 位为触发使能端,如果希望触发信号到来后 DH 的数据才装入 DO 寄存器,则将该

31	30	29	28	27	26	25	24	23	22	21	20	19	18	17	16
保留			DMAEN2	MAMP2[3:0]				WAVE2[2:0]		TSEL2[2:0]			TEN2	BOFF2	EN2
			rw	rw	rw	rw	rw	rw	rw	rw	rw	rw	rw	rw	rw
15	14	13	12	11	10	9	8	7	6	5	4	3	2	1	0
保留			DMAEN1	MAMP1[3:0]				WAVE1[2:0]		TSEL1[2:0]			TEN1	BOFF1	EN1

图 10－2　DAC→CR 控制寄存器的位序图

位设置为 1，否则设置为 0。

➢ bit3～bit5 位为触发方式选择端，用来选择触发方式。

000：TIM6 TRGO 事件；

001：对于互联型产品是 TIM3 TRGO 事件，对于大容量产品是 TIM8 TRGO 事件；

010：TIM7 TRGO 事件；

011：TIM5 TRGO 事件；

100：TIM2 TRGO 事件；

101：TIM4 TRGO 事件；

110：外部中断线 9；

111：软件触发。

➢ bit6～bit7 为噪声和三角波使能端。设置为 00 则关闭波形生成，设置为 01 则使能噪声波形生成，设置为 1x 则使能三角波生成。

➢ bit8～bit11 为 DAC 通道 1 屏蔽/幅值选择器，用来在噪声生成模式下选择屏蔽位。

➢ bit12 为 DMA 模式使能位。设置为 1 则使能通道 1 的 DMA 模式，为 0 关闭通道 1 的 DMA 模式。

⑤ 为电源端和参考电压端，为确保转换正确，参考电压一定要稳定和精准。

2. 在 STM32CubeMX 中 DAC 的设置

STM32CubeMX 中 DAC 的配置项比较少，也比较简单，如图 10－3 所示。

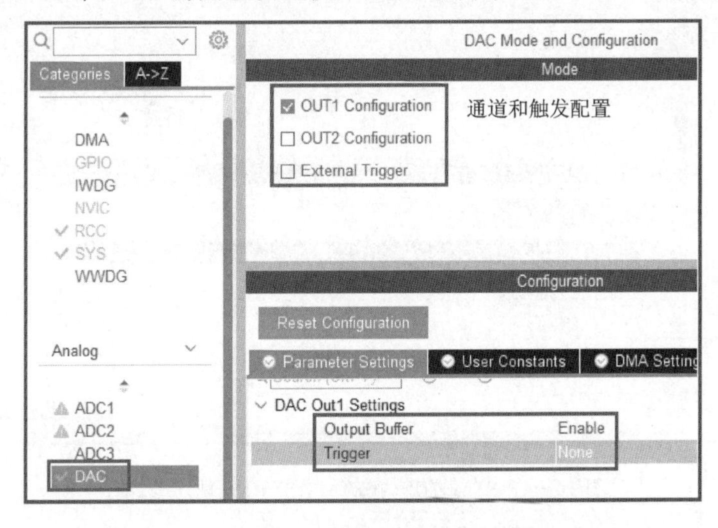

图 10－3　STM32CubeMX 中 DAC 模块的配置项

由图 10－3 可知，DAC 模块中的配置项比较简单，主要有以下几项：

① 通道和触发配置使能；

② 输出缓冲区使能/关闭配置；

③ 触发使能/关闭配置。

如果在触发使能这里使能了触发，会有进一步的触发选项设置。不过都比较简单，此处不再赘述。

10.3 STM32 的 D/A 模块的应用

下面通过简单的例子来介绍 D/A 模块的应用。

例 10－1：编写程序，实现将数字量 2 048 转换成模拟电压输出。

【思路分析】

在学习 A/D 转换时，已经清楚了数字量和模拟量之间的关系，由它们之间的关系，可以算出如果一切正常，那么与数字量 2 048 相对应的模拟电压应该为：

```
V = 2 048/(4 096 - 1) × 3.3 V = 1.65 V
```

下面来看看结果是否是这样。

【实现过程】

① 配置好系统时钟、调试接口等信息。

② 单击 STM32CubeMX 左边分类中 Analog 的下拉列表，可以看到 STM32F103VET6 中只有一个 DAC 模块，如图 10－4 所示。

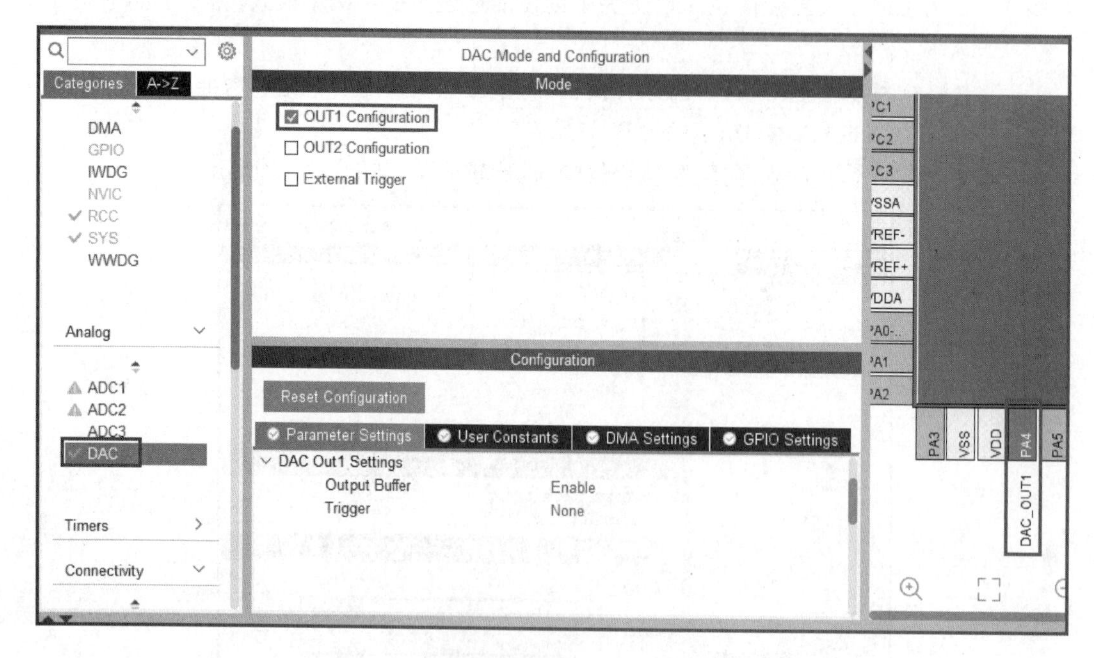

图 10－4　STM32F103VET6 中 DAC 模块示意图

由图 10－4 可知，DAC 模块有两个输出通道，我们选择从 OUT1 输出，此时可以看到

OUT1 的默认输出通道 PA4 会变成绿色。在完成 D/A 转换后，用万用表或者示波器测量 PA4 的电压，可以验证结果是否正确。

③ 配置好工程名等信息，单击输出代码，并打开工程。

④ 在主函数中添加 DAC 转换的相关代码，如图 10-5 所示。

```
67  int main(void)
68  {
69      int Data = 4096/2;    //参考电压为3.3V，所以输出电压约为1.65V
70
71      HAL_Init();
72      SystemClock_Config();
73
74      MX_GPIO_Init();
75      MX_DAC_Init();
76      MX_USART1_UART_Init();
77      /* USER CODE BEGIN 2 */
78      HAL_DAC_SetValue(&hdac, DAC_CHANNEL_1, DAC_ALIGN_12B_R, Data);
79      HAL_DAC_Start(&hdac,DAC_CHANNEL_1);
80
81      while (1)
82      {
83      }
84  }
```

图 10-5　main 函数内容示意图

在图 10-5 中，添加了两条语句，分别是：

```
①HAL_DAC_SetValue(&hdac, DAC_CHANNEL_1, DAC_ALIGN_12B_R, Data);
```

这条语句用来说明 DAC 的 D(语句①中的 Data)是多少和将 D 装到 D/A 转换的输入保持寄存器中准备转换！进行 D/A 转换，需要告诉 DAC 模块你想转换的数字量是多少，这条语句就用于做这个说明。

函数 HAL_DAC_SetValue()有 4 个参数，这 4 个参数的作用分别是：

- 第 1 个参数为 DAC 的句柄地址；
- 第 2 个参数用于说明转换的结果从哪个通道输出；
- 第 3 个参数用于说明数字量是左对齐还是右对齐，由这个选项的值还可以看出 STM32F103VET6 的 DAC 是 12 位。
- 第 4 个参数 Data 是待转换为模拟信号的数字量，也就是 DAC 中的 D。

```
②HAL_DAC_Start(&hdac,DAC_CHANNEL_1);
```

该函数的作用是启动 D/A 转换，它有两个参数，第 1 个参数是 DAC 模块的句柄，第 2 个参数是说明转换结果从哪个通道输出。

⑤ 编译并将程序下载到开发板上。

⑥ 按复位键启动程序，用示波器观察 PA4 的电压。

注意：本开发板中 PA4 被用作 W25Q128 存储芯片的片选引脚，如图 10-6 所示，没有将它单独引出来。

测量时，示波器一端接地，探头伸到 W25Q128 的 $\overline{CS}$ 端来测量，如图 10-7 所示。

测量结果如图 10-8 所示。

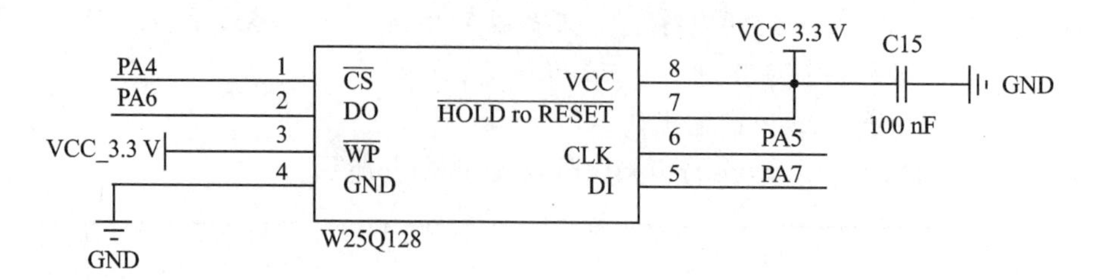

图 10-6 PA4 连接器件示意图

图 10-7 示波器探头连接图

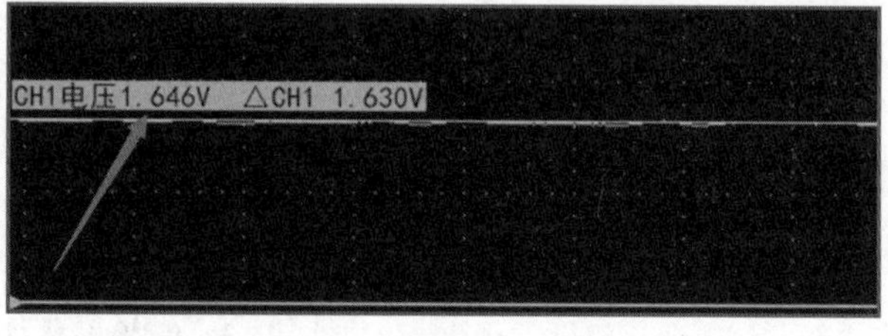

图 10-8 示波器测量结果

可以看到，DAC 此时转换出来的模拟电压为 1.646 V，与理论值 1.65 V 差不多，说明任务目标实现。

【思考】

如果身边没有示波器或者万用表，能不能知道转换出来的结果呢？答案是肯定的，可以用一根杜邦线将 PA4 连接到某个 ADC 模块的输入端，然后启动 A/D 转换，并将结果转换为电压，最后再用串口打印出来，这个过程的描述可以参见【模块 9 的 A/D 转换】。

思考与练习

填空题

(1) DAC 模块的作用是＿＿＿＿＿＿＿＿＿＿。

(2) STM32F103VET6 的内部只有一个 D/A 模块，但是却有两个输出通道，每个输出通道有自己独立的 D/A 转换器。其中，通道 1 转换出来模拟信号默认从＿＿＿＿输出，通道 2 转换出来的模拟信号默认从＿＿＿＿输出。

(3) 在 STM32 的 DAC 模块的内部构成单元中，DAC 转换的是寄存器＿＿＿＿中的数据，但程序员写入的数据则放置在寄存器＿＿＿＿中。

(4) HAL 库中设置 DAC 模块待转换数值的函数是＿＿＿＿＿＿＿＿。

(5) HAL 库中开始进行 D/A 转换的函数是＿＿＿＿＿＿＿＿。

模块 11

STM32 的 DMA 及其应用

存储器直接数据传输 DMA 在各种大数据块的搬运中有着非常重要的作用，典型地，在刷新屏幕时，系统内部通常使用 DMA 来搬运内存的数据到显存中，由于 DMA 搬运速度非常快，因此在屏幕上感受不到任何异样。DMA 的学习是 STM32 的一个难点。在本模块中，首先通过一个示例来直观了解大数据块搬运时使用与不使用 DMA 的区别，可以直观感受到 DMA 传输的优势。然后结合内部框图对 DMA 模块的工作原理进行深入介绍，让您明白，DMA 模块的每一个通道本质上就是一个 DMA 搬运器，它们都有自己独立的请求源、源地址寄存器、目的地地址寄存器、数据传输设置寄存器，彻底解决您在 DMA 模块和通道理解方面的困扰。为了更加深入地理解 DMA，在本模块的下半部分，设置了专门的示例来讲解半传输中断和传输完成中断的特点和应用。

11.1　DMA 的作用

DMA 英文全称为 Direct Memory Access，翻译为直接存储器访问，很多处理器内部都设计有这个电路模块。那这个电路模块有什么作用呢？先来看一个内存数据送到串口显示的例子，看完后，你会知道答案的。

例 11－1：将内存缓冲区中 16 000 字节的数据通过串口 1 发送到串口助手上显示，通信双方使用的波特率是 9 600 bps。

【说明】

由通信双方的比特率可知，每收发一位所用的时间为 1/9 600 s。传输数据时配置停止位为 1 位，不使用校验，数据位为 8 位，那么每传输一字节所用的时间为 10×1/9 600 s，传输完 16 000 字节需要的时间至少为 16 000×10×1/9 600 s(约等于 16.67 s)，但实际上加上各种过程操作，会比理论时间长。设计这么长的数据和这么小的波特率，主要是为了方便观察 DMA 传输的优势。

下面通过实验来观察一下这个数据传输的特点。

【实现过程】

① 配置时钟、调试工具。

② 使能串口 1，设置如图 11－1 所示。

③ 设置与 LED1 相连的 PE13 引脚为输出，以便观察结果。

④ 配置好工程其他选项，生成代码，然后对程序进行补充和修改，补充和修改的地方如下：

a. 在 main()函数中添加 LED1 闪烁和串口发送数据函数以及一些定义，如图 11－2 所示。

在图 11－2 中，将定义的大数组的元素全部初始化为字符“1”，只是为了观察结果，最后一

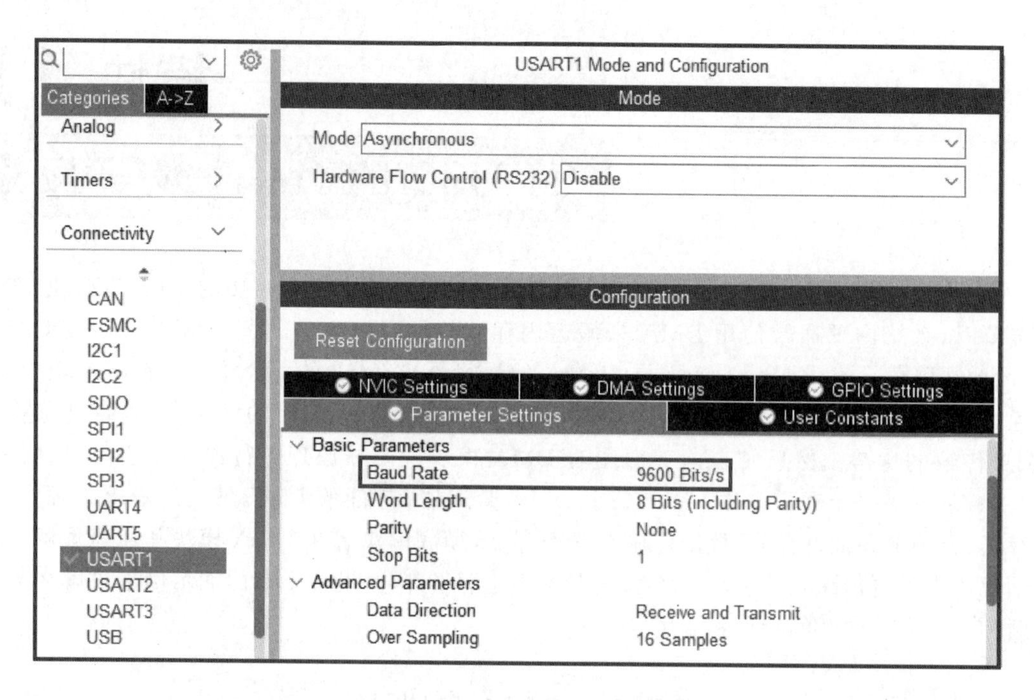

图 11-1　串口 1 的设置示意图

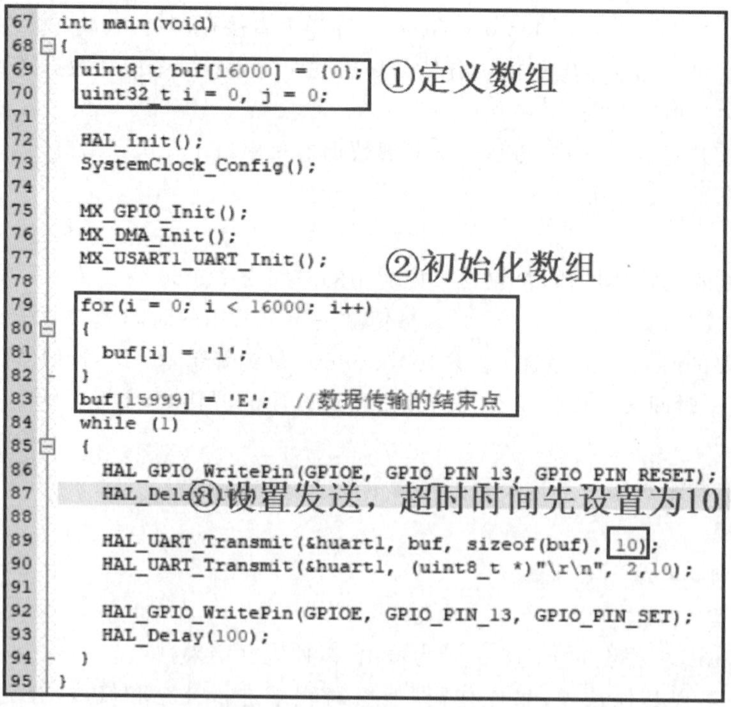

```
67  int main(void)
68  {
69      uint8_t buf[16000] = {0};          ①定义数组
70      uint32_t i = 0, j = 0;
71
72      HAL_Init();
73      SystemClock_Config();
74
75      MX_GPIO_Init();
76      MX_DMA_Init();
77      MX_USART1_UART_Init();             ②初始化数组
78
79      for(i = 0; i < 16000; i++)
80      {
81          buf[i] = '1';
82      }
83      buf[15999] = 'E';   //数据传输的结束点
84      while (1)
85      {
86          HAL_GPIO_WritePin(GPIOE, GPIO_PIN_13, GPIO_PIN_RESET);
87          HAL_Dela③设置发送，超时时间先设置为10
88
89          HAL_UART_Transmit(&huart1, buf, sizeof(buf), 10);
90          HAL_UART_Transmit(&huart1, (uint8_t *)"\r\n", 2,10);
91
92          HAL_GPIO_WritePin(GPIOE, GPIO_PIN_13, GPIO_PIN_SET);
93          HAL_Delay(100);
94      }
95  }
```

图 11-2　main()函数内容示意图

个字符用了大写的“E”，便于标志传输结束。

b. 函数内部的变量、数组内容存放在栈内，但在开始的 STM32CubeMX 的栈的设置中，并没有设置栈，而是采用默认值，如图 11－3 所示。

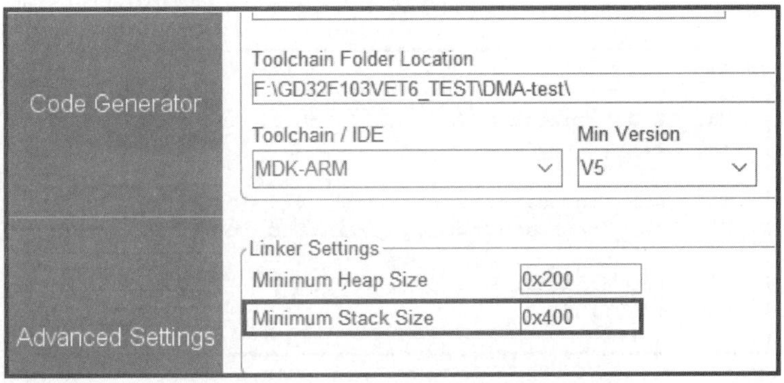

Code Generator
Toolchain Folder Location
F:\GD32F103VET6_TEST\DMA-test\
Toolchain / IDE
MDK-ARM
Min Version
V5
Advanced Settings
Linker Settings
Minimum Heap Size
0x200
Minimum Stack Size
0x400

图 11－3　栈的设置示意图

很明显，这个栈连数组都容纳不下，所以要将它扩大，修改为 0x4000，此时栈的大小是 16 384 字节，能够容纳下数组，并有一定的余量来存放其他变量（特别注意，每次使用 STM32CubeMX 生成工程时，栈的空间都被初始化为 0x400，所以在做本实验时，修改 STM32CubeMX 后都要重新修改栈的空间！！）。

⑤ 编译并下载程序到开发板，同时打开并设置好串口助手，可以看到串口助手接收的结果如图 11－4 所示。

XCOM V2.0
串口选择
COM19:USB-SERIAL
波特率
9600
停止位
1
数据位
8
奇偶校验
无
串口操作
关闭串口
保存窗口
清除接收
16进制显示
白底黑字
RTS
DTR
时间戳(以换行回车断帧)

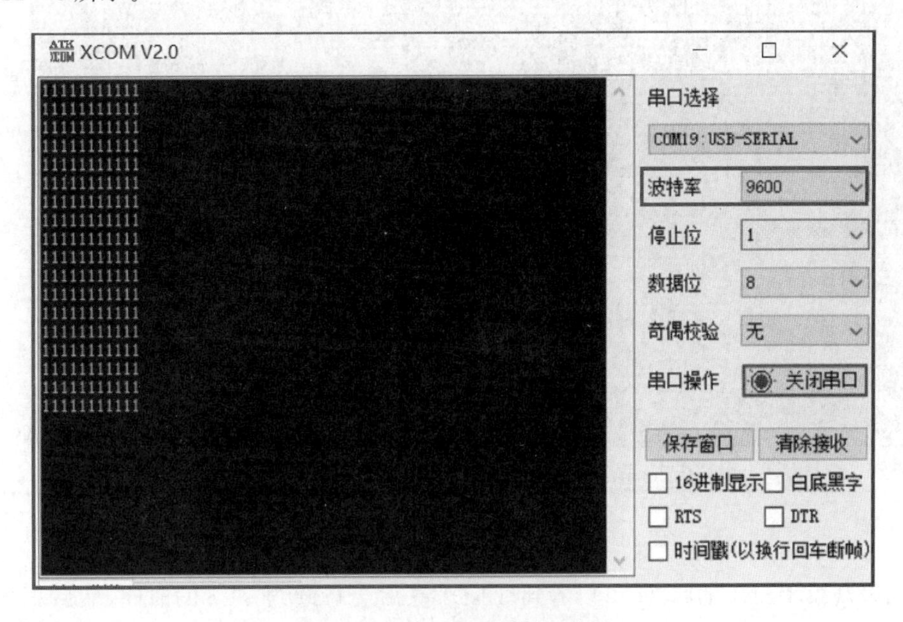

图 11－4　串口显示结果示意图

数一下每次串口发送的字节数会发现，每次串口都只发送 11 字节，为什么这样呢？这是因为设置的超时时间少了，数据还没有发送完系统就退出 HAL 库的串口发送函数了。串口发送函数 HAL_UART_Transmit()的超时作用是说最多用这么长时间发送数据，如果时间到了，不管有没有发送完都将退出此函数，并执行下一条语句，所以需要将这个超时时间增加。

根据分析，数组数据需要 17 s 左右才能发送完成，但是，现在超时设置只设置了 10 ms，远远不够。实际上，加上各种中间处理，17 s 还是不够的，实测结果表明，需要大约 19 s 才能将数组的数据一次发送完成。现在将超时时间设置为 19 000 ms，如图 11－5 所示。

```
while (1)
{
  HAL_GPIO_WritePin(GPIOE, GPIO_PIN_13, GPIO_PIN_RESET);
  HAL_Delay(100);

  HAL_UART_Transmit(&huart1, buf, sizeof(buf), 19000);
  HAL_UART_Transmit(&huart1, (uint8_t *)"\r\n", 2,10);

  HAL_GPIO_WritePin(GPIOE, GPIO_PIN_13, GPIO_PIN_SET);
  HAL_Delay(100);
}
```

图 11－5　修改超时时间设置后的示意图

修改后，可以看到，每次缓冲区数据都能发送完成，如图 11－6 所示。

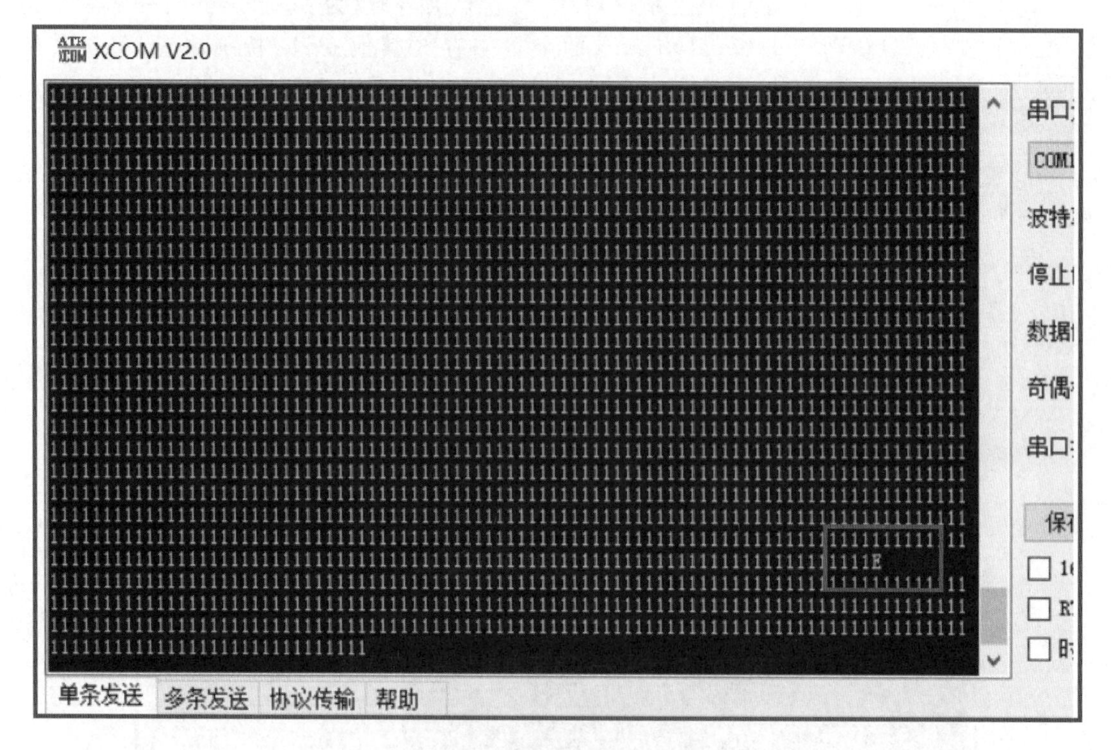

图 11－6　修改后串口发送数据结果示意图

下面来观察 LED1 的状态，可以看到，LED1 亮后会持续约 19 s 的时间，然后灭掉再迅速变亮。亮的时间持续这么久，其原因是处理器在将灯点亮后，去执行数据发送任务了，数据发送完成后，才继续往下执行将 LED1 熄灭的任务。而无论是数据发送还是设置 LED1 的状态，都由 CPU 来完成，而由于数据传输时间比较长，所以 LED1 亮得比较久。

那有没有一种办法，在进行数据传输时由内部自动传输，而将处理器解放出来执行其他的操作呢？我们试一试采用 DMA 传输。

回到 STM32CubeMX 设置界面，使能 DMA，并采用如图 11－7 所示的步骤对 DMA 模块进行初始化。

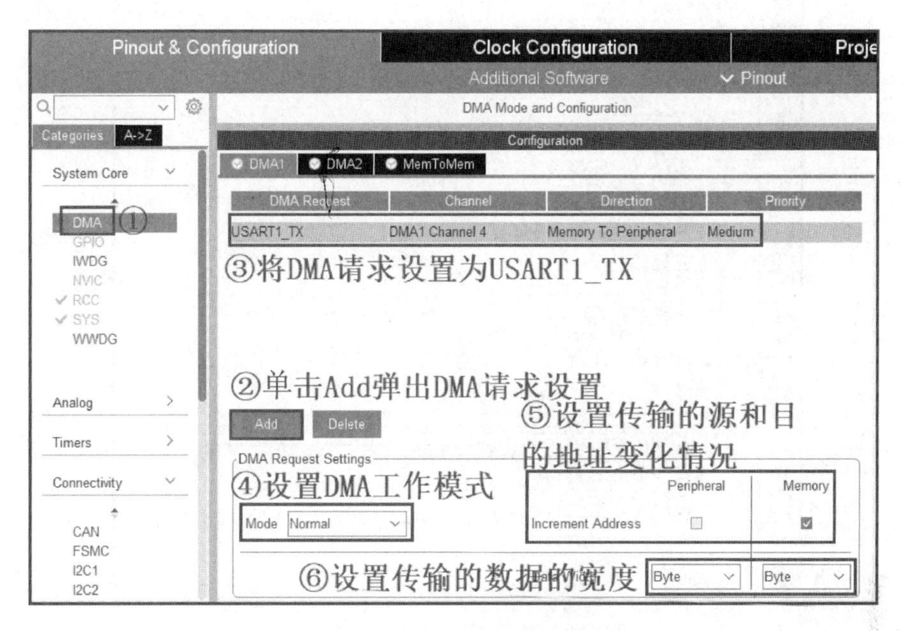

图 11-7 DMA 的设置示意图

DMA 与中断类似，需要申请才能获得 DMA 控制器的响应。本示例中将内存的数据传输到串口 1，需要设置 DMA 请求源为串口发送，即 USART1_TX，传输方向为 Memory To Peripheral（从内存到外设），这是因为发送的数据位于内存中，发送目标为串口 1。申请的优先级随便选择一个即可，因为只有一个 DMA 请求。

请求源、传输方向等设置好后，接下来设置传输模式，这里采用正常传输模式 Normal，传输完一次就结束传输。设置传输的地址变化：串口地址是不会变的，所以外设地址增加这里不需要选择，但是内存方面，由于传输字符串时是从低地址到高地址传输，因此需要勾选地址增加选项。

对于数据传输的宽度，因为发送的是字符串，每次传输一字节，所以选择 Byte。

设置好后重新生成工程并添加如下 DMA 方式发送数据的代码（注意：前面增加的代码位置不要放错，若放错重新生成工程被删掉后，一定要记得补上）：

```
HAL_UART_Transmit_DMA(&huart1, buf, sizeof(buf));
```

添加好后的 main()函数如图 11-8 所示。

编译并将程序下载到开发板上，可以看到 LED1 间隔 100 ms 闪烁，打开串口助手，会发现神奇的事情出现了，串口一直在循环发送数组 buf 中的数据，两者互不干涉。

出现这种双方并行工作的情况，原因在于 DMA 模块能够自动执行数据的传输，传输过程不需要 CPU 的干涉。

那 CPU 在 DMA 工作过程中起到什么作用呢？先来看一下传输过程：

① 某个模块向 CPU 发出使用 DMA 申请；

② CPU 响应并对传输进行初始化，初始化完成后 CPU 让出总线的控制权给 DMA；

③ DMA 模块控制在源和目的地之间传输数据，CPU 不干涉传输过程，自己做自己的事，

```
67  int main(void)
68  {
69    uint8_t buf[16000] = {0};
70    uint32_t i = 0, j = 0;
71
72    HAL_Init();
73    SystemClock_Config();
74
75    MX_GPIO_Init();
76    MX_DMA_Init();
77    MX_USART1_UART_Init();
78
79    for(i = 0; i < 16000; i++)
80    {
81      buf[i] = '1';
82    }
83    buf[15999] = 'E';  //数据传输的结束点
84    while (1)
85    {
86      HAL_UART_Transmit_DMA(&huart1, buf, sizeof(buf));
87      HAL_GPIO_WritePin(GPIOE, GPIO_PIN_13, GPIO_PIN_RESET);
88      HAL_Delay(100);
89
90      HAL_GPIO_WritePin(GPIOE, GPIO_PIN_13, GPIO_PIN_SET);
91      HAL_Delay(100);
92    }
93  }
```

图 11-8　添加 DMA 方式发送数据语句后的 main()函数示意图

传输完成后，DMA 向 CPU 发出传输完成信号，并让出总线的控制权给 CPU。

由这个传输过程可以看到，在整个传输过程中，CPU 只做两件事：一是对 DMA 传输进行初始化，完成后让出总线控制权，由 DMA 接管总线并管理数据的传输；二是接收发送完成信号，并重新接管总线。由于 CPU 并不参与传输过程，因此在初始化完成并开始传输后，它能够继续去执行其他操作。

11.2　深入了解 STM32 的 DMA

11.2.1　DMA 传输的来由

在 DMA 出现之前，处理器内部模块之间的数据传输都要经过 CPU。比如将数据从 I/O 口读进来并发送到内存中存储，CPU 通常首先将数据先读到它的缓存，然后再写入到内存中。在数据量比较小时，这样处理没有问题。但是，如果数据量比较大，比如，将一块内存的内容复制到显存中以更新显示内容，当每个数据都要经过 CPU 时，问题就出现了。正如在“例 11-1”看到的那样，需要等待数据传输完成才能进行下一个动作。这种情况在产品设计中是不允许的。为了解决大数据量传输时 CPU 被严重占用的问题，设计了 DMA 模块。使用该模块时，CPU 只需要做好 DMA 模块的配置工作，数据的搬运由 DMA 自己去完成，这就大大减轻了 CPU 的负担，使得各种数据的传输与控制能够并行进行。

11.2.2　STM32 的系统结构

DMA 是处理器中非常重要的一个模块，要想了解它是如何工作的，就要先对处理器的整个系统有一个初步的了解。STM32 的系统结构如图 11-9 所示。

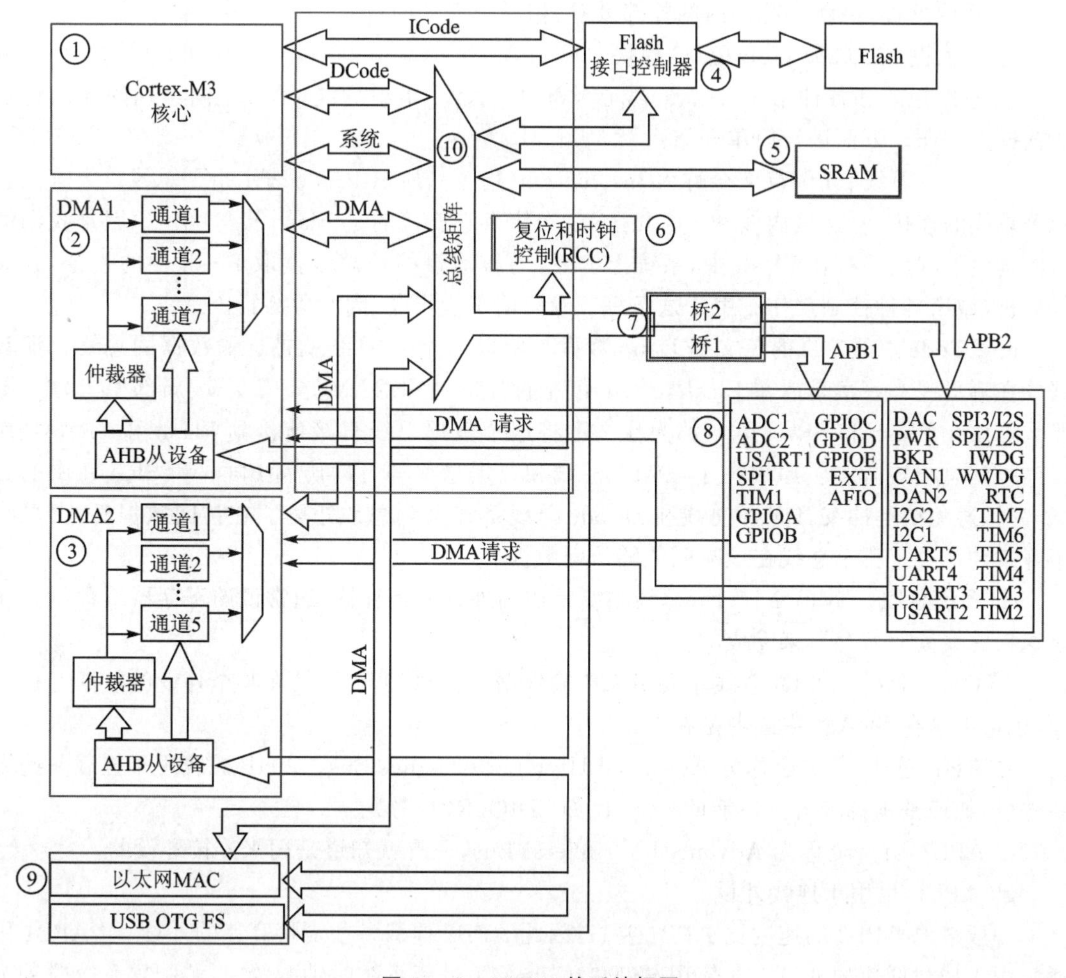

图 11－9　STM32 的系统框图

由图 11－9 可知，STM32 的内部主要由以下 10 部分构成，下面分别介绍：

① 内核。内核是处理器的核心，指令分析、中断管理、系统滴答时钟等都位于内核中。

② DMA 通道 1。

③ DMA 通道 2。

可以看到，STM32F103VET6 有两个 DMA 控制器。其中 DMA1 内部有 7 个通道，DMA2 内部有 5 个通道。

④ Flash 及其控制接口。Flash 用于存放编写的程序，程序中用 const 修饰的常量也保存在 Flash 中，对 Flash 的访问通过其接口来完成，断电后，Flash 的内容不会丢失。

⑤ SRAM。各种变量（包括全局变量和局部变量）都保存在内存中，断电后 SRAM 中保存的数据将丢失。

⑥ 复位和时钟系统。

⑦ 桥 1 和桥 2。桥 1 和桥 2 的左边为 AHB（先进高性能总线），右边是 APB（先进外设总线）。由于 AHB 与 APB 在总线协议、总线速度、数据传送格式之间存在差异，因此中间需要加两个桥接，完成数据的转换和缓存。

⑧ 片内外设，也就是芯片内的外部设备(相对于内核而言)。

⑨ 以太网 MAC 和 USB OTG 模块。

⑩ 总线矩阵和各种总线，这些总线在物理上就是一组组导线，不过不同类别的导线传输的数据不一样。下面进行简单介绍：

a. ICode 总线。I 的英文全称为 Instruction(指令)，所以 ICode 表示指令总线。大家注意指令总线的连接，它连接内核和 Flash 接口，为什么它连接的是 Flash 接口呢？原因是我们编写的程序下载后保存在 Flash 中，系统上电后，内核通过指令总线读取 Flash 中的指令，并完成分析、做出各种控制动作。由于这条总线专门用于读指令，因此称为指令总线。

b. DCode 总线。D 的英文是 Data(数据)，所以 DCode 总线就是运输数据的总线。那数据放在哪里呢？答案是放在 Flash(const 修饰的常量)和 SRAM(全局变量、局部变量)中，既然数据放在 Flash 和 SRAM 中，那为什么不将这个数据总线直接连接到 Flash 和 SRAM，而是连接到总线矩阵呢？原因在于，DMA 总线和数据总线都可以访问 Flash 和 SRAM 中的数据，为了避免访问冲突，DMA 总线和 DCode 总线都连接到总线矩阵。在访问数据时，由总线矩阵来仲裁决定哪个总线在该瞬间能够访问数据。

c. 系统总线。System(系统)总线主要是访问外设的寄存器，通常说的寄存器编程就是通过这根总线读取寄存器来完成的。

d. DMA 总线。DMA 总线主要用来传输数据，这个数据可以是在某个外设的数据寄存器中，也可以是在 SRAM 中或者是在 Flash 中。

e. AHB 总线，英文全称为 Advanced High performance Bus。AHB 总线用于挂载一些主要外设，如最基本的或者高性能的外设(比如 SDIO、RCC 等)。

f. APB2，英文全称为 Advanced Peripheral Bus，一看就知道是用来连接外设的。

g. APB1，也用于连接外设。

一般来说 APB2 的速度比 APB1 要高，因此 APB2 挂载一些支持高速的外设，而 APB1 则通常用于挂载低速的外设。在使用 STM32CubeMX 进行系统时钟配置时，若配置系统时钟为 72 MHz，则 APB1 的频率将被设置为 36 MHz，APB2 的频率则被设置为 72 MHz。

11.2.3 STM32 的 DMA 内部结构

了解了整个系统后，接下来看看 DMA 的内部，以 DMA1 为例，其内部框图如图 11－10 所示。

由图 11－10 可知，DMA 的内部由通道、DMA 配置、仲裁器、控制 & 数据选择器、AHB 接口 5 部分组成。AHB 接口又分为 AHB 主接口和 AHB 从接口。其中：

① AHB 主接口用于数据传输；

② AHB 从接口用于配置 DMA；

③ 仲裁器进行 DMA 请求的优先级裁决。其裁决分两个阶段，一个是软件阶段，另一个是硬件阶段。在软件阶段，根据通道的优先级进行裁决，通道的优先级有非常高、高、中、低 4 个优先级。如果有两个通道的软件请求优先级是相同的，此时仲裁器如何裁决呢？可以通过硬件阶段来裁决。在硬件阶段，编号低的通道优先级比编号高的通道优先级高。但是，这里还有一个问题，如果 DMA1 和 DMA2 的两个同编号通道的优先级都是一样的，那么哪个优先级更高呢？答案是 DMA1 的更高。在 STM32 中一般都是编号低的优先级高，这一点与中断的

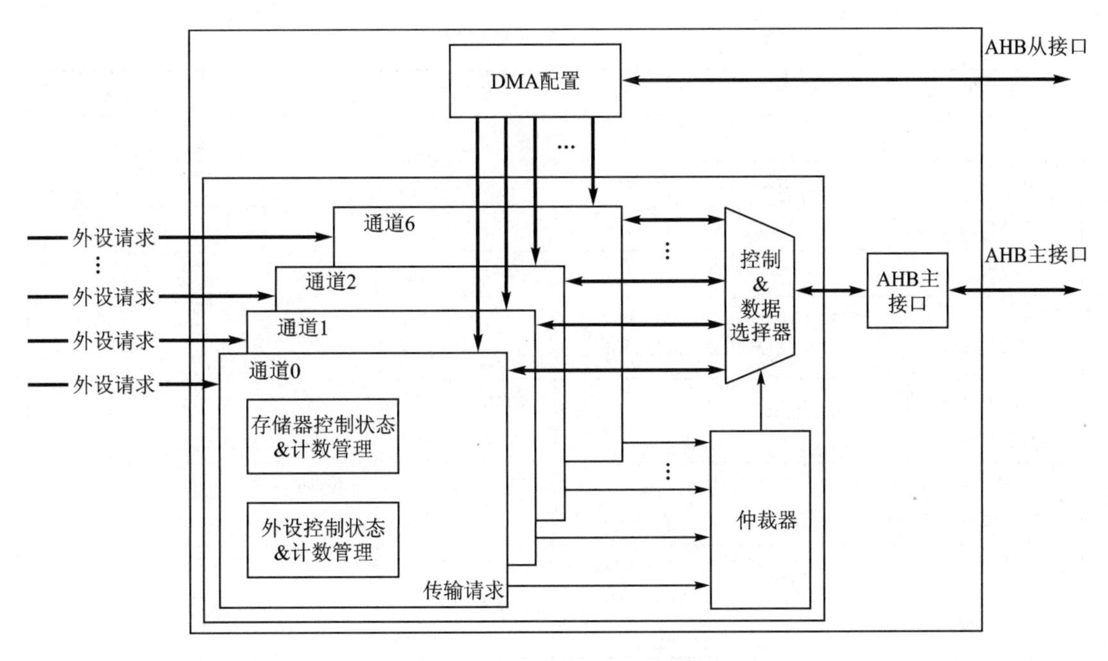

图 11－10　DMA1 的内部框图

优先级是一样的。

④ 通道用于管理外设/存储器的请求、数据处理和计数。

11.2.4　DMA 传输的请求源

与中断一样，DMA 传输需要有请求源发起传输申请。

对于 DMA1，它的 7 个通道管理的外设请求如表 11－1 所列。

表 11－1　DMA1 的 7 个通道管理的外设请求

外　设	通道 1	通道 2	通道 3	通道 4	通道 5	通道 6	通道 7
ADC1	ADC1						
SPI/I^2S		SPI1_RX	SPI1_TX	SPI/I2S2_RX	SPI/I2S2_TX		
USART		USART3_TX	USART3_RX	USART1_TX	USART1_RX	USART2_RX	USART2_TX
I^2C				I2C2_TX	I2C2_RX	I2C1_TX	I2C1_RX
TIM1		TIM1_CH1	TIM1_CH2	TIM1_TX4 TIM1_TRIG TIM1_COM	TIM1_UP	TIM1_CH3	
TIM2	TIM2_CH3	TIM2_UP			TIM2_CH1		TIM2_CH2 TIM2_CH4
TIM3		TIM3_CH3	TIM3_CH4 TIM3_UP			TIM3_CH1 TIM3_TRIG	
TIM4	TIM4_CH1			TIM4_CH2	TIM4_CH3		TIM4_UP

对于 DMA2，它的 5 个通道管理的外设请求如表 11－2 所列。

表 11-2 DMA2 的 5 个通道管理的外设请求

外　设	通道 1	通道 2	通道 3	通道 4	通道 5
ADC3					ADC3
SPI/I2S3	SPI/I2S3_RX	SPI/I2S3_TX			
UART4			UART4_RX		UART4_TX
SDIO				SDIO	
TIM5	TIM5_CH4 TIM5_TRIG	TIM5_CH3 TIM5_UP		TIM5_CH2	TIM5_CH1
TIM6/ DAC 通道 1			TIM6_UP/ DAC 通道 1		
TIM7/ DAC 通道 2				TIM7_UP/ DAC 通道 2	
TIM8	TIM8_CH3 TIM8_UP	TIM8_CH4 TIM8_TRIG TIM8_COM	TIM8_CH1		TIM8_CH2

11.2.5 DMA 中的通道传输控制和通道的初始化

1. 通道传输控制的实现过程

(1) 配置传输源、目的地、传输数据量等信息

实际上每个通道就相当于早期处理器里面设计的一个独立的 DMA，以前的一个 DMA 只能管理一个或几个外设请求，跟现在的一个通道一样。而现在 STM32 要管理的外设请求比较多，于是就设计了多个通道，每个通道管理一部分外设的请求，这样处理器的数据传输选择更加丰富，不过使用和理解起来就比较复杂了。如果你将一个通道看作是一个独立的小型 DMA 设备，那一切都好理解了。

下面看看如何使用某一个通道传输数据。比如，想将某块内存区域的数据通过串口 1 的发送数据寄存器发送出去，应该这样做：

① 观察串口 1 的数据发送在使用 DMA 方式传输时由 DMA 的哪个通道负责。通过查询表 11-1 和表 11-2，发现 USART1 的数据发送由 DMA1 的通道 4 负责。

② 知道是 DMA1 的通道 4 负责后，接下来要确定：

- 要传输数据的来源。这里的来源是内存的某个缓冲区中(如 buf)。
- 数据传输的目的地。这个目的地是串口 1 的发送数据寄存器。
- 传输的数据量是多少？100 个数据还是 1 000 个数据？
- 每次传输时是以字节为单位还是以半字为单位或者以字为单位？

③ 确定了要传输数据的来源、目的地等参数后，接下来这样做：

- 将 buf 的地址装入 DMA1 的通道 4 的存储器地址寄存器 DMA_CMAR4 中；
- 将数据传输目的地的地址装入 DMA1 的通道 4 的外设地址寄存器 DMA_CPAR4 中；
- 将要传输的数据数量装入 DMA1 的通道 4 的传输数量寄存器 DMA_CNDTR4 中；

注意：传输数量寄存器只使用 16 位，所以传输次数只能是 0～65 535，设置时不要超过这

个值。

➢ 将每次传输的单位装入通道 4 的配置寄存器中。

(2) 通道的启动及其他选项配置

另外，除了以上需要设置的项，在 DMA 传输时，还要配置的项有数据传输方式、每次传输完地址是否增加等，这些选项都在通道自己的配置寄存器中进行配置。

每个通道的配置寄存器的位相关信息如图 11 - 11 所示。

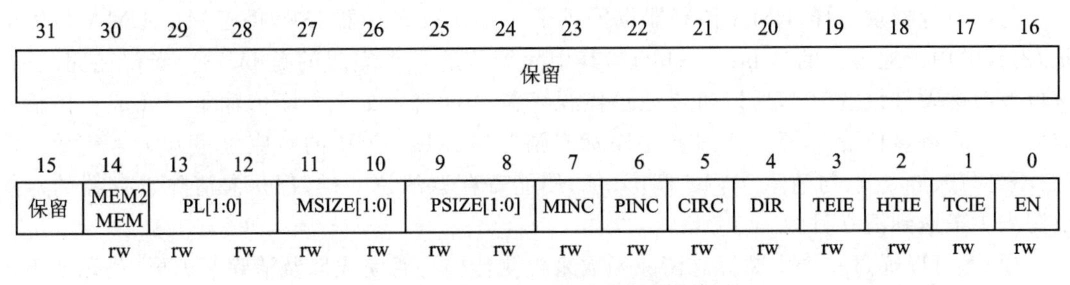

图 11 - 11 通道 x 的配置寄存器的位序

下面对这个配置寄存器的位序进行详细介绍：

① bit0 - EN 位，为通道使能位。设置为 1 时通道使能，设置为 0 时通道关闭。

② bit1 - TCIE 位，为传输完成中断使能位。设置为 1 时使能传输完成中断，这样在通道传输完数据后将会触发一个传输完成中断，设置为 0 则关闭传输完成中断。

③ bit2 - HTIE 位，为半传输完成中断使能位。设置为 1 则使能半传输完成中断，这样在通道传输完成数据的一半后会触发一个半传输完成中断，设置为 0 则关闭半传输中断。

④ bit3 - TEIE 位，为允许传输错误中断位。设置为 1 使能传输错误中断，为 0 则关闭该中断。

⑤ bit4 - DIR 位，为传输方向位。设置为 0 表示从外设读，设置为 1 表示从存储器读。

⑥ bit5 - CIRC 位，为循环模式设置位。设置为 0 表示不执行循环操作，设置为 1 表示执行循环操作。

⑦ bit6 - PINC 和 bit7 - MINC 为外设地址/存储器地址增量模式设置位。设置为 0 不执行地址增量操作，设置为 1 执行地址增量操作，每传输完一个数据，地址自动增加，指向下一个数据。

⑧ bit9～bit8 - PSIZE[1:0]和 bit11～bit10 - MSIZE[1:0]分别为外设数据宽度和存储器数据宽度设置位，其值和设置位的关系如下：

➢ 00:8 位；

➢ 01:16 位；

➢ 10:32 位；

➢ 11:保留。

⑨ bit13～bit12 - PL[1:0]，为通道优先级设置位：

➢ 00:低；

➢ 01:中；

➢ 10:高；

➢ 11:最高。

⑩ bit14－MEM2MEM,为存储器到存储器模式传输设置位。

➢ 0:非存储器到存储器模式;

➢ 1:启动存储器到存储器模式。

(3) 传输结束判断及传输结束时标志位的清 0

配置好后,就可以启动 DMA 的通道 4 进行数据传输了,不过还有一个问题存在:如何知道传输完成了?

与串口等模块一样,DMA 控制器也提供了一个状态寄存器 ISR,用于标记 DMA 传输的状态,其中用于通道 4 的是 bit12～bit15,其中标记传输是否完成的是 bit13。当传输完成时,该位值会被硬件设置为 1,所以可以通过监视该位是否变为 1 来判断传输是否完成。传输完成后要及时将该位清 0,清 0 通过向中断标志清除寄存器 IFCR 的对应位写入 1 来完成。注意:不是写入 0,这点与清除 NVIC 模块中的使能寄存器的位一样,都是向清除寄存器的对应位写入 1 来达到清 0 目的。

通常,可以通过一个中断标志清除函数来检测传输是否完成以及清除标志位,代码如下:

```
void DMA1_Channel4_Flag_Clear(void)
{
    if(((DMA1 ->ISR & (1 << 13)) != 0)&&((DMA1 ->ISR & (1 << 12)) != 0))
    {
        DMA1 ->IFCR |= 1 << 13;
        DMA1 ->IFCR |= 1 << 12;
    }
}
```

下面来对 STM32F103VET6 的 DMA 传输做一个总结:

① STM32 的 DMA 传输实际上由通道完成,每个通道就是一个 DMA。

② 每个通道由中断状态标志(ISR)中的 4 位、中断状态清除(IFCR)中的 4 位、外设地址寄存器 DMA_CPAR4、存储器地址寄存器 DMA_CMAR4、传输数量寄存器 DMA_CNDTR4 和配置寄存器 DMA_CCR4 等构成。若使用寄存器方式配置 DMA,则查到外设所使用的通道后,只要配置好这些寄存器或者监测这些寄存器的相关位,就可以完成 DMA 通道的配置和数据传输。

③ 传输数量寄存器在传输过程中会递减,传输完成后会变回到 0,所以要想重新开始一轮传输(假设不使用循环模式),要重新向 DMA_CNDTR4 寄存器中写入传输数量才行,而且这个写入要在通道不工作时进行。

通常,对于单次数据传输,可以将这个数据量填装和 DMA 通道的使能放到一起,比如对于通道 4 可以使用如下参考函数来完成:

```
void DMA1_Channel_Enable(uint16_t number)
{
    DMA1_Channel4 ->CCR& = ~(1 << 0);        //关闭 DMA 传输
    DMA1_Channel4 ->CNDTR = number;          //DMA1,传输数据量
    DMA1_Channel4 ->CCR|= 1 << 0;            //开启 DMA 传输
}
```

2. DMA 模块通道的初始化

了解了某个通道的配置过程后,接下来直接使用寄存器方式对“例 11－1”的 DMA 模块的

数据传输进行初始化。在初始化之前要解决一些问题，分别是：

(1) 如何访问通道的寄存器？

前面的介绍中提到，DMA 的每个通道都有自己独立的源地址寄存器、目的地址寄存器、传输数量寄存器和配置寄存器。这些寄存器封装在名为 DMA_Channel_TypeDef 的结构体类型中，该类型的定义为：

```
typedef struct
{
  __IO uint32_t CCR;
  __IO uint32_t CNDTR;
  __IO uint32_t CPAR;
  __IO uint32_t CMAR;
} DMA_Channel_TypeDef;
```

由于已经对寄存器做了封装，因此只需要使用 DMA 通道类型 DMA_Channel_TypeDef 去定义一个指针变量即可，然后将通道的首地址赋值给该变量，那么可以用“变量—>成员”的方式去访问对应的寄存器。

(2) HAL 库中的 DMA 通道的首地址是什么？

HAL 对 DMA 通道的地址已经进行了定义，分别为 DMA1_Channel1、DMA1_Channel2、DMA2_Channel1 等，这样访问某个通道的寄存器就很简单了。比如，想将 DMA1 通道 4 的 CCR 寄存器的低 16 位清 0，可以采用如下语句：

```
DMA1_Channel4 ->CCR &= ~(0xffff << 0);
```

了解了 DMA 某个通道寄存器的访问后，我们来学习使用寄存器方式对“例 11－1”的 DMA 进行初始化，HAL 库中所有的功能函数最终都需要通过配置/修改寄存器的值来实现功能的使用。

参考的初始化程序如下：

```
void DMA1_Channel4_Init(void)
{
    __HAL_RCC_DMA1_CLK_ENABLE();
    HAL_Delay(5);
    DMA1_Channel4 ->CPAR = (uint32_t)&USART1 ->DR;
    DMA1_Channel4 ->CMAR = (uint32_t)txbuf;
    DMA1_Channel4 ->CCR &= ~(0Xffff < 0);
    DMA1_Channel4 ->CCR|= 1 << 4; //从存储器读
    DMA1_Channel4 ->CCR|= 0 << 5; //单次传输
    DMA1_Channel4 ->CCR|= 0 << 6; //外设地址非增量模式
    DMA1_Channel4 ->CCR|= 1 << 7; //存储器增量模式
    DMA1_Channel4 ->CCR|= 0 << 8; //外设数据宽度为 8 位
    DMA1_Channel4 ->CCR|= 0 << 10; //存储器数据宽度为 8 位
    DMA1_Channel4 ->CCR|= 1 << 12; //中等优先级
    DMA1_Channel4 ->CCR|= 0 << 14; //非存储器到存储器模式
}
```

初始化完成后，如果要使用通道 4 开始传输数据，那么调用通道使能函数 DMA1_Channel_Enable()即可。

最后，还要注意一点：若传输是在外设和存储器之间进行，则还需要对外设进行配置，比如“例11-1”中，串口1使能DMA方式传输的控制是在CR3寄存器的bit7，在完成DMA的初始化后，使能该位，就可以启动数据传输了。

11.3 STM32的DMA模块设置

这一节来讨论如何在STM32CubeMX中配置DMA。

11.3.1 STM32CubeMX中DMA控制器的请求源设置

单击打开STM32CubeMX中的DMA，可以看到STM32F103VET6的DMA控制器，如图11-12所示。

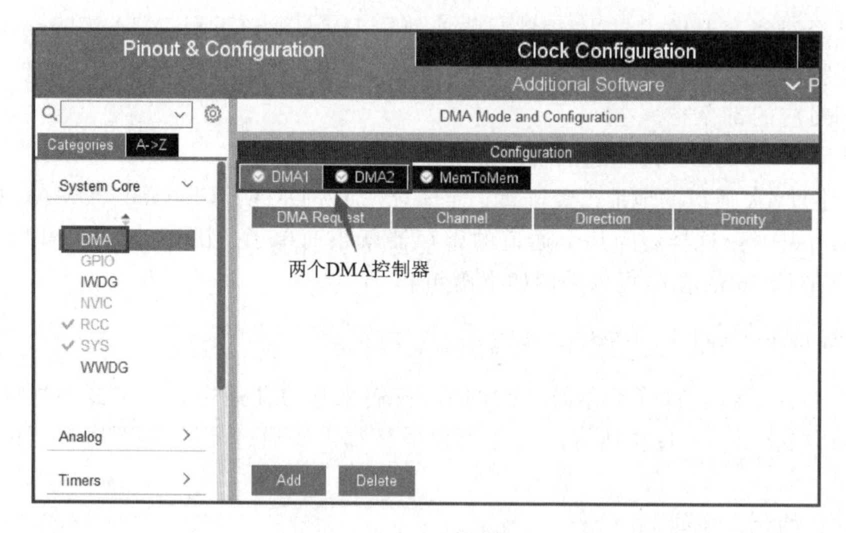

图11-12 STM32F103VET6的DMA控制器示意图

这两个DMA控制器的请求源见表11-1和表11-2。有了STM32CubeMX这个工具后，DMA的请求源就不用去记也不用去查找了。在使用某个外设的DMA功能时，可以先使能外设，然后再到DMA配置中选择DMA控制器，接着单击下方的添加按钮“Add”，在请求窗口中单击下拉列表，看看有无该模块选项，若没有，则换DMA模块再重复看看，若都没有发现，则说明DMA不支持该外设。若有，则说明该外设由该DMA来控制，同时STM32CubeMX中会自动添加通道、优先级、传输方向等设置。

以ADC1为例，若想配置它作为DMA的请求源，则先使能ADC1，如图11-13所示。

使能ADC1后，再点开DMA配置窗口，单击“Add”按钮，然后在请求源下方单击打开下拉列表，可以看到ADC1已经位于列表中(如图11-14所示)，说明ADC1使用DMA1控制器，是DMA1的一个请求源。

确定好请求源后，可以看到STM32CubeMX会自动补全该请求使用的是哪个通道、传输方式和优先级，大家可以根据自己项目的具体情况进行修改。

特别强调：若没有使能外设，则在DMA模块中选择外设时，将不会看到该外设，即不能为该外设配置DMA功能，这点要千万注意!!

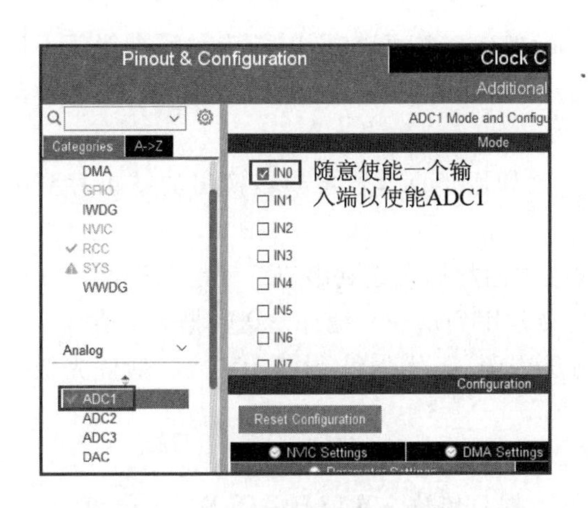

图 11-13　ADC1 使能示范图

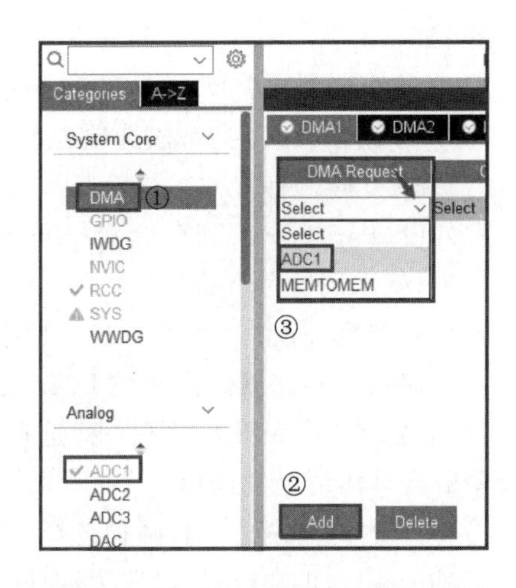

图 11-14　DMA1 请求源显示过程图

11.3.2　STM32CubeMX 中 DMA 模块传输参数的设置

前面介绍过，使用 DMA 传输数据，主要设置如下选项：

① 对于任意一个传输，都要有传输源和目的地，因此都要设置源和目的，这个通常由请求源和传输方向来确定，所以源头确定后，还要设置传输方向。

② 传输数据的总量。

③ 每一次传输的数据大小是多少。

④ 传输完成后是关闭传输还是继续循环传输。

⑤ 在传输过程中，源和目的地的地址如何变化。

⑥ 由于每一个 DMA 都有多个请求源，如果同时有多个请求源到来，应该先执行哪个？这里就涉及优先级的问题，因此配置时还要配置优先级。

这些选项在 STM32CubeMX 中的设置位置如图 11-15 所示。

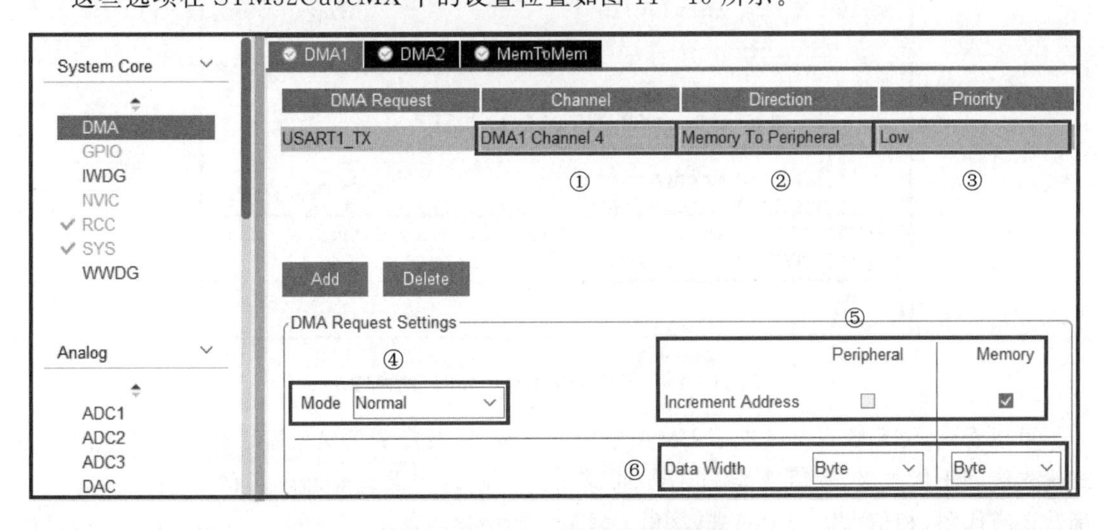

图 11-15　DMA 传输的设置选项

图 11－15 中：

① 为通道选择项。DMA1 有 7 个通道，DMA2 有 5 个通道，不同的传输源被置于不同的通道，所以在请求源确定后，该选项也就自动确定了。

② 传输方向。有 3 种选择：

- 外设（Peripheral）到存储器（Memory）。比如用 ADC，若希望转换出的结果存到内存中，就采用这种方式。
- 存储器到外设。比如“例 11－1”中将数组中的数据发送到串口 1 就是采用这种方式。
- 存储器到存储器。比如在 LCD 显示中，经常用到从一片缓存发送数据到显存中。

③ 优先级。优先级有以下 4 种选择：最高优先级、高优先级、中等优先级、低优先级。优先级要根据具体情况来选择。

④ 请求的传输模式。有两种选择，分别是：

- Normal。正常模式，设置为这种模式后，数据只传输一次就会关闭 DMA 通道。
- Circular。循环传输模式，设置为这种模式后，数据一直循环传输。

⑤ 源和目的地的变化情况。有不变和地址增加两种选择。对于“例 11－1”的情况，字符数据按地址由低到高保存在内存中，所以传输时内存这里要设置地址增加。由于这些数据都发送到串口 1 的数据寄存器，这个数据寄存器的地址是不变的，因此串口这里地址保持不变。

⑥ 每一次传输的数据单位有字节、半字和字 3 种选择。对于“例 11－1”将字符发送到串口的情况，由于一个字符占一个字节，因此这里应该设置为字节。

11.3.3 STM32CubeMX 生成工程中 DMA 的初始化

在“例 11－1”中，main()函数的初始化部分里面有一条 DMA 初始化语句：

```
MX_DMA_Init();
```

打开该语句所调用的函数，它的内容如图 11－16 所示。

```
void MX_DMA_Init(void)
{

  /* DMA controller clock enable */
  __HAL_RCC_DMA1_CLK_ENABLE();   ①

  /* DMA interrupt init */                              ②
  /* DMA1_Channel4_IRQn interrupt configuration */
  HAL_NVIC_SetPriority(DMA1_Channel4_IRQn, 0, 0);
  HAL_NVIC_EnableIRQ(DMA1_Channel4_IRQn);

}
```

图 11－16　函数 MX_DMA_Init()的内容

可以看到，该函数只是使能了 DMA 模块的时钟，以及配置 DMA 模块通道 4 的中断抢占式优先级和子优先级，然后使能 DMA1 通道 4 的中断。如果对前面学习的一些模块的 Msp 函数还有印象，相信大家会记起来，这里 DMA 的初始化与前面模块的 Msp 函数（比如串口的初始化中的 Msp）的功能类似。

前面提到，DMA 的通道有很多参数需要设置，那这些参数在哪里设置呢？我们打开 main()函数中的串口初始化相关函数 MX_USART1_UART_Init()，再在该函数中找到 HAL 库的通用初始化函数 HAL_UART_Init()。单击打开该函数，其内容如图 11－17 所示。

```
HAL_StatusTypeDef HAL_UART_Init(UART_HandleTypeDef *huart)
{
  if (huart == NULL)
  {
    return HAL_ERROR;
  }

  HAL_UART_MspInit(huart);  ①

  huart->gState = HAL_UART_STATE_BUSY;

  __HAL_UART_DISABLE(huart);                                                    ②

  UART_SetConfig(huart);

  CLEAR_BIT(huart->Instance->CR2, (USART_CR2_LINEN | USART_CR2_CLKEN));
  CLEAR_BIT(huart->Instance->CR3, (USART_CR3_SCEN | USART_CR3_HDSEL | USART_CR3_IREN));

  __HAL_UART_ENABLE(huart);

  huart->ErrorCode = HAL_UART_ERROR_NONE;
  huart->gState = HAL_UART_STATE_READY;
  huart->RxState = HAL_UART_STATE_READY;

  return HAL_OK;
}
```

图 11－17　串口初始化函数

由图 11－17 可知，串口初始化函数主要做两个工作：

① 执行 Msp 函数。

② 调用函数 UART_SetConfig()对串口的相关寄存器进行设置。

注意：这里的设置并没有使能使用 DMA 方式发送数据，关于使用 DMA 方式发送数据在 DMA 方式发送数据函数 HAL_UART_Transmit_DMA()中实现，而且这里也没有配置 DMA 模块相关选项，那 DMA 的初始化放在哪里呢？

打开 Msp 函数，可以看到其内容如图 11－18 所示。

可以看到，函数 HAL_UART_MspInit()的执行过程如下：

① 使能串口 1 模块的时钟。

② 使能 GPIOA 端口的时钟。为什么要使能 GPIOA 端口的时钟呢？因为在使用 USART1 时，将 PA9 和 PA10 复用为串口的收发引脚了。由于需要用到 PA 口的引脚，因此要使能 GPIOA 的时钟。

③ 对 DMA 模块使用的通道、通道的传输参数等进行设置。

原来，DMA 模块真正的初始化是放在外设中，这点大家在使用时要特别注意。如果要局部修改 DMA 的配置，在这里直接修改即可！

最后，千万不要被 main 函数中的函数 MX_DMA_Init()的名字骗了，它只是使能 DMA 模块时钟和设置中断，没有对 DMA 的通道参数进行初始化！

```
void HAL_UART_MspInit(UART_HandleTypeDef* uartHandle)
{
  GPIO_InitTypeDef GPIO_InitStruct = {0};
  if(uartHandle->Instance==USART1)
  {
    /* USART1 clock enable */
    __HAL_RCC_USART1_CLK_ENABLE();    ①

    __HAL_RCC_GPIOA_CLK_ENABLE();

    GPIO_InitStruct.Pin = GPIO_PIN_9;                    ②
    GPIO_InitStruct.Mode = GPIO_MODE_AF_PP;
    GPIO_InitStruct.Speed = GPIO_SPEED_FREQ_HIGH;
    HAL_GPIO_Init(GPIOA, &GPIO_InitStruct);

    GPIO_InitStruct.Pin = GPIO_PIN_10;
    GPIO_InitStruct.Mode = GPIO_MODE_INPUT;
    GPIO_InitStruct.Pull = GPIO_NOPULL;
    HAL_GPIO_Init(GPIOA, &GPIO_InitStruct);

    /* USART1 DMA Init */
    hdma_usart1_tx.Instance = DMA1_Channel4;                         ③
    hdma_usart1_tx.Init.Direction = DMA_MEMORY_TO_PERIPH;
    hdma_usart1_tx.Init.PeriphInc = DMA_PINC_DISABLE;
    hdma_usart1_tx.Init.MemInc = DMA_MINC_ENABLE;
    hdma_usart1_tx.Init.PeriphDataAlignment = DMA_PDATAALIGN_BYTE;
    hdma_usart1_tx.Init.MemDataAlignment = DMA_MDATAALIGN_BYTE;
    hdma_usart1_tx.Init.Mode = DMA_NORMAL;
    hdma_usart1_tx.Init.Priority = DMA_PRIORITY_LOW;
    if (HAL_DMA_Init(&hdma_usart1_tx) != HAL_OK)
    {
      Error_Handler();
    }

    __HAL_LINKDMA(uartHandle,hdmatx,hdma_usart1_tx);

  }
}
```

图 11－18　函数 HAL_UART_MspInit()的内容

11.4　DMA 中断

11.4.1　DMA 中断的使能

(1) NVIC 中 DMA 中断的使能

DMA 模块的中断优先级和中断的使能在函数 MX_DMA_Init()中设置。

(2) DMA 模块的中断使能

在 STM32CubeMX 中,DMA 的中断是主动开启的,那在输出的工程中,DMA 模块内部的中断在哪里使能呢? 下面来讨论这个问题。

在讲解图 11－18 时讲到过,串口的初始化函数中并没有使能 DMA 的中断。由于其他几个函数都讲解过,因此目前剩下的唯一可能是在串口 DMA 方式发送数据函数 HAL_UART_Transmit_DMA()中使能 DMA 的中断。打开该函数,其内容如图 11-19 所示。

```
1395 HAL_StatusTypeDef HAL_UART_Transmit_DMA(UART_HandleTypeDef *huart, uint8_t *pData, uint16_t Size)
1396 {
1397   uint32_t *tmp;
1398   if (huart->gState == HAL_UART_STATE_READY)  ①
1399   {
1400     if ((pData == NULL) || (Size == 0U))  ②
1401     {
1402       return HAL_ERROR;
1403     }
1404     __HAL_LOCK(huart);
1405
1406     huart->pTxBuffPtr = pData;  ③
1407     huart->TxXferSize = Size;
1408     huart->TxXferCount = Size;
1409
1410     huart->ErrorCode = HAL_UART_ERROR_NONE;
1411     huart->gState = HAL_UART_STATE_BUSY_TX;
1412     huart->hdmatx->XferCpltCallback = UART_DMATransmitCplt;
1413     huart->hdmatx->XferHalfCpltCallback = UART_DMATxHalfCplt;
1414     huart->hdmatx->XferErrorCallback = UART_DMAError;
1415     huart->hdmatx->XferAbortCallback = NULL;
1416
1417     tmp = (uint32_t *)&pData;
1418     HAL_DMA_Start_IT(huart->hdmatx, *(uint32_t *)tmp, (uint32_t)&huart->Instance->DR, Size);  ④
1419
1420     __HAL_UART_CLEAR_FLAG(huart, UART_FLAG_TC);  ⑤
1421
1422     __HAL_UNLOCK(huart);  ⑥
1423
1424     SET_BIT(huart->Instance->CR3, USART_CR3_DMAT);
1425
1426     return HAL_OK;  ⑦
1427   }
1428   else
1429   {
1430     return HAL_BUSY;
1431   }
1432 }
```

图 11-19 函数 HAL_UART_Transmit_DMA()的内容示意图

由图可知,该函数的工作过程如下:

① 首先通过以下条件语句:

```
if (huart->gState == HAL_UART_STATE_READY)
{
    ......
}
```

判断串口句柄 huart 指向的串口的状态是不是处于准备好的状态,若已经准备好,则执行条件语句的内容。

② 在条件语句中,首先使用另一个条件语句:

```
if ((pData == NULL) || (Size == 0U))
{
    return HAL_ERROR;
}
```

判断要传输数据的源地址是不是空或者要传输的数量是不是为 0,若遇到的是空地址或者要传输的字节数为 0,则返回错误。

③ 在确定不是空指针，或者要传输的字节数也不为 0 后，接下来初始化串口句柄 huart 的一些参数(如传输的起始地址、传输的数据量等)。

这里要特别注意，DMA 传输的中断回调函数也在这里进行初始化，具体如下：

```
huart ->hdmatx ->XferCpltCallback = UART_DMATransmitCplt;
huart ->hdmatx ->XferHalfCpltCallback = UART_DMATxHalfCplt;
huart ->hdmatx ->XferErrorCallback = UART_DMAError;
```

其中，huart—>hdmatx 的成员 XferCpltCallback、XferHalfCpltCallback 和 XferErrorCallback 都是函数指针，用于指向某一个函数。

由于函数名代表的是函数的入口地址，或者说函数名就是函数地址的一个别名，因此上述 3 条语句就是分别使用传输完成函数 UART_DMATransmitCplt 来初始化传输完成回调函数指针 huart—>hdmatx—>XferCpltCallback，用半传输完成函数 UART_DMATxHalfCplt 来初始化半传输完成回调函数指针 huart—>hdmatx—>XferHalfCpltCallback；用传输错误函数 UART_DMAError 来初始化传输错误回调函数 huart—>hdmatx—>XferErrorCallback。

④ 调用函数 HAL_DMA_Start_IT()使能串口的传输完成中断和传输错误中断。

⑤ 设置好中断后，对发送完成中断标志清 0，以便发送完成后能够被正确置 1。

⑥ 解锁(刚才在步骤③之前上锁了)。

⑦ 返回 HAL_OK。

在该函数中没有看到 DMA 模块的中断初始化，打开 DMA 中断方式开启函数 HAL_DMA_Start_IT()来看一下，该函数的定义如图 11-20 所示。

```
HAL_StatusTypeDef HAL_DMA_Start_IT(DMA_HandleTypeDef *hdma, uint32_t SrcAddress, uint32_t DstAddress, uint32_t DataLength)
{
  HAL_StatusTypeDef status = HAL_OK;

  __HAL_LOCK(hdma);

  if(HAL_DMA_STATE_READY == hdma->State)
  {
    hdma->State = HAL_DMA_STATE_BUSY;
    hdma->ErrorCode = HAL_DMA_ERROR_NONE;

    __HAL_DMA_DISABLE(hdma);          ① 关闭DMA

    DMA_SetConfig(hdma, SrcAddress, DstAddress, DataLength);   ② 设置输出传输的源、目的地和传输的数据量

    if(NULL != hdma->XferHalfCpltCallback)
    {
      __HAL_DMA_ENABLE_IT(hdma, (DMA_IT_TC | DMA_IT_HT | DMA_IT_TE));
    }
    else
    {
      __HAL_DMA_DISABLE_IT(hdma, DMA_IT_HT);
      __HAL_DMA_ENABLE_IT(hdma, (DMA_IT_TC | DMA_IT_TE));
    }
                                      ③ 判断是使能半传输中断、传输完成中断
                                      和传输错误中断，还是关闭半传输中断、
                                      开启传输完成中断和传输错误中断
    __HAL_DMA_ENABLE(hdma);           ④ 配置好后使能DMA的通道
  }
  else
  {
    __HAL_UNLOCK(hdma);
    status = HAL_BUSY;
  }
  return status;
}
```

图 11-20　DMA 中断方式开启函数 HAL_DMA_Start_IT()的内容

由图 11-20 可知，HAL_DMA_Start_IT()主要做以下工作：

① 设置 DMA 通道相关的寄存器；

② 设置 DMA 通道中断的配置。

注意:设置 DMA 寄存器时,都是先失能 DMA 的通道,然后再设置,设置完成后再开启通道。

设置 DMA 中断,其核心代码段如下:

```
if(NULL != hdma->XferHalfCpltCallback)
{
    __HAL_DMA_ENABLE_IT(hdma, (DMA_IT_TC | DMA_IT_HT | DMA_IT_TE));
}
else
{
    __HAL_DMA_DISABLE_IT(hdma, DMA_IT_HT);
    __HAL_DMA_ENABLE_IT(hdma, (DMA_IT_TC | DMA_IT_TE));
}
```

它的意思是,若半传输完成回调函数 hdma->XferHalfCpltCallback()不为空,则使能传输完成、半传输完成、传输错误中断;若为空,则失能本传输完成中断,使能传输完成中断和传输错误中断。由于在前面的 DMA 方式发送数据函数 HAL_UART_Transmit_DMA()中已经对这几个函数指针进行了初始化,因此 hdma->XferHalfCpltCallback 不为空,即会开启半传输完成、传输完成、传输错误中断。

11.4.2 DMA 中断的响应

当传输完成一半、传输完成或者传输出错时,都会执行 DMA 相应通道的中断服务函数。对于 DMA1 的通道 4,该中断服务函数为 DMA1_Channel4_IRQHandler,如图 11-21 所示。

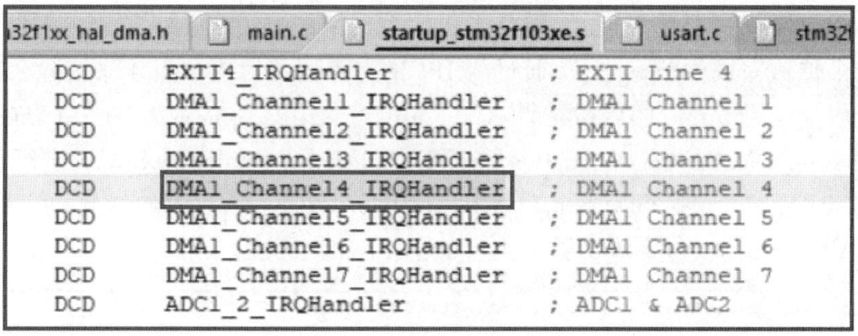

```
32f1xx_hal_dma.h | main.c | startup_stm32f103xe.s | usart.c | stm32
DCD     EXTI4_IRQHandler              ; EXTI Line 4
DCD     DMA1_Channel1_IRQHandler      ; DMA1 Channel 1
DCD     DMA1_Channel2_IRQHandler      ; DMA1 Channel 2
DCD     DMA1_Channel3_IRQHandler      ; DMA1 Channel 3
DCD     DMA1_Channel4_IRQHandler      ; DMA1 Channel 4
DCD     DMA1_Channel5_IRQHandler      ; DMA1 Channel 5
DCD     DMA1_Channel6_IRQHandler      ; DMA1 Channel 6
DCD     DMA1_Channel7_IRQHandler      ; DMA1 Channel 7
DCD     ADC1_2_IRQHandler             ; ADC1 & ADC2
```

图 11-21 DMA1 通道 4 的中断入口地址

打开该函数,可以看到它里面执行的是 DMA 通用中断服务函数 HAL_DMA_IRQHandler(),如图 11-22 所示。

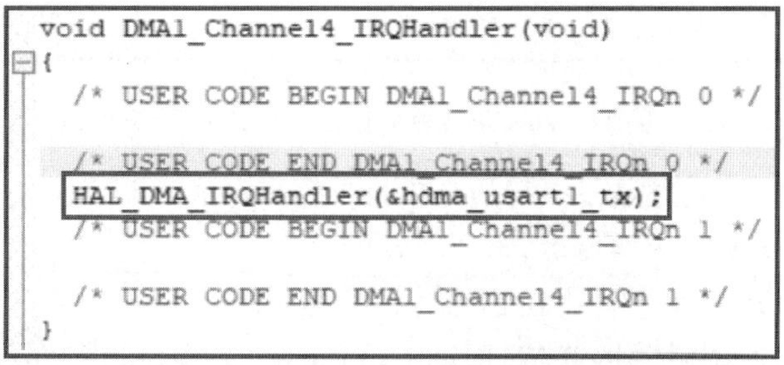

```
void DMA1_Channel4_IRQHandler(void)
{
  /* USER CODE BEGIN DMA1_Channel4_IRQn 0 */

  /* USER CODE END DMA1_Channel4_IRQn 0 */
  HAL_DMA_IRQHandler(&hdma_usart1_tx);
  /* USER CODE BEGIN DMA1_Channel4_IRQn 1 */

  /* USER CODE END DMA1_Channel4_IRQn 1 */
}
```

图 11-22 DMA1 通道 4 的中断服务函数内容

打开该函数，可以看到它的内容被分为 3 部分，下面截出第一部分(半传输完成部分)，如图 11－23 所示。

```
void HAL_DMA_IRQHandler(DMA_HandleTypeDef *hdma)
{
  uint32_t flag_it = hdma->DmaBaseAddress->ISR;
  uint32_t source_it = hdma->Instance->CCR;

  /* Half Transfer Complete Interrupt management ******************************/
  if (((flag_it & (DMA_FLAG_HT1 << hdma->ChannelIndex)) != RESET) && ((source_it & DMA_IT_HT) != RESET))
  {
    /* Disable the half transfer interrupt if the DMA mode is not CIRCULAR */
    if((hdma->Instance->CCR & DMA_CCR_CIRC) == 0U)  ①
    {
      /* Disable the half transfer interrupt */
      __HAL_DMA_DISABLE_IT(hdma, DMA_IT_HT);
    }
    /* Clear the half transfer complete flag */
    __HAL_DMA_CLEAR_FLAG(hdma, __HAL_DMA_GET_HT_FLAG_INDEX(hdma));  ②

    /* DMA peripheral state is not updated in Half Transfer */
    /* but in Transfer Complete case */

    if(hdma->XferHalfCpltCallback != NULL)  ③
    {
      /* Half transfer callback */
      hdma->XferHalfCpltCallback(hdma);
    }

}
```

图 11－23　半传输完成中断处理内容

由图 11－23 可知，传输完一半数据进入半传输完成中断后，中断函数依次执行以下动作：

① 若采用传输模式是单次模式，则将半传输完成使能位关闭。

② 清除半传输完成中断标志位，通过将 IFCR 寄存器的对应位置 1 来清除。

③ 判断句柄变量 hdma 的函数指针 XferHalfCpltCallback 是否为空。由于在函数 HAL_UART_Transmit_DMA()中已经使用函数 UART_DMATxHalfCplt()对其进行初始化，因此它不会为空，若不为空，则执行函数指针 XferHalfCpltCallback 指向的函数，也就是执行函数 UART_DMATxHalfCplt()。该函数的内容如图 11－24 所示。

```
static void UART_DMATxHalfCplt(DMA_HandleTypeDef *hdma)
{
  UART_HandleTypeDef *huart = (UART_HandleTypeDef *)((DMA_HandleTypeDef *)hdma)->Parent;
#if (USE_HAL_UART_REGISTER_CALLBACKS == 1)
  /*Call registered Tx complete callback*/
  huart->TxHalfCpltCallback(huart);
#else
  /*Call legacy weak Tx complete callback*/
  HAL_UART_TxHalfCpltCallback(huart);
#endif /* USE_HAL_UART_REGISTER_CALLBACKS */
}
```

图 11－24　半传输完成回调函数的内容

由图 11－24 可知，该函数最终执行的是串口传输半完成回调函数 HAL_UART_TxHalfCpltCallback()，该函数是一个弱函数，需要实现的动作由用户来完成。

对于传输完成中断，这里不再讲述，下面直接给出结论：

① 传输完成中断回调函数是 UART_DMATransmitCplt；

② 半传输完成中断的中断回调函数是 UART_DMATxHalfCplt；

③ 传输错误函数是 UART_DMAError。

具体如图 11－25 所示。

```
HAL_StatusTypeDef HAL_UART_Transmit_DMA(UART_HandleTypeDef *huart, uint8_t *pData, uint16_t Size)
{
  uint32_t *tmp;
  ......

    /* Set the UART DMA transfer complete callback */
    huart->hdmatx->XferCpltCallback = UART_DMATransmitCplt;  ① 传输完成中断回调函数

    /* Set the UART DMA Half transfer complete callback */
    huart->hdmatx->XferHalfCpltCallback = UART_DMATxHalfCplt;  ② 半传输完成中断回调函数

    /* Set the DMA error callback */
    huart->hdmatx->XferErrorCallback = UART_DMAError;  ③ 传输错误函数
  ......
}
```

图 11－25　DMA 传输回调函数

注意:半传输完成回调函数的最终函数并不是 HAL_UART_TxHalfCpltCallback,这个只是对串口外设是该函数而已。

11.4.3　DMA 中断的应用

例 11－2:在“例 11－1”的基础上,分别使用红灯和绿灯的闪烁来提示半传输完成和传输完成。

【实现步骤】

在“例 11－1”的基础上直接修改程序,将半传输完成回调函数改为图 11－26 所示内容。

```
static void UART_DMATxHalfCplt(DMA_HandleTypeDef *hdma)
{
    //半传输完成红灯闪烁
  for(uint8_t i = 0; i < 10; i++)
  {
    HAL_GPIO_TogglePin(GPIOE, GPIO_PIN_12);
    HAL_Delay(150);
  }
}
```

图 11－26　半传输完成函数内容

将传输完成回调函数改为图 11－27 所示内容。

```
static void UART_DMATransmitCplt(DMA_HandleTypeDef *hdma)
{
  //传输完成绿灯闪烁
  for(uint8_t i = 0; i < 10; i++)
  {
    HAL_GPIO_TogglePin(GPIOE, GPIO_PIN_13);
    HAL_Delay(150);
  }
}
```

图 11－27　传输完成回调函数的内容

添加以上内容后，将程序编译下载到开发板上，可以看到传输完成一半时红灯闪烁，传输完成时绿灯闪烁，达到实验演示目的。

思考与练习

1. 填空题

(1) STM32F103VET6有两个DMA控制器。其中DMA1内部有________个通道，DMA2内部有________个通道。

(2) 对于基于STM32的开发，如果某个常量使用const修饰，则该常量保存在________中。

(3) DMA的内部结构中，用于管理外设/存储器的请求、数据处理和计数的是________。

(4) 在HAL库中，串口使用DMA传输数据的函数是________。

(5) DMA的每一个通道都有一个中断服务函数，对于DMA1的通道4，该中断服务函数为________。

(6) HAL库中，DMA的半传输完成中断的中断回调函数是________，传输完成中断回调函数是________。

2. 简答题

(1) 请指出图11-28的STM32CubeMX的DMA的①～⑥配置项的作用。

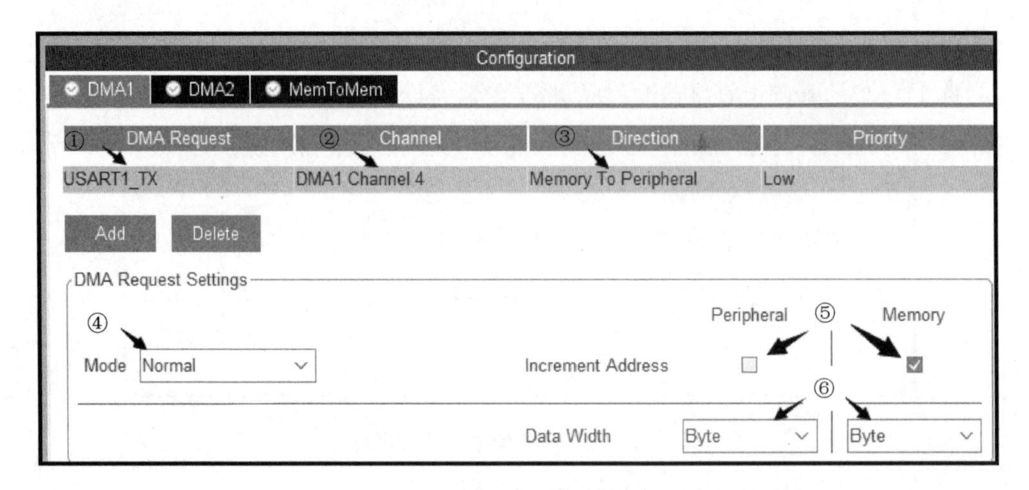

图11-28 STM32CubeMX的DMA的配置项

(2) DMA的传输方向都有哪些？

(3) 对于一个DMA传输，需要配置哪些选项？

模块 12

STM32 的实时时钟原理及其应用

实时时钟是大部分手持式设备和工业设备的标配，但是 ST 公司推出的 HAL 库的关于 STM32F103 的实时时钟的函数功能实际上并不完整，它只保证了时间的读取和显示，但日期需要读者自己处理。在本模块中，首先介绍了实时时钟的作用，然后介绍 STM32F103 实时时钟信息的特点，即所有的时间、日期信号都保存在一个计数器中，接着通过一系列示例来介绍 HAL 库在设置时间、日期方面的作用、存在的问题及解决办法，最终实现时间、日期的正确写入和显示。

12.1 实时时钟的作用

当打开手机时，首先会有一个类似图 12-1 所示的时间界面！这个时间的背后就是一个实时时钟，简称 RTC(Real Time Clock)。实时时钟是一个计时模块，它包含时间、日期和星期几。只要做好设置，RTC 可以提供非常精准的时间、日期信息。

图 12-1　手机时钟示意图

12.2 STM32 的实时时钟模块

实时时钟本质上是一个定时器，只不过这个定时器在应用中有点特殊，一般配置输入到它的计数器的频率为 1 Hz，此时计数器每计数一次，刚好是 1 s。STM32F103VET6 配有一个实时时钟电路，这个电路位于后备区域，开发板断电后如果后备区域还在供电，那么这个定时器就会一直在计数，不会丢失。

下面对 RTC 进行简单的介绍。

① RTC 的核心为计数器。STM32F103VET6 的 RTC 的计数器一共 32 位，从 0 开始计数到溢出，一共需要计数 2^{32} =4 294 967 296 次，若设置输入到计数器的信号频率为 1 Hz，则从 0 到数满一共历时 4 294 967 296 s，约合 1 193 046 小时≈49 710 天≈136 年，所以基本上不

需要考虑计满溢出的问题。STM32F103VET6 没有专门的年月日时分秒寄存器，所有的时间都从这个计数器的数值转换而来。

现在有一个问题，如果这个计数器的值是 0，它表示的时间是多少呢？答案是 1970 年1 月 1 日 0 点，关于为什么是这个时间，大家可以自行百度了解。

在设置 RTC 日期初值时，需要将待写入的年月日时分秒与 1970 年 1 月 1 日 0 时的偏差计算出来，然后将这个偏差转换成以秒为单位再写入到 RTC 的计数器中，这个过程比较繁琐，STM32F4 推出后，有了年月日等寄存器，设置也就没有这么麻烦了。

注意：虽然我们说计数器的值为 0 代表是 1970 年 1 月 1 日 0 时，但实际应用时使用者也可以设置为其他时间，比如 2001 年 1 月 1 日 0 时，设置好后做好偏差计算就可以了。

② RTC 的时钟源。RTC 时钟源通常使用的是 32.768 kHz 的晶振，为什么选用这个晶振呢？原因在于 32 768 刚好等于 2^{15}，所以这个时钟频率经过 15 次分频后，就刚好是 1 s 的周期。另外，还有一个原因，就是 32.768 kHz 的晶振比较小巧。

12.3　RTC 实时时钟模块的应用

下面我们以示例来看看 STM32 的 RTC 如何使用。

例 12-1：设置 RTC 的日期为 2022 年 6 月 28 日星期二，时间为 23:59:00，然后通过串口将日期和时间信息打印出来。

【实现步骤】

① 选择芯片为 STM32F103VET6。

② 配置芯片的时钟和调试模式。这里要注意，由于本教程涉及的 RTC 都采用芯片外部的 32.768 kHz 晶振作为时钟源，因此要在 RCC 中选择低速时钟为外部晶振，如图 12-2 所示。

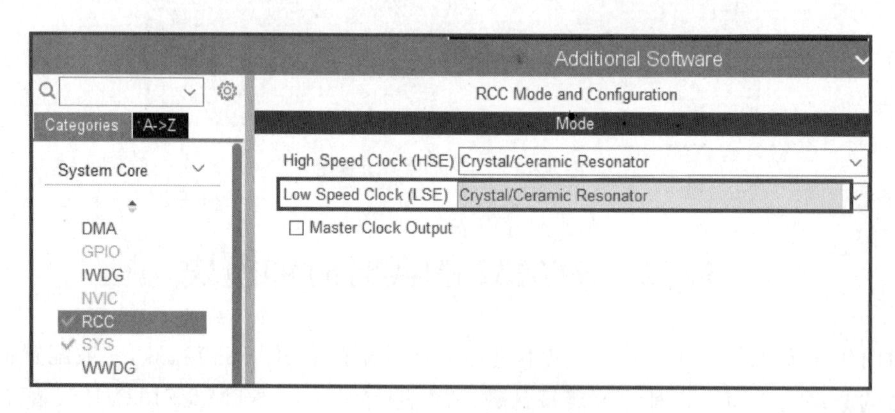

图 12-2　系统低速时钟选择

同时，由于 RTC 的时钟来源有 3 个，要在这 3 个中选择 LSE 作为 RTC 的时钟源，选择过程如下：

a. 激活 RTC 的时钟源，如图 12-3 所示。

在图 12-3 中，顺便激活日历功能，如②所示。

b. 到系统时钟配置界面选择 LSE 作为 RTC 的时钟源，如图 12-4 所示。

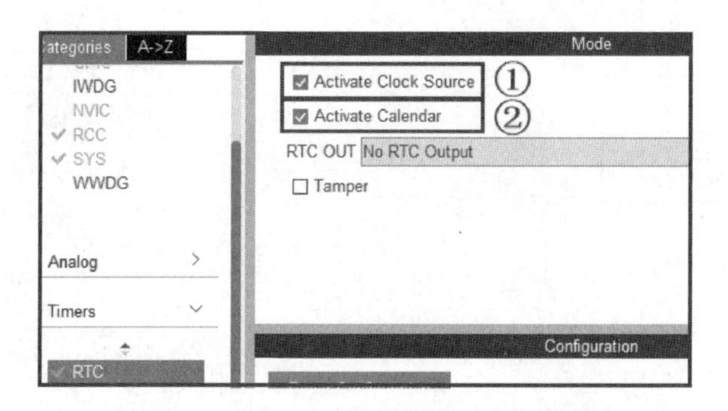

图 12-3　RTC 的时钟源激活示意图

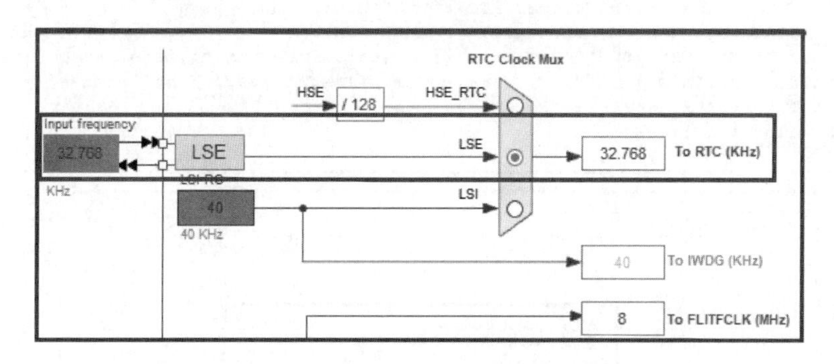

图 12-4　RTC 时钟源选择示意图

③ 使能串口 1 的收发功能，以便将日期通过串口 1 打印到串口助手中。

④ 按题目要求设置 RTC 的时间和日期，如图 12-5 所示。

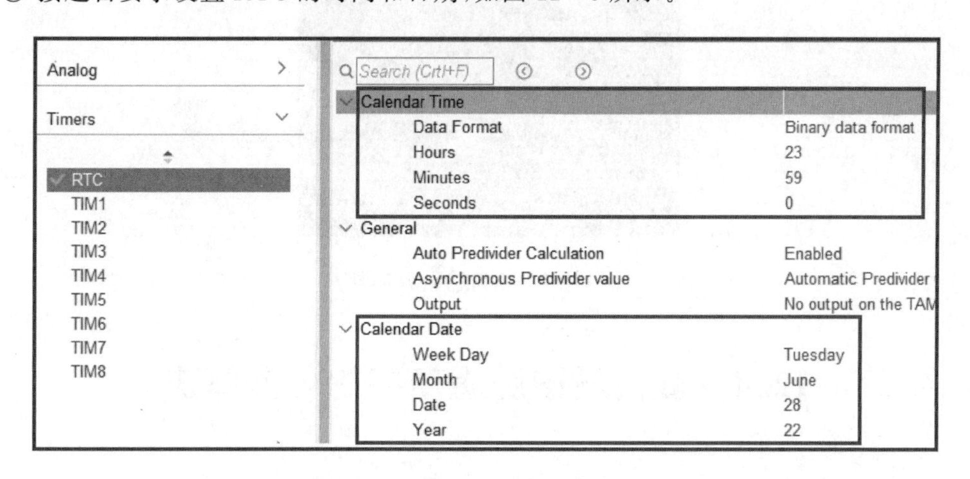

图 12-5　RTC 时钟的设置示意图

注意：在图 12-5 中，选择的数据格式(Data Format)为二进制，它还有另一种格式为 BCD 码，大家可以根据具体情况来选择。

⑤ 生成工程，在工程中补充获取时间和通过串口打印的程序段，如图 12-6 所示。

将程序编译并下载到开发板，按下复位键，输出结果如图 12-7 所示。

由图 12-7 可知，结果与题目要求一致，任务目标实现。

```
73  int main(void)
74  {
75
76    RTC_TimeTypeDef Time;
77    RTC_DateTypeDef Date;
78
79    HAL_Init();
80    SystemClock_Config();
81
82    MX_GPIO_Init();
83    MX_RTC_Init();
84    MX_USART1_UART_Init();
85
86    while (1)
87    {
88      HAL_RTC_GetTime(&hrtc, &Time, RTC_FORMAT_BIN);
89      HAL_RTC_GetDate(&hrtc, &Date, RTC_FORMAT_BIN);
90      printf("%02d-%02d-%02d-%02d\r\n", Date.Year, Date.Month, Date.Date, Date.WeekDay);
91      printf("%02d:%02d:%02d\r\n", Time.Hours, Time.Minutes, Time.Seconds);
92      printf("--------------------\r\n");
93      HAL_Delay(1000);
94    }
95  }
```

图 12-6　程序补充示意图

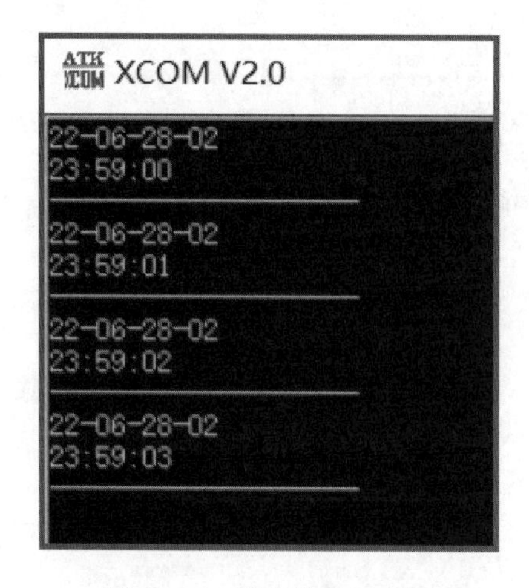

图 12-7　串口输出示意图

12.4　复位后日历重新初始化的解决

12.4.1　复位后时间和日历重新被设置的原因

仔细观察“例 12-1”的结果会发现，当你每次给开发板上电或者复位时，它都从上一次的设置值开始计时，这在实际应用中是不可能的。在实际应用中，通常都是设置好时间后就不再管了，后面的由系统自己处理。只要有图 12-8 中的这个小电池供电，开发板断电后，芯片的 RTC 模块依然在工作。

那怎样做才能实现平时应用中我们所见到的效果呢？

图 12-8　纽扣电池

先来看一下函数 MX_RTC_Init( )的内容,分析它的内部到底干什么。打开“例 12-1”主函数 main 中 RTC 的初始化函数 MX_RTC_Init( ),其内容如图 12-9 所示。

由图 12-9 可知,RTC 初始化函数主要工作如下:

① 对 RTC 模块进行初始化;

② 初始化完成后设置系统时间;

③ 设置系统日期。

由于每次复位/启动后程序都从头执行,每次启动都会重新初始化时间,因此达不到平时我们看到的电脑/手机上出现的效果。

```
30  void MX_RTC_Init(void)
31  {
32    RTC_TimeTypeDef sTime = {0};
33    RTC_DateTypeDef DateToUpdate = {0};
34
35    hrtc.Instance = RTC;
36    hrtc.Init.AsynchPrediv = RTC_AUTO_1_SECOND;
37    hrtc.Init.OutPut = RTC_OUTPUTSOURCE_NONE;
38    if (HAL_RTC_Init(&hrtc) != HAL_OK)
39    {
40      Error_Handler();
41    }
42
43    sTime.Hours = 23;
44    sTime.Minutes = 59;
45    sTime.Seconds = 0;
46
47    if (HAL_RTC_SetTime(&hrtc, &sTime, RTC_FORMAT_BIN) != HAL_OK)
48    {
49      Error_Handler();
50    }
51    DateToUpdate.WeekDay = RTC_WEEKDAY_TUESDAY;
52    DateToUpdate.Month = RTC_MONTH_JUNE;
53    DateToUpdate.Date = 28;
54    DateToUpdate.Year = 22;
55
56    if (HAL_RTC_SetDate(&hrtc, &DateToUpdate, RTC_FORMAT_BIN) != HAL_OK)
57    {
58      Error_Handler();
59    }
60  }
```

①RTC初始化

②设置时间

③设置日期

图 12-9　RTC 初始化函数

清楚原因之后,接下来开始修改这个初始化函数,不要让它每次都重新从上一次设置值进行。

修改的思路如下:设置一个断电后不丢失的数据,在第一次对 RTC 的时间、日期进行设置时同时设置这个数据的值。然后在后续的启动中要对这个值进行判断,若发现这个值已经存在,则跳过设置步骤,这样就不会每次启动都对 RTC 的时间和日期进行重新设置了。

在哪里可以保存这个值呢? STM32 中有两个地方可以实现开发板断电后数据不丢失,一个是保存程序的 Flash 区域,一个是后备区域的备用数据区域(这个区域要接有备用电池供电,否则数据仍然会丢失)。STM32F103VET6 的后备区域有 84 字节的备份数据寄存器,分别是 BKP_DR1～BKP_DR42,每个 2 字节,可以用这些备份数据寄存器来保存刚才说的数据。

12.4.2 后备区域访问

下面通过一个例子来看一下如何访问后备区域。

例 12-2:假设 RTC 模块的时间日期设置标志为 0x5050,该标志保存在后备区域数据寄存器 BKP_DR1 中。在对 RTC 模块进行初始化时先读取 BKP_DR1 的值,如果发现该值为 0x5050,则说明时间和日期已经设置过了,直接跳过不再对时间日期进行设置,试编程实现该功能。

【实现过程】

① 为了方便观察结果,在“例 12-1”的基础上使能串口 1,同时对串口进行重定位。

② 将输出工程的主函数里面的串口初始化和 RTC 初始化语句换一下位置,以便能够在 RTC 的初始化里面使用 printf 语句观察后备区域是否读/写成功。修改后的结果如图 12-10 所示。

```
97      /* Initialize all configured
98      MX_GPIO_Init();
99      MX_USART1_UART_Init();
00      MX_RTC_Init();
```

图 12-10　串口和 RTC 初始化位置互换位置后的结果图

③ 在 MX_RTC_Init( )函数中添加判断语句,结果如图 12-11 所示。

```
30  void MX_RTC_Init(void)
31  {
32    RTC_TimeTypeDef sTime = {0};
33    RTC_DateTypeDef DateToUpdate = {0};
34    uint16_t temp = 0;
35    hrtc.Instance = RTC;
36    hrtc.Init.AsynchPrediv = RTC_AUTO_1_SECOND;
37    hrtc.Init.OutPut = RTC_OUTPUTSOURCE_NONE;
38    if (HAL_RTC_Init(&hrtc) != HAL_OK)
39    {
40      Error_Handler();
41    }                                  ① 读出BKP_DR1的值并判断
42
43    if( HAL_RTCEx_BKUPRead(&hrtc, RTC_BKP_DR1) != 0x5050)
44    {
45      sTime.Hours = 0x23;
46      sTime.Minutes = 0x59;
47      sTime.Seconds = 0x0;
48
49      if (HAL_RTC_SetTime(&hrtc, &sTime, RTC_FORMAT_BCD) != HAL_OK)
50      {
51        Error_Handler();
52      }
53      DateToUpdate.WeekDay = RTC_WEEKDAY_MONDAY;
54      DateToUpdate.Month = RTC_MONTH_JUNE;
55      DateToUpdate.Date = 0x27;
56      DateToUpdate.Year = 0x22;
57
58      if (HAL_RTC_SetDate(&hrtc, &DateToUpdate, RTC_FORMAT_BCD) != HAL_OK)
59      {
60        Error_Handler();   ② 写入后再读出判断是否写入正确
61      }
62      HAL_RTCEx_BKUPWrite(&hrtc, RTC_BKP_DR1, 0x5050);
63      temp = HAL_RTCEx_BKUPRead(&hrtc, RTC_BKP_DR1);
64      printf("temo = %x\r\n", temp);
65    }
66  }
```

图 12-11　修改后函数 MX_RTC_Init( )内容示意图

修改好后，将程序编译下载到开发板，结果如图 12－12 所示。

按下复位键试一试，此时的结果如图 12－13 所示。

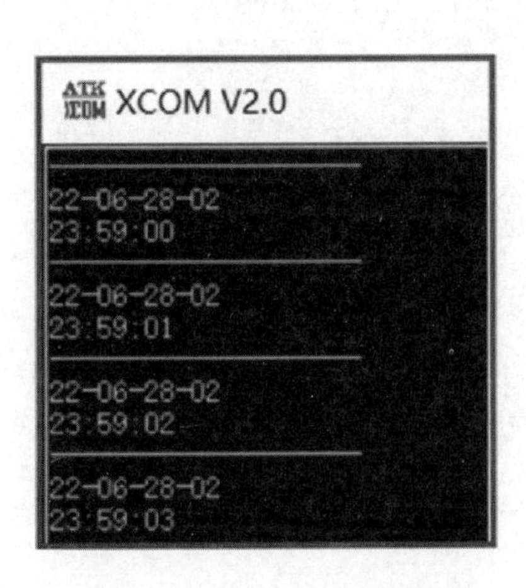

图 12－12 输出结果示意图

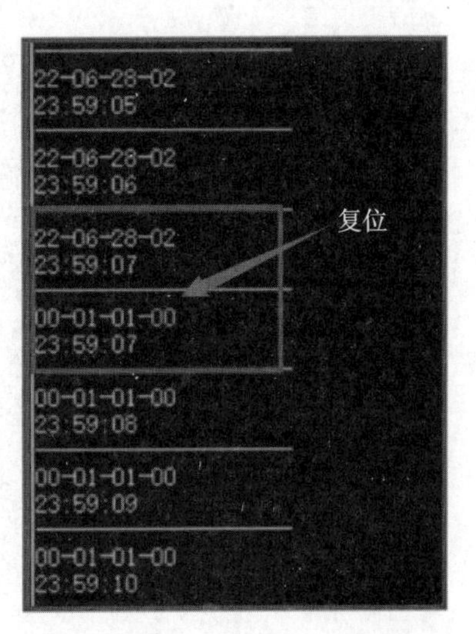

图 12－13 复位结果示意图

可以发现，复位后时间还是正确的，但是日期则变成了 00 年 1 月 1 日 0 时。日期不再是 2022 年 6 月 28 日，说明刚刚加入的防止再次设置生效了（如果没有生效，那么复位后是 2022 年 6 月 28 日）。

但是，设置的日期不见了，这又是什么原因呢？我们来看看 HAL 库初始化 RTC 函数 HAL_RTC_Init()的内容，阅读完它的内容后你就明白了。

12.4.3 HAL 库提供的 RTC 初始化函数 HAL_RTC_Init()

打开 RTC 初始化函数 HAL_RTC_Init()，其主要内容如下：

```
HAL_StatusTypeDef HAL_RTC_Init(RTC_HandleTypeDef * hrtc)
{
  uint32_t prescaler = 0U;
①if (hrtc ->State == HAL_RTC_STATE_RESET)
  {
    hrtc ->Lock = HAL_UNLOCKED;
    HAL_RTC_MspInit(hrtc);
  }

②hrtc ->State = HAL_RTC_STATE_BUSY;

③if (HAL_RTC_WaitForSynchro(hrtc) != HAL_OK)
  {
    hrtc ->State = HAL_RTC_STATE_ERROR;
    return HAL_ERROR;
  }

④if (RTC_EnterInitMode(hrtc) != HAL_OK)
```

```
  {
    hrtc ->State = HAL_RTC_STATE_ERROR;

    return HAL_ERROR;
  }
  else
  {

⑤ CLEAR_BIT(hrtc ->Instance ->CRL, (RTC_FLAG_OW | RTC_FLAG_ALRAF | RTC_FLAG_SEC));

    if (hrtc ->Init.OutPut != RTC_OUTPUTSOURCE_NONE)
    {
      CLEAR_BIT(BKP ->CR, BKP_CR_TPE);
}

    MODIFY_REG(BKP ->RTCCR, (BKP_RTCCR_CCO | BKP_RTCCR_ASOE | BKP_RTCCR_ASOS), hrtc ->Init.OutPut);

    if (hrtc ->Init.AsynchPrediv != RTC_AUTO_1_SECOND)
    {
      prescaler = hrtc ->Init.AsynchPrediv;
    }
    else
    {
      /* Get the RTCCLK frequency */
      prescaler = HAL_RCCEx_GetPeriphCLKFreq(RCC_PERIPHCLK_RTC);

      /* Check that RTC clock is enabled */
      if (prescaler == 0U)
      {
        /* Should not happen. Frequency is not available */
        hrtc ->State = HAL_RTC_STATE_ERROR;
        return HAL_ERROR;
      }
      else
      {
        /* RTC period = RTCCLK/(RTC_PR + 1) */
        prescaler = prescaler - 1U;
      }
    }

    /* Configure the RTC_PRLH / RTC_PRLL */
    MODIFY_REG(hrtc ->Instance ->PRLH, RTC_PRLH_PRL, (prescaler >> 16U));
    MODIFY_REG(hrtc ->Instance ->PRLL, RTC_PRLL_PRL, (prescaler & RTC_PRLL_PRL));

⑥if (RTC_ExitInitMode(hrtc) != HAL_OK)
    {
      hrtc ->State = HAL_RTC_STATE_ERROR;

      return HAL_ERROR;
    }

⑦/* Initialize date to 1st of January 2000 */
```

```
        hrtc ->DateToUpdate.Year = 0x00U;
        hrtc ->DateToUpdate.Month = RTC_MONTH_JANUARY;
        hrtc ->DateToUpdate.Date = 0x01U;

        /* Set RTC state */
        hrtc ->State = HAL_RTC_STATE_READY;

        return HAL_OK;
    }
}
```

由 HAL_RTC_Init()的内容可知，该函数执行过程为：

① 看 RTC 是不是复位状态，若是，则调用函数“HAL_RTC_MspInit(hrtc);”来使能 RTC 模块和后备区域模块的时钟，去掉后备区域的写保护，并对 RTC 的时钟源进行初始化。

② 设置 RTC 为忙状态。

③ 等待同步。在对 RTC 进行任何读操作之前，必须确保 RTC 模块的 3 个重要寄存器(计数器 RTC_CNT、闹钟寄存器 RTC_ALR 和预分频寄存器 RTC_PRL)已经同步。

④ 同步后进入初始化模式。

⑤ 进入初始化模式后，修改 RTC 的寄存器。

⑥ 修改完成后退出初始化模式。

⑦ 初始化完成后，设置 hrtc 的日期为 00 年 1 月 1 日。

设置完成后，将 RTC 置为准备好的状态，以便其他函数操作 RTC。

可以看到，在该初始化函数中，对 RTC 的日期进行了设置，设置为 00 年 1 月 1 日，这就是刚才复位后看到日期被修改的原因了。

在“例 12-2”中，用到了对后备区域寄存器读写的函数 HAL_RTCEx_BKUPWrite()和 HAL_RTCEx_BKUPRead()，这两个函数的使用都比较简单，用到时参照例程使用即可。

12.5 深入了解 HAL 库读写 RTC 的函数

HAL 库中对 RTC 进行时间日期读写的函数有 4 个，另外还有一个函数将小时转换成日月年，一起来看看这些函数有哪些特点。

12.5.1 设置时间函数 HAL_RTC_SetTime()

该函数的主要内容如图 12-14 所示。

由图 12-14 可知，函数 HAL_RTC_SetTime()首先根据 RTC 数据的格式将小时、分、秒转换成以秒为单位的数据，然后使用函数 RTC_WriteTimeCounter()将该数据写入到 RTC 的计数器中，完成对 RTC 计数器的设置。

12.5.2 设置日期函数 HAL_RTC_SetDate()

函数 HAL_RTC_SetDate()函数的主要内容如图 12-15 所示。

由图 12-15 可知，函数 HAL_RTC_SetDate()首先通过步骤①和②将参数 sDate 传入的年、月、日、星期等信息完成对 hrtc 成员 DateToUpdate 的设置。然后通过步骤③读出计数器

```
674  HAL_StatusTypeDef HAL_RTC_SetTime(RTC_HandleTypeDef *hrtc, RTC_TimeTypeDef *sTime, uint32_t Format)
675  {
676    uint32_t counter_time = 0U, counter_alarm = 0U;
677
678    if (Format == RTC_FORMAT_BIN)
679    {
680      counter_time = (uint32_t)(((uint32_t)sTime->Hours * 3600U) + \
681                               ((uint32_t)sTime->Minutes * 60U) + \
682                               ((uint32_t)sTime->Seconds));
683    }
684    else
685    {
686      counter_time = (((uint32_t)(RTC_Bcd2ToByte(sTime->Hours)) * 3600U) + \
687                      ((uint32_t)(RTC_Bcd2ToByte(sTime->Minutes)) * 60U) + \
688                      ((uint32_t)(RTC_Bcd2ToByte(sTime->Seconds))));
689    }
690
691    /* Write time counter in RTC registers */
692    if (RTC_WriteTimeCounter(hrtc, counter_time) != HAL_OK)
693    {
694      ......
695    }
696    else
697    {
698      ......
699    }
700  }
```

图 12-14 设置时间函数 HAL_RTC_SetTime()的主要内容

```
913  HAL_StatusTypeDef HAL_RTC_SetDate(RTC_HandleTypeDef *hrtc, RTC_DateTypeDef *sDate, uint32_t Format)
914  {
915    uint32_t counter_time = 0U, counter_alarm = 0U, hours = 0U;
916
917    if (Format == RTC_FORMAT_BIN)                                  ①
918    {
919      /* Change the current date */
920      hrtc->DateToUpdate.Year  = sDate->Year;
921      hrtc->DateToUpdate.Month = sDate->Month;
922      hrtc->DateToUpdate.Date  = sDate->Date;
923    }
924    else
925    {
926      ......
927    }
928    /* WeekDay set by user can be ignored because automatically calculated */
929    hrtc->DateToUpdate.WeekDay = RTC_WeekDayNum(hrtc->DateToUpdate.Year,   \   ②
930                                 hrtc->DateToUpdate.Month,                 \
931                                 hrtc->DateToUpdate.Date);
932    sDate->WeekDay = hrtc->DateToUpdate.WeekDay;
933
934    counter_time = RTC_ReadTimeCounter(hrtc);   ③
935
936    hours = counter_time / 3600U;
937    if (hours > 24U)
938    {
939      counter_time -= ((hours / 24U) * 24U * 3600U);   ④
940      if (RTC_WriteTimeCounter(hrtc, counter_time) != HAL_OK)
941      {
942        ......
943      }
944      counter_alarm = RTC_ReadAlarmCounter(hrtc);
945    }
946    return HAL_OK;
947  }
```

图 12-15 设置日期函数 HAL_RTC_SetDate()的主要内容

的值，并判断当前值是否超过了一天时间，若超过则将一天时间的计数值减掉，再重新将余值写入计数器中。

比如，1 月 1 日 0 时设置计数器的值为 0，假设当前计数器的值是 124 330，那当前日期是多少呢？我们来计算一下。

① 每一天一共有 24 h×60 min×60 s=86 400 s。124 330 除以 86 400 等于 1 天余 37 930 s,所以当前是 2 日。

② 余下的 37 930 s 除以每小时的秒数 360,等于 10 h 余 1 930 s,所以当前时间是 10 点。

③ 余下的 1 930 除以 1 分钟的秒数 60,等于 32 min 余 10 s。

所以当前时间是 2 日 10 时 32 分 10 秒。

由以上介绍可知,函数 HAL_RTC_SetDate()在设置日期的同时还在设置计数器的值,在设置计数器值时会将超过一天的时间去掉。

注意:设置日期时,实际设置的是变量 hrtc 的成员 DateToUpdate 的值,所以这个日期信息将会在主板断电后丢失。

综合时间设置函数 HAL_RTC_SetTime()和日期设置函数 HAL_RTC_SetDate(),可以得出以下结论:HAL 库中 RTC 设置时间和日期的函数只是将时间写入了 RTC 的计数器,并没有将日期信息写入到计数器中,所以开发板断电后,日期信息将会丢失,因此要想 RTC 能够实现日历功能,还需要通过其他方式实现。

12.5.3 读取时间函数 HAL_RTC_GetTime()

读取时间函数 HAL_RTC_GetTime()的主要内容如图 12-16 所示。

```
802  HAL_StatusTypeDef HAL_RTC_GetTime(RTC_HandleTypeDef *hrtc, RTC_TimeTypeDef *sTime, uint32_t Format)
803  {
804    uint32_t counter_time = 0U, counter_alarm = 0U, days_elapsed = 0U, hours = 0U;
805    ......
806    counter_time = RTC_ReadTimeCounter(hrtc);   ①
807
808    /* Fill the structure fields with the read parameters */
809    hours = counter_time / 3600U;                                      ②
810    sTime->Minutes  = (uint8_t)((counter_time % 3600U) / 60U);
811    sTime->Seconds  = (uint8_t)((counter_time % 3600U) % 60U);
812
813    if (hours >= 24U)
814    {
815      days_elapsed = (hours / 24U);   ③
816
817      sTime->Hours = (hours % 24U);   ④
818      ......
819      counter_time -= (days_elapsed * 24U * 3600U);                  ⑤
820      if (RTC_WriteTimeCounter(hrtc, counter_time) != HAL_OK)
821      {
822        return HAL_ERROR;
823      }
824      ......
825      RTC_DateUpdate(hrtc, days_elapsed);   ⑥
826    }
827    else
828    {
829      sTime->Hours = hours;
830    }
831    if (Format != RTC_FORMAT_BIN)                                        ⑦
832    {
833      sTime->Hours    = (uint8_t)RTC_ByteToBcd2(sTime->Hours);
834      sTime->Minutes  = (uint8_t)RTC_ByteToBcd2(sTime->Minutes);
835      sTime->Seconds  = (uint8_t)RTC_ByteToBcd2(sTime->Seconds);
836    }
837    return HAL_OK;
838  }
```

图 12-16　函数 HAL_RTC_GetTime()的主要内容

图 12－16 中，函数 HAL_RTC_GetTime()有 3 个参数，分别是：

① hrtc，这是 RTC 的句柄，该句柄类型 RTC_HandleTypeDef 的定义如下：

```
typedef struct
{
    RTC_TypeDef                    * Instance;
    RTC_InitTypeDef                  Init;
    RTC_DateTypeDef                  DateToUpdate;
    HAL_LockTypeDef                  Lock;
    __IO HAL_RTCStateTypeDef         State;
} RTC_HandleTypeDef;
```

可以看到句柄类型 RTC_HandleTypeDef 有 5 个参数，其中有两个需要注意：

a. Instance，RTC 实例，里面封装了 RTC 模块的相关寄存器，将 RTC 模块的首地址赋值给它后，可以使用它对 RTC 模块进行各种设置。在 HAL 库中已经定义好了 RTC 模块的首地址，所以对 Instance 进行初始化时，直接使用如下语句：

```
hrtc.Instance = RTC;
```

进行初始化即可(STM32CubeMX 生成的代码中会自己定义好 hrtc)。

b. DateToUpdate，该参数中封装有星期几、日、月和年的信息。这个参数非常关键，大家要注意它！

② sTime，时间类型变量，里面封装有时、分、秒的信息。

③ Format，获取时间的格式，有两种，分别是：

a. RTC_FORMAT_BIN，这是二进制格式；

b. RTC_FORMAT_BCD，这是 BCD 码格式。

由函数 HAL_RTC_GetTime()的名字可以看出，该函数的作用就是获取系统的时间，并用获取的时间来对变量 sTime 进行赋值。也就是说，该函数的作用是获取时间并送到 sTime 中。

下面对图 12－16 中函数 HAL_RTC_GetTime()的 7 个关键步骤进行介绍。

① 读出计数器的值。

② 将计数器的当前值分解为小时、分和秒。比如若当前值为 3 964 568，则当前时间为 1 100 小时 16 分 8 秒。

③ 将步骤②中计算出的小时数转为天数，合计有 45 天，余 20 小时，所以当前时间是 20 点 16 分 08 秒。

④ 计算出当前是多少点，见步骤③。

⑤ 将多出来的天数折算出的秒数减掉(3 964 568－45×24×60×60)，此时只剩时、分、秒的信息，重新写回计数器中，可以看到时间一直都是准确的!!

⑥ 将计算出来的天数通过函数 RTC_DateUpdate()换算成日期。

⑦ 将时、分、秒等信息转换为相应的格式，最终获得当前的时间。

在函数 HAL_RTC_GetTime()中一定要注意函数 RTC_DateUpdate()，里面会将步骤③中计算出来的 45 天换算成当前的年、月、日、星期等信息。

12.5.4 读日期函数 HAL_RTC_GetDate()

读日期函数 HAL_RTC_GetDate()的主要内容如图 12-17 所示。

```
966  HAL_StatusTypeDef HAL_RTC_GetDate(RTC_HandleTypeDef *hrtc, RTC_DateTypeDef *sDate, uint32_t Format)
967  {
968    RTC_TimeTypeDef stime = {0U};
969    ......
970
971    /* Call HAL_RTC_GetTime function to update date if counter higher than 24 hours */
972    if (HAL_RTC_GetTime(hrtc, &stime, RTC_FORMAT_BIN) != HAL_OK)     ① 读出时间信息
973    {
974      return HAL_ERROR;
975    }
976
977    sDate->WeekDay   = hrtc->DateToUpdate.WeekDay;                   ② 按格式输出
978    sDate->Year      = hrtc->DateToUpdate.Year;
979    sDate->Month     = hrtc->DateToUpdate.Month;
980    sDate->Date      = hrtc->DateToUpdate.Date;
981
982    if (Format != RTC_FORMAT_BIN)
983    {
984      sDate->Year    = (uint8_t)RTC_ByteToBcd2(sDate->Year);
985      sDate->Month   = (uint8_t)RTC_ByteToBcd2(sDate->Month);
986      sDate->Date    = (uint8_t)RTC_ByteToBcd2(sDate->Date);
987    }
988    return HAL_OK;
989  }
```

图 12-17 读日期函数 HAL_RTC_GetDate()的主要内容

由 HAL_RTC_GetDate()的内容可知，该函数首先通过获取时间函数得到日期信息，然后再根据要求的格式输出对应的日期信息。

12.5.5 日期更新函数 RTC_DateUpdate()

在图 12-17 中，hrtc 的日期信息由函数 HAL_RTC_GetTime()内部调用的日期更新函数 RTC_DateUpdate()来更新。函数 RTC_DateUpdate()的这部分更新如图 12-18 所示。

```
1712  static void RTC_DateUpdate(RTC_HandleTypeDef *hrtc, uint32_t DayElapsed)
1713  {
1714    uint32_t year = 0U, month = 0U, day = 0U;
1715    uint32_t loop = 0U;
1716
1717    year = hrtc->DateToUpdate.Year;                 ① 读出hrtc保存的日期
1718
1719    month = hrtc->DateToUpdate.Month;
1720    day = hrtc->DateToUpdate.Date;
1721
1722    for (loop = 0U; loop < DayElapsed; loop++)      ② 结合输入的参数
1723    {                                                 DayElapscd的信息
1724      //计算出年月日星期等信息。                          计算出当前日期
1725    }
1726
1727    hrtc->DateToUpdate.Year = year;                 ③ 更新hrtc的日期信息
1728
1729    hrtc->DateToUpdate.Month = month;
1730    hrtc->DateToUpdate.Date = day;
1731
1732    hrtc->DateToUpdate.WeekDay = RTC_WeekDayNum(year, month, day);
1733  }
```

图 12-18 日期更新函数 RTC_DateUpdate()的主要内容

介绍完以上函数后，相信大家都对时间清楚了，但日期信息可能有点混乱，接下来再梳理

一下日期信息获得过程：

① 调用函数 HAL_RTC_GetDate(&hrtc, &Date, RTC_FORMAT_BIN)获取日历信息，获取的日历信息保存在结构体变量 Date 中。

② 在 HAL_RTC_GetDate()函数中调用 HAL_RTC_GetTime()获取时间信息。

③ 在 HAL_RTC_GetTime()中计算出小时信息后，调用日期更新函数 RTC_DateUpdate(hrtc, days_elapsed)，将记录的小时信息更新为日期信息。

④ 在日期更新函数 RTC_DateUpdate(hrtc, days_elapsed)中完成日期的更新，并将更新后的日期填充结构体 hrtc 中的日期信息，填充过程如下：

```
hrtc ->DateToUpdate.Year        = year;
hrtc ->DateToUpdate.Month       = month;
hrtc ->DateToUpdate.Date        = day;
hrtc ->DateToUpdate.WeekDay     = RTC_WeekDayNum(year, month, day);
```

⑤在步骤②中更新完日期信息后，回到获取日期函数 HAL_RTC_GetDate()中执行将结构体变量 hrtc 的日期更新到步骤①中的变量 Date 中，更新过程如下：

```
sDate ->WeekDay  =  hrtc ->DateToUpdate.WeekDay;
sDate ->Year     =  hrtc ->DateToUpdate.Year;
sDate ->Month    =  hrtc ->DateToUpdate.Month;
sDate ->Date     =  hrtc ->DateToUpdate.Date;
```

注意：sDate 和 Date 的地址相同，因此更新 sDate 就是更新 Date。至此，整个日期获取过程执行完毕。

整个执行过程可以用图 12－19 来表示。

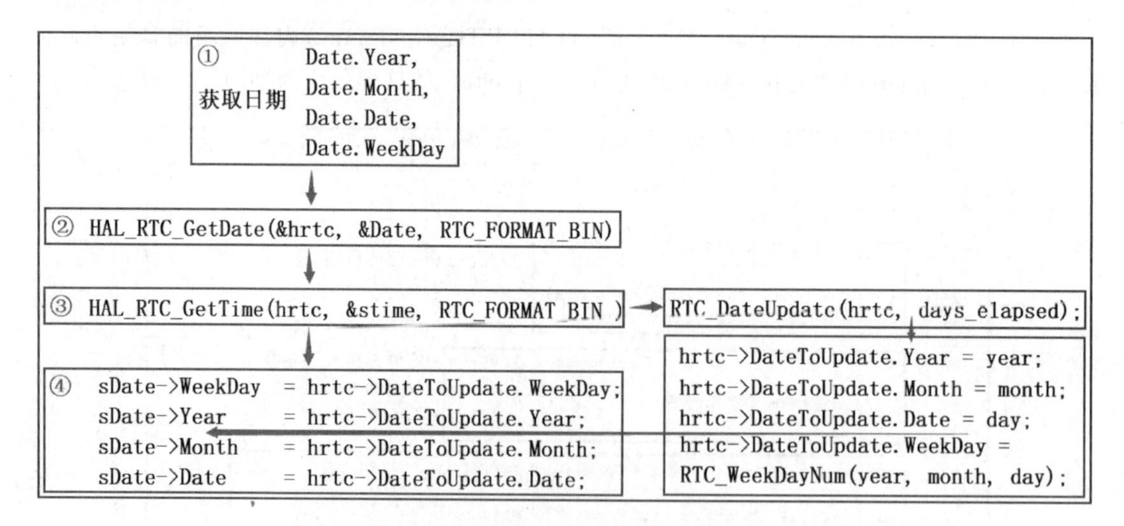

图 12－19　日期信息获取过程

12.6　日常日历功能的实现

通过对 HAL 库的 5 个 RTC 模块的核心操作函数进行介绍，我们清楚了日历被初始化为

00 年 1 月 1 日的原因并了解了 HAL 日历设计的缺陷，下面通过一个例子来修正这个缺陷。

例 12-3：使用 STM32 的 RTC 模块实现常见的日历时钟功能。

【问题分析】

通过前面的分析，了解到 RTC 的计数器保存的是时、分、秒等时钟信息，而日历信息则保存在一个全局变量中，既然是保存在变量中，那么掉电后，这个变量的值将会丢失。在设备启动后，该值被再次初始化为 00 年 1 月 1 日。不过，若备份电池一直在供电，则计数器的内容不会丢失，因此时、分、秒等信息是准确的。

所以，我们得想办法将日历信息在每次日期变更时将它保存下来，并在启动后及时恢复，并更新系统的日历值。

RTC 模块提供了一个秒中断功能，可以在这个秒中断的中断服务函数中判断变化后的日期与上一次日期是否相等，若相等，则说明一天还没有过去，不用保存日期；若不相等，则说明日期已经更新了。比如由 1 日更新为了 2 日，此时我们需要将这个日期保存下来。那保存到哪里呢？可以保存到后备区域的 DR2～DR5 中。

针对 RTC 的秒中断使能，HAL 库提供了一个函数来启动秒中断，这个函数是 HAL_RTCEx_SetSecond_IT()，它的参数只有一个，就是 RTC 句柄变量，使用非常方便。

开启 RTC 的秒中断后，每隔 1 s，系统都会执行秒中断服务函数，这个函数名为 RTC_IRQHandler()。不过，我们写程序时不是直接写在它里面，而是写在秒中断回调函数 HAL_RTCEx_RTCEventCallback()中。

根据前面的分析，设计了如下秒中断回调函数：

```
void HAL_RTCEx_RTCEventCallback(RTC_HandleTypeDef * hrtc)
{
    static uint8_t LastDate = 0xff;
    HAL_RTC_GetDate(hrtc, &date, RTC_FORMAT_BIN);
    if(LastDate != date.Date)
    {
        LastDate = date.Date;
        RTC_Write_BKP(hrtc, &date);
    }
}
```

在秒中断回调函数中，首先定义一个静态局部变量 LastDate 来保存上一次更新的日期，然后通过读取日期函数获得日期，再通过与 LastDate 进行对比可以确定日期是否更新，若更新则将新的日期保存到 LastDate 中，同时使用写后备区域函数 RTC_Write_BKP()将年、月、日、星期等信息保存到 DR2～DR5 中。该函数的定义如下：

```
void RTC_Write_BKP(RTC_HandleTypeDef * hrtc, RTC_DateTypeDef * Date)
{
    HAL_RTCEx_BKUPWrite(hrtc, RTC_BKP_DR2, Date->WeekDay);
    HAL_RTCEx_BKUPWrite(hrtc, RTC_BKP_DR3, Date->Year);
    HAL_RTCEx_BKUPWrite(hrtc, RTC_BKP_DR4, Date->Month);
    HAL_RTCEx_BKUPWrite(hrtc, RTC_BKP_DR5, Date->Date);
}
```

至此，日期的保存和更新工作就做完了。下面来看启动后的年、月、日等数据的恢复。在

RTC 初始化函数，先将后备区域的 DR1 中的内容读出，并判断与设置的值是否相等，若不相等，则说明是第一次设置，在设置完成后，使用写入函数 RTC_Write_BKP()将年、月、日等信息保存起来。若已经设置过，则直接采用读出函数 RTC_Read_BKP()读出年、月、日等数据。

读出函数 RTC_Read_BKP()的定义如下：

```
void RTC_Read_BKP(RTC_HandleTypeDef * hrtc)
{
    date.WeekDay = HAL_RTCEx_BKUPRead(hrtc, RTC_BKP_DR2);
    date.Year    = HAL_RTCEx_BKUPRead(hrtc, RTC_BKP_DR3);
    date.Month   = HAL_RTCEx_BKUPRead(hrtc, RTC_BKP_DR4);
    date.Date    = HAL_RTCEx_BKUPRead(hrtc, RTC_BKP_DR5);
    HAL_RTC_SetDate(hrtc, &date, RTC_FORMAT_BIN);
}
```

在读出函数 RTC_Read_BKP()中，将日期等信息读出后，马上使用 HAL 库的 RTC 设置函数更新系统当前的日期信息。至此，整个日期的读出、变更、保存就都做好了。

【实验步骤】

实验步骤与“例 12-2”一样，只不过，在 RTC 模块中增加了对后备区域的读写函数，并将 MX_RTC_Init()函数改为图 12-20 所示内容。

```
void MX_RTC_Init(void)
{
      ......
  if(HAL_RTCEx_BKUPRead(&hrtc, RTC_BKP_DR1) != 0x5052)
  {
    if (HAL_RTC_Init(&hrtc) != HAL_OK)
    {
      Error_Handler();
    }
    sTime.Hours = 0x23;
    sTime.Minutes = 0x59;
    sTime.Seconds = 0x0;

    if (HAL_RTC_SetTime(&hrtc, &sTime, RTC_FORMAT_BCD) != HAL_OK)
    {
      Error_Handler();
    }
    DateToUpdate.WeekDay = RTC_WEEKDAY_MONDAY;
    DateToUpdate.Month = RTC_MONTH_JUNE;
    DateToUpdate.Date = 0x27;
    DateToUpdate.Year = 0x22;

    if (HAL_RTC_SetDate(&hrtc, &DateToUpdate, RTC_FORMAT_BCD) != HAL_OK)
    {
      Error_Handler();
    }
    HAL_RTCEx_BKUPWrite(&hrtc, RTC_BKP_DR1, 0X5052);
    RTC_Write_BKP(&hrtc, &DateToUpdate);
  }
  else
  {
    RTC_Read_BKP(&hrtc);
  }
  HAL_RTCEx_SetSecond_IT(&hrtc);   使能秒中断
}
```

图 12-20　函数 MX_RTC_Init()的内容示意图

在整个过程中，数据的格式千万不要搞混，否则输出的结果可能需要修改输出数据格式。将程序编译并下载到开发板上，可以看到，整个时间显示正常了，达到实验目的。

思考与练习

1. 填空题

(1) STM32 中有两个地方可以实现开发板断电后数据不丢失，一个是保存程序的 Flash 区域，另一个是________________。

(2) STM32F103VET6 的后备区域有________字节的备份数据寄存器。

(3) 函数 HAL_RTC_SetTime()的作用是________________。

(4) 在 HAL 库中，对后备区域进行读写的函数分别是____________和____________。

(5) HAL 库中获取时间的函数是________________。

2. 简答题

(1) RTC 的时钟源通常选择频率为 32.768 kHz 的晶振，简述其原因。

(2) 简述 HAL 库中 RTC 初始化函数 HAL_RTC_Init()的执行过程。

模块 13

STM32 的独立看门狗的工作原理及其应用

独立看门狗是一个系统的看护者，它可以监视系统是否跑飞、死机等，并呼叫系统在遇到这些问题时恢复重新启动。在本模块中，首先介绍了独立看门狗的作用，然后通过一个示例来介绍它的应用。由于独立看门狗本质上是一个定时器，因此在本模块中没有对它的原理进行详细介绍。

13.1 独立看门狗的作用

在使用电脑时你一定遇到过死机、崩溃、被卡在某个应用程序半天出不来的情况吧？遇到这种事情时，很多人都是按下 Reset 键重启电脑。对于一个使用单片机开发的产品/设备，它也可能会出现死机、崩溃等问题，我们不可能在这些产品/设备的前面专门安排一个人去监视它，当它出现死机之类的情况时去按 Reset 键重新启动它。

那对于单片机的这个问题，有没有解决办法呢？答案是肯定的。聪明的工程师们在设计单片机时，通常都会加入一个特殊的定时器模块，即独立看门狗。这个独立看门狗默默守护着系统，当程序出现跑飞、死循环时，它才会"叫唤"起来，处理器听到它的"叫唤"后会马上重新自动启动系统，就不需要我们去按那个 Reset 键了……

独立看门狗的英文全称为 Independent Watchdog，简写为 IWDG，它实际上是一个定时器。这个定时器有一个特点，那就是需要在定时器溢出之前重新装初值给计数器(相当于喂狗)，不要让其溢出(溢出相当于狗叫唤)，以防溢出时会导致系统重新启动。因此需要在计数溢出之前及时更新它的计数器的初值，以免系统重启。(到这里，大家也可以回忆一下，前面学习的 RTC 也是一个定时器，它的专属特点是什么呢？)

13.2 独立看门狗应用示例

关于独立看门狗的内部结构不再进行单独介绍，而只是在应用中遇到时才会做出必要的说明，这对于我们开发实际影响不大，对于看门狗，大家懂得用就可以了。

下面来设计一个看门狗发挥作用的示例。在这个示例中，分别用 LED0 和 LED1 来模拟系统重启和在运行任务。其中 LED0 闪烁说明重启，LED1 亮说明任务运行，并通过串口 1 打印系统运行和重启的信息。

例 13-1：系统启动时，LED0(红色 LED)先闪烁，并打印提示信息"System start……"。系统启动完成后进入 while 循环，在 while 循环中点亮 LED1(绿灯，模拟任务运行)，同时打印提示信息"Task is running……"。接下来是延时。延时的设计分两种情况，一种是不溢出，另一种是溢出，稍后介绍。为了观察到独立看门狗的效果，初始化看门狗的溢出时间为 3 s。

【实现过程】

① 打开 STM32CubeMX，选择处理器为 STM32F103VET6，配置系统时钟和选择调试模式。

② 配置串口 1 为异步工作状态，其他选项采用默认值。

③ 将 PE12/PE13 设置为输出功能。

④ 配置看门狗，配置时首先选择看门狗，然后激活看门狗，接下来设置看门狗定时器的预分频值，最后再设置溢出周期的计数次数，具体配置过程如图 13-1 所示。

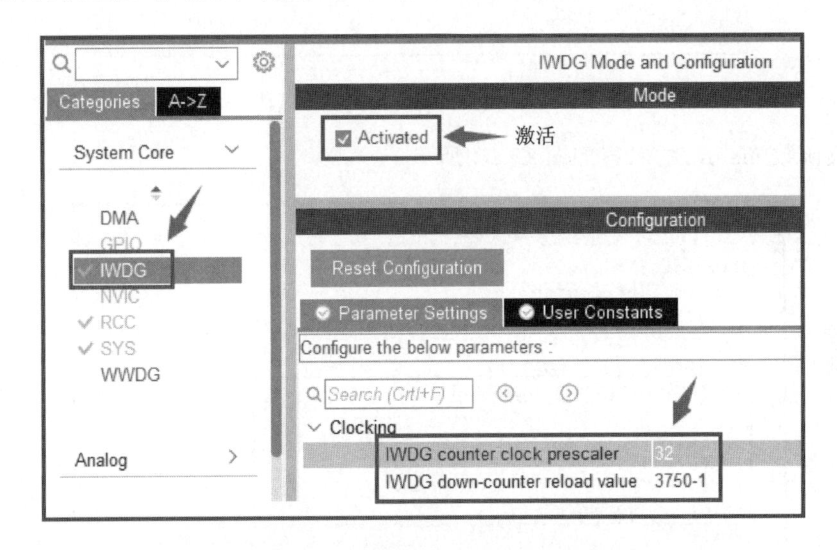

图 13-1 独立看门狗 IWDG 设置示意图

下面重点介绍一下预分频值和重载值的设置。

a. 预分频值。先来看一下 IWDG 的时钟源电路，如图 13-2 所示。

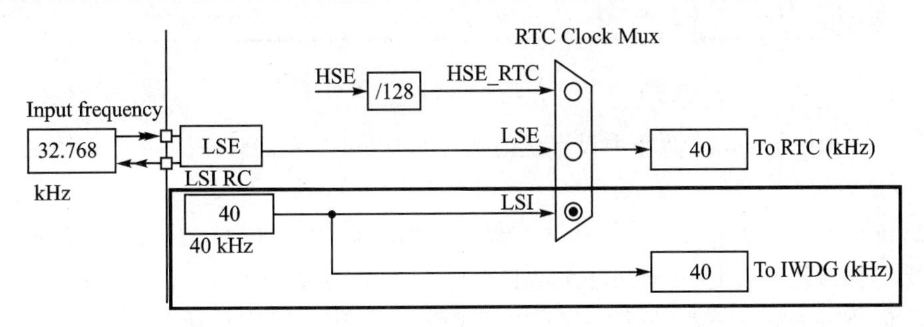

图 13-2 IWDG 的时钟源电路

由图 13-2 可知，IWDG 的时钟源为 40 kHz，实际上这个时钟信号并不精准，而是在 30～60 kHz 之间变化。在 STM32CubeMX 中，如果设置 IWDG 的分频值为 32，那么输入到 IWDG 的计数器的频率约为 40 kHz/32=1.25 kHz。

b. 重载值的设置。IWDG 的重载值寄存器用于存放计数器的初值，它决定着定时器的溢出周期。计数器采用递减方式计数，为了获得 3 s 的溢出，应该设置重载值寄存器的值为 3750-1，这样计数次数的周期是 3 750 次，3 750×1/1 250 刚好等于 3 s。

最终的预分频值和重载值的设置结果如图 13-2 所示。

⑤ 配置好看门狗参数后生成工程，在生成代码中做如下补充：

a. 添加串口重定向函数 fputc()的内容(同时要添加头文件：# include "stdio. h")，如图 13－3 所示。

```
60  int fputc(int ch, FILE *f)
61  {
62    uint8_t temp = 0;
63    temp = (uint8_t)ch;
64    HAL_UART_Transmit(&huart1, &temp, 1, 10);
65    return ch;
66  }
```

图 13－3　函数 fputc()内容示意图

b. 修改函数 main()的内容如图 13－4 所示。

```
int main(void)
{
  HAL_Init();
  SystemClock_Config();
  MX_GPIO_Init();
  MX_IWDG_Init();
  MX_USART1_UART_Init();
  for(int i = 0; i < 8; i++)
  {
    HAL_GPIO_TogglePin(GPIOE, GPIO_PIN_12);
    HAL_Delay(200);
  }
  printf("System start......");
  while (1)
  {
    HAL_GPIO_WritePin(GPIOE, GPIO_PIN_13, GPIO_PIN_RESET);
    HAL_Delay(1200); //1600 + 1200 < 3000ms
    printf("Task is running......");
    HAL_IWDG_Refresh(&hiwdg);
  }
}
```

图 13－4　函数 main()的内容示意图

在图 13－3 中，在 while 循环中设置延时为 1 200 ms。下面来分析一下函数 main()的执行过程：

函数 main()在初始化完成后执行 8 次循环，每次都是将 LED0 的状态反转，所以会看到 LED0 闪烁。执行完后，到 while 循环里面将 LED1 点亮，然后延时 1 200 ms，接下来调用函数 HAL_IWDG_Refresh()更新 IWDG 的重载值(喂狗)。从看门狗初始化完毕到第一次喂狗，经历时间为：8×200 ms＋1 200 ms＝2 800 ms，而溢出时间设置为 3 s，可以看到此时不会发生溢出。更新 IWDG 的重载值后，接下来程序在 while 循环中执行，可以看到，若程序不跑飞，则每次都是 1 200 ms 左右就更新 IWDG 的重载值，此时更不会溢出，所以会看到 LED1 一直在亮，同时串口一直在发送“Task is running……”。总结起来就是电路板供电后，LED0 先闪烁，然后 LED1 一直在亮(任务一直在执行，没有死机等现象发生)。

将程序下载到开发板上，按下复位键启动程序，看到结果确实同分析一致。

下面将 while 循环中的延时改为 4 s，修改后 while 循环内容如图 13－5 所示。

将延时增加后，第一次执行喂狗的时间超过了 3 s，时间到了 3 s 后，系统重启。重新从函

```
90    while (1)
91    {
92      HAL_GPIO_WritePin(GPIOE, GPIO_PIN_13, GPIO_PIN_RESET);
93      HAL_Delay(4000);  //1600+4000>3000ms了
94      printf("system run.......\r\n");
95      HAL_IWDG_Refresh(&hiwdg);
96    }
97  }
```

图 13-5　更改延时函数后的示意图

数 main()开始执行，可以看到整个过程的现象：LED0 闪烁→LED1 亮（约亮 1 200 ms）→LED0 闪烁→LED1 亮→……。在这里，系统不断重启的原因是看门狗的计数器没有在规定的时间内获得更新，从而造成了看门狗定时器的溢出，并进而造成系统不断重启。这里可以通过增加延时来模拟死机、跑飞等情况，可以看到，一到溢出时间，系统就会重新启动。

至此，相信大家都知道看门狗的作用了吧！

13.3　HAL 库中看门狗设置相关函数

在“例 13-1”中使用到了一个新的函数 HAL_IWDG_Refresh()。由函数的名字可知该函数是一个刷新函数，用于刷新 IWDG 的计数器的值，使它重新从重载寄存器的值开始新一轮计数。它只有一个参数，就是独立看门狗的句柄变量，使用起来非常简单。

最后需要说明的是，在调试程序时建议先将独立看门狗关闭，不要使能，等到整机调试好后再使能独立看门狗，以免调试过程中因为开独立看门狗而造成不必要的麻烦。

思考与练习

填空题

(1) 独立看门狗本质上也是一个定时器，简写为________。

(2) HAL 库中独立看门狗的喂狗函数是________。

(3) STM32 的独立看门狗输入信号的频率约为________。

(4) 设置独立看门狗的预分频值为 32，若想让独立看门狗间隔 2 s 溢出，则应该设置其计数满________次溢出。

(5) 独立看门狗的“叫唤”相当于定时器的________。

模块 14

STM32 的待机功能

相信大家都经常为手机没有电而烦恼，为到哪里都要带充电器、大块充电宝而痛苦不堪。这里面就隐藏着各种智能仪表中非常重要的一点——节能、增加待机时间。STM32 中与节能、增加待机时间相关的知识点就是 STM32 的低功耗模式。本模块对低功耗模式进行介绍。首先介绍低功耗模式的用途，STM32 的 3 种低功耗的特点和区别，然后通过一个示例来学习待机模式的使用，为各种低功耗应用奠定基础。通过本模块的学习，您还能获知 STM32 的一个特殊的 I/O 引脚 PA0，它具有唤醒系统的特殊功能。

14.1 STM32 的低功耗模式

14.1.1 低功耗模式的用途

很多应用场合都对电子设备的功耗有着严格要求，如某些传感器信息采集设备，仅靠小型电池提供电源，要求工作长达数年之久，且期间不需要任何维护。又如，各种智能可穿戴设备、便携式设备（如手机、运动手环、蓝牙耳机、智能手表等），要求高度小型化或便于携带，电池体积都比较小导致电池容量有限。这些设备都要求严格控制功耗，延长产品的续航时间。

14.1.2 STM32 的 3 种低功耗模式及其区别

STM32 有 4 种工作模式，分别是运行、睡眠、停止和待机，其中睡眠、停止和待机 3 种模式为低功耗模式。这 3 种模式下，设备的电源消耗、唤醒时间、唤醒方式不同，用户需要根据应用需求，选择最佳的低功耗模式。

下面对这 3 种模式进行一个简单的介绍。

表 14－1 列出了 3 种低功耗模式的进入、退出（唤醒）和对时钟、电源区域的影响。

下面对表 14－1 的 3 种低功耗模式进行简单的解释。

① 睡眠模式。在睡眠模式中，内核时钟被关闭，内核停止运行，但其片上外设，包括 Cortex－M3 核心的外设（如 NVIC、滴答定时器等）仍在运行。若进入睡眠模式由执行 WFI（Wait For Interrupt，等待中断）指令进入，则任意一个中断可以唤醒设备。若由中断唤醒，则先进入中断，退出中断服务程序后，接着执行 WFI 指令后的程序。若由执行 WFE（Wait For Event，等待事件）指令进入睡眠模式，则由唤醒事件唤醒设备，唤醒后直接执行 WFE 后的程序。

② 停机模式。在停机模式中，所有 1.8 V 时钟区域被关闭，HSI 和 HSE 的振荡器也关闭，所有片上外设都停止了工作。但由于其 1.2 V 区域的部分电源没有关闭，还保留了内核的寄存器、内存信息，因此从停机模式唤醒，并重新开启时钟后，还可以从上次停止处继续执行代码。

表 14－1　3 种低功耗模式特点

<table>
<tr><th>模　式</th><th>进　入</th><th>唤　醒</th><th>对 1.8 V 区域时钟的影响</th><th>对 V_{DD} 区域时钟的影响</th><th>电压调节器</th></tr>
<tr><td rowspan="2">睡眠
(SLEEP－NOW 或
SLEEP－ON－EXIT)</td><td>WFI</td><td>任一中断</td><td rowspan="2">CPU 时钟关，对其他时钟和 ADC 时钟无影响</td><td rowspan="2">无</td><td rowspan="2">开</td></tr>
<tr><td>WFE</td><td>唤醒事件</td></tr>
<tr><td>停　机</td><td>PDDS 和 LPDS 位
＋SLEEPDEEP 位
＋WFI 或 WFE</td><td>任一外部中断(在外部中断寄存器中设置)</td><td rowspan="2">关闭所有 1.8 V 区域的时钟</td><td rowspan="2">HSI 和 HSE 的振荡器关闭</td><td>开启或处于低功耗模式(依据电源控制寄存器(PWR_CR)的设定)</td></tr>
<tr><td>待　机</td><td>PDDS 位
＋SLEEPDEEP 位
＋WFI 或 WFE</td><td>WKUP 引脚的上升沿、RTC 闹钟事件、NRST 引脚上的外部复位、IWDG 复位</td><td>关</td></tr>
</table>

停机模式唤醒后，STM32 会使用 HSI 作为系统时钟，所以唤醒后需要在程序上重新配置系统时钟，将时钟切换回 HSE。任意一个外部中断都可以唤醒处于停机模式的设备。

③ 待机模式。该模式除了关闭所有的时钟，还把 1.2 V 区域的电源也完全关闭了，也就是说，从待机模式唤醒后，由于没有之前代码的运行记录，只能对芯片复位，重新检测 boot 条件，从头开始执行程序。待机模式的唤醒源有 WKUP 引脚信号的上升沿、RTC 闹钟事件、NRST 引脚复位(即按下复位按键)、单片机系统重新上电。

3 种模式功耗的高低顺序为：睡眠模式＞停机模式＞待机模式，其中待机模式的功耗最低。

在以上 3 种低功耗模式中，比较常用的是待机模式和停机模式。

先来看待机模式的应用场合：在实际应用中，通常会有一个待机按键(STM32 的 PA0)，如果用户长按该键，就会开机或者关机，开机对应的就是唤醒，而关机对应的就是待机(类似于手机的开关机按键)。在此过程中，电池会一直给单片机的 3.3 V 电源供电，也就是说，单片机一直都是有电的，但是它的所有外设以及时钟都处于关闭状态，之所以还要给单片机供电，只是为了在用户按下按键时能够检测 PA0 的上升沿而已，若不给单片机供电，则检测不了。

再来看停机模式的应用：按道理来说，待机模式的功耗远比停机模式要低，为什么还要选择停机模式呢？通常是这样的，一个便携式系统，除了考虑按键开关机以外，通常还需要给电池充电，而在充电时，往往需要显示一些充电的信息(现在的手机充电就是这样的)，如果是在开机状态下充电，那么完全没有问题；如果是在关机状态下充电，肯定就需要单片机能够自己唤醒自己(不需要用户按下 PA0)，然后才有可能在显示器上显示充电的信息(手机关机了，或者没有电了，接通电源以后，可以自动显示充电的动画，就是这样做的)。

14.2 待机模式示例

下面通过一个例子来看看如何使用待机模式。

例 14-1:编写程序实现 LED0 闪烁几下后进入待机模式,按下 WK_UP 键后,系统被唤醒。

【实现过程】

① 打开 STM32CubeMX,配置好系统时钟、调试模式、配置 LED0 的接口 PE12 为输出,使能 USART1。

② 配置 PA0 为唤醒功能。单击 PA0 引脚,可以看到 PA0 引脚有一个功能为 SYS_WKUP,如图 14-1 所示。选中这个功能后,PA0 上产生一个上升沿信号,唤醒处于待机的设备。

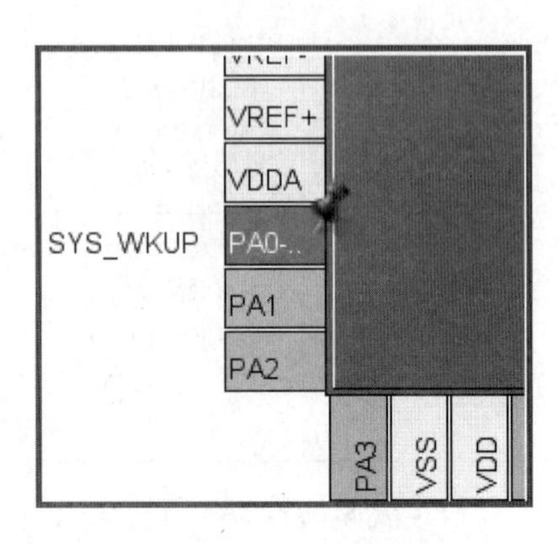

图 14-1 PA0 的功能配置

实际上,配置 PA0 为 SYS_WKUP 功能还有一种办法,就是在 SYS 类别中勾选 System Wake-Up,勾选该选项后,PA0 会自动变为绿色,表示被配置为 PA0 旁边显示的功能,具体如图 14-2 所示。

为了使 PA0 能够在按键按下后产生上升沿,开发板设计了如图 14-3 所示的按键电路。

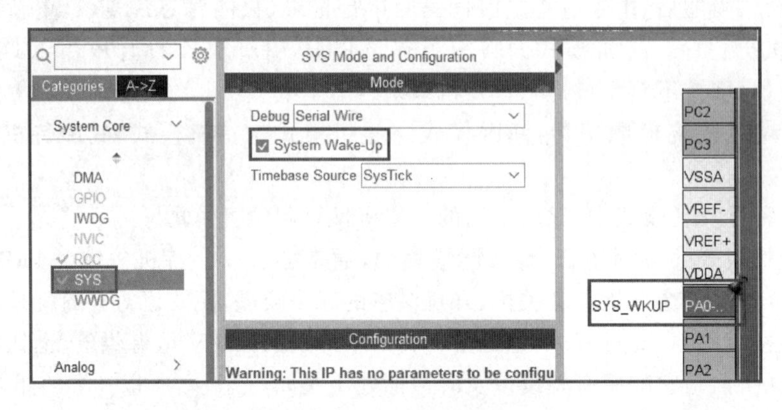

图 14-2 System Wake-Up 功能的设置示意图

在将 PA0 设置为 SYS_WKUP 功能后,无须再管 PA0 的上下拉设置系统会强制下拉电阻使能。如果将 PA0 设置为中断方式唤醒设备,那么 PA0 内部要使能下拉电阻。

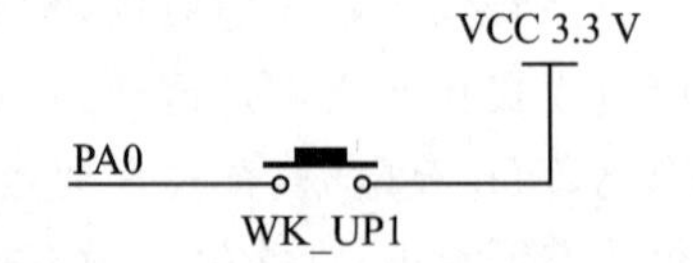

图 14-3 WK_UP 按键电路设计

③ 生成工程,并在 main.c 文件中添加以下代码。

a. 将函数 main()进行修改,如图 14-4 所示。

由以上代码可知,当系统启动后,首先程序先将 LED0 间隔 1 s 闪烁 4 次,同时通过串口打印“8,7,6,5,4,3,2,1”等信息,然后再打印进入待机模式信息,最后调用函数 Sys_Enter_Standby()进入待机模式,该过程如图 14-5 所示。进入待机模式后,可以通过按电源键、复位键或者 WK_UP 键唤醒程序。

```
int main(void)
{
  uint8_t i = 0;
  HAL_Init();
  SystemClock_Config();
  MX_GPIO_Init();
  MX_USART1_UART_Init();
  while (1)
  {
    for(i = 0; i < 8; i++)
    {
      printf(" i = %d\r\n", 8-i);
      HAL_GPIO_TogglePin(LED0_GPIO_Port, LED0_Pin);
      HAL_Delay(1000);
    }
    printf("Entered Standby Mode...Please press WK_UP to wakeup system!\r\n");
    Sys_Enter_Standby();
  }
}
```

图 14-4 函数 main()内容

```
 i = 6
 i = 5
 i = 4
 i = 3
 i = 2
 i = 1
Entered Standby Mode...Please press WK_UP to wakeup system!
 i = 8
 i = 7
 i = 6
 i = 5
 i = 4
 i = 3
 i = 2
 i = 1
Entered Standby Mode...Please press WK_UP to wakeup system!
 i = 8
 i = 7
 i = 6
 i = 5
 i = 4
 i = 3
 i = 2
 i = 1
Entered Standby Mode...Please press WK_UP to wakeup system!
```

图 14-5 串口显示结果(按复位、WK_UP 唤醒键)

b. 在 main.c 文件的前面添加串口重定向和系统进入待机函数 Sys_Enter_Standby()的内容，如图 14-6 所示。

下面来研究一下系统进入待机状态流程，以了解函数 Sys_Enter_Standby()为什么这样写。

STM32 进入待机状态的流程如下：

① 将系统控制寄存器中的 SLEEPDEEP(深度睡眠)位置 1；

② 将电源控制寄存器 PWR_CR 中的 PDDS(掉电深睡眠)位置 1，这样 CPU 进入深度睡

```
/* USER CODE BEGIN 0 */
int fputc(int ch, FILE *f)
{
  uint8_t temp[1] = {0};
  temp[0 ] = ch;
  HAL_UART_Transmit(&huart1, temp, 1, 1);
  return ch;
}

void Sys_Enter_Standby(void)
{
  __HAL_RCC_PWR_CLK_ENABLE();                       //使能PWR时钟
  __HAL_PWR_CLEAR_FLAG(PWR_FLAG_WU);                //清除Wake_UP标志
  HAL_PWR_EnableWakeUpPin(PWR_WAKEUP_PIN1);  //设置WAKEUP用于唤醒
  HAL_PWR_EnterSTANDBYMode();                       //进入待机模式
}
```

图 14-6　串口重定向和系统进入待机模式函数示意图

眠时进入待机模式；

③ 清除电源控制/状态寄存器 PWR_CSR 中的 WUF 标志位，使得系统发生唤醒事件时该位能够置 1；

④ 执行 SWI 或者 SWF 指令，系统即进入待机状态。

如果使用 PA0 的唤醒功能唤醒设备，那么还要配置 PWR_CSR 的 EWUP 位。该位默认值为 0，此时 WKUP 引脚为通用 I/O 引脚。设置为 1 后，WKUP 引脚将用于将 CPU 从待机模式唤醒，此时的 WKUP 引脚被强制为输入下拉的配置，因为 WKUP 引脚上的上升沿将系统从待机模式唤醒。

在这里简单介绍一下两条汇编指令：WFI 和 WFE 指令。

- WFI 指令全称为 Wait for Interrupt，即等待中断。执行该指令后处理器就停住不干活，直到一个中断到来。
- WFE 指令全称为 Wait for Events，即等待事件。执行该指令后处理器停住不干活，直到一次事件发生的到来。

在函数 Sys_Enter_Standby()中：

语句__HAL_RCC_PWR_CLK_ENABLE()用于开启 PWR 模块的时钟，因为接下来需要操作此模块的 CR(电源控制寄存器)和 CSR(电源控制/状态)寄存器。

语句__HAL_PWR_CLEAR_FLAG(PWR_FLAG_WU)用于清除唤醒标志位 WUF，以防止该标志位为 1 引起的误触发。

语句 HAL_PWR_EnableWakeUpPin(PWR_WAKEUP_PIN1)用于设置 WKUP 引脚产生唤醒事件。

语句 HAL_PWR_EnterSTANDBYMode()用于进入待机模式。

函数 HAL_PWR_EnterSTANDBYMode()的内容如下：

```
void HAL_PWR_EnterSTANDBYMode(void)
{
  SET_BIT(PWR->CR, PWR_CR_PDDS);

  SET_BIT(SCB->SCR, ((uint32_t)SCB_SCR_SLEEPDEEP_Msk));
```

```
    __WFI();
}
```

可以看到，它在设置好 PDDS 和 SLEEPDEEP 位后通过执行 WFI 指令进入待机模式。

最后，需要说明的是，在系统进入待机模式后就不能将程序下载到开发板上。若希望再次将程序下载到开发板上，则一定要先将设备唤醒再下载，也就是按复位键或者 WK_UP 键，唤醒设备后再下载，千万千万记住这一点!!!

思考与练习

1. 填空题

(1) STM32 有 4 种工作模式，分别是运行、睡眠、停止和待机，其中属于低功耗模式的是________________。

(2) STM32 的 3 种低功耗模式中，任意一个外部中断都能唤醒的是____________。

(3) 待机模式的唤醒源有________________、________________、________________和系统重新上电。

(4) STM32 的 3 种低功耗模式中，功耗最低的是________________。

(5) STM32 的 I/O 引脚中，具有唤醒功能的是________________。

(6) 在 WFI 和 WFE 指令中，属于等待中断指令的是________________。

(7) 在 HAL 库中，进入待机模式的函数是________________。

2. 简答题

简述 STM32 进入待机状态的流程。

模块 15

STM32 Flash 的读写

在很多应用场合，都需要将系统的各种参数(比如设置的温度、湿度、压力、系统配置等)记录下来，以便下次系统启动时继续使用这些参数而无须再次配置。这时就需要对这些数据进行存储，而且在掉电时不丢失。Flash 存储的一个重要特点就是在掉电时数据不丢失，所以很多时候都直接采用 Flash 存储数据，而不是另外加一颗存储芯片。在本模块中，首先对 Flash 的特点、结构进行初步介绍，然后再通过一个示例来介绍 Flash 读写是如何应用的。通过该模块的学习，您将能了解 Flash 的读写流程和应用方式，为使用它进行数据存储奠定基础。

15.1 STM32 的 Flash

15.1.1 概　述

在前面的学习中，不知道大家是否思考过一个问题：将程序下载到开发板上的 STM32F103VET6 这一颗芯片上，芯片中哪些地方用于保存这些程序呢？答案是保存于一块闪存区域，即 Flash 中！不同系列 STM32 单片机的闪存区域大小不同，其中 STM32F103VET6 的 Flash 有 512 KB。由于 Flash 断电后数据不丢失，而且通常我们写的程序不会大于 512 KB，这意味着我们可以使用 Flash 的空余区域来保存一些系统参数，因为我们不希望在断电后丢失这些参数。

那应该将这些参数保存到 Flash 的哪些地方呢？STM32 Flash 的起始地址是 0x0800 0000，存放程序时都是从低地址向高地址保存，这意味着，Flash 后面的区域可能是空的，一些断电后不希望丢失的数据可以保存到这些区域。

另外，需要注意：Flash 的存储位只能由 1 变为 0，而不能由 0 变为 1，因此在将数据写入 Flash 时，要先擦除 Flash 的对应区域，在擦除后里面的内容全部都变为 1！

15.1.2 存储器的结构

STM32F103VET6 的 Flash 存储器的结构如表 15-1 所列。

由表 15-1 可知，Flash 由以下 3 部分构成：一是真正的存储部件，即主存储器；二是信息块；三是闪存接口。对闪存的操作需要通过闪存接口来完成。

主存储器以页为单位，每页为 2 KB，即 2 048 字节。

闪存接口包含 8 个寄存器，对闪存的操作通过对这 8 个寄存器的操作来完成。下面对这些寄存器的作用进行简要叙述。

① FLASH_ACR，闪存访问控制寄存器。该寄存器用于使能/失能预取缓冲区、闪存半周期访问，获取预取缓冲区状态和配置 SYSCLK 周期与闪存访问时间的延时比例。

表 15－1　STM32F103VET6 的 Flash 存储结构

块	名　称	地址范围	长度/字节
主存储器	页 0	0x0800 0000～0x0800 07FF	2K
	页 1	0x0800 0800～0x0800 0FFF	2K
	页 2	0x0800 1000～0x0801 17FF	2K
	页 3	0x0800 1800～0x0801 FFFF	2K
	⋮	⋮	⋮
	页 255	0x0807 F800～0x0807 FFFF	2K
信息块	启动程序代码	0x1FFF F000～0x1FFF F7FF	2K
	用户选择字节	0x1FFF F800～0x1FFF F80F	16
闪存存储器接口寄存器	FLASH_ACR	0x4002 2000～0x4002 2003	4
	FLASH_KEYR	0x4002 2004～0x4002 2007	4
	FLASH_OPTKEYR	0x4002 2008～0x4002 200B	4
	FLASH_SR	0x4002 200C～0x4002 200F	4
	FLASH_CR	0x4002 2010～0x4002 2013	4
	FLASH_AR	0x4002 2014～0x4002 2017	4
	保留	0x4002 2018～0x4002 201B	4
	FLASH_OBR	0x4002 201C～0x4002 201F	4
	FLASH_WRPR	0x4002 2020～0x4002 2023	4

② FLASH_KEYR，FPEC 键寄存器。STM32 的闪存编程是由 FPEC（闪存编程和擦除控制器）模块处理的，表 15－1 中的这些寄存器就位于 FPEC 模块中。STM32 复位后，FPEC 模块处于被保护状态，此时不能配置闪存的 Flash 控制寄存器（FLASH_CR）；若想将 FPEC 模块的保护状态去除，则需要向 FLASH_KEYR 中写入特定的关键字对其进行解锁，这些关键字为 0x4567 0123 和 0xCDEF 89AB，写入关键字时先写 0x4567 0123，再写 0xCDEF 89AB。解锁 FPEC 后，就可以对其中的寄存器进行写入操作了。

③ FLASH_OPTKEYR，选择字节键寄存器。该寄存器用于写入特定值，以解锁 OPT。

④ FLASH_SR，Flash 的状态寄存器。该寄存器的主要位为 bit5（EOF 位）和 bit0，它们的作用分别如下：

a. bit5 用于标识对闪存的操作（编程/擦除）是否完成，若完成，则该位被置 1，对该位写入 1 可以将它清 0；

b. bit0 用于标识闪存的状态，在闪存开始操作时，该位被置 1，操作完成或者发生错误后被置 0。

⑤ FLASH_CR，闪存控制寄存器。该寄存器是一个非常重要的寄存器，各位的作用如表 15－2 所列。

在 CR 寄存器中，需要注意以下几位：

a. LOCK 位，该位用于指示 FLASH_CR 寄存器是否被锁住。该位为 1，说明当前 Flash

接口被锁住,不能写入和擦除。在检测到正确的解锁序列后,硬件将其清 0。若解锁失误,则这一位在系统复位之前不会再改变。

表 15-2 FLASH_CR 各位的作用

位	作 用
位 31～13	保留。必须保持为清除状态'0'
位 12	EOPIE:允许操作完成中断 该位允许在 FLASH_SR 寄存器中的 EOP 位变为'1'时产生中断 0:禁止产生中断 1:允许产生中断
位 11,8,3	保留。必须保持为清除状态'0'
位 10	ERRIE:允许错误状态中断 该位允许在发生 FPEC 错误时产生中断(当 FLASH_SR 寄存器中的 PGERR/WRPRTERR 置为'1'时) 0:禁止产生中断 1:允许产生中断
位 9	OPTWRE:允许写选择字节 当该位为'1'时,允许对选择字节进行编程操作。在 FLASH_OPTKEYR 寄存器写入正确的键序列后,该位被置为'1' 软件可清除此位
位 7	LOCK:锁 只能写'1'。当该位为'1'时,表示 FPEC 和 FLASH_CR 被锁住。在检测到正确的解锁序列后,硬件清除,此位为'0' 在一次不成功的解锁操作后,下次系统复位前,该位不能再被改变
位 6	STRT:开始 当该位为'1'时,将触发一次擦除操作。该位只可由软件置为'1'并在 BSY 变为'1'时清为'0'
位 5	OPTER:擦除选择字节 擦除选择字节
位 4	OPTPG:烧写选择字节 对选择字节编程
位 2	MER:全擦除 选择擦除所有用户页
位 1	PER:页擦除 选择擦除页
位 0	PG:编程 选择编程操作

b. STRT 位,该位用于开始一次擦除操作。若该位写入 1,则将执行一次擦除操作。

c. PER 位,该位用于选择页擦除操作,在页擦除时,需要将该位置 1。

d. PG 位,该位用于选择编程(编程就是写入)操作,在向 Flash 中写数据时,该位需要置 1。

⑥ FLASH_AR,闪存地址寄存器。该寄存器装载要操作的存储单元地址。

⑦ FLASH_OBR,选项字节寄存器。该寄存器与选项字节区域相关,不做介绍。

⑧ FLASH_WRPR,写保护寄存器。该寄存器与选项字节区域相关,不做介绍。

若想了解以上寄存器的详细细节,可以参考《STM32F10x 闪存编程手册_V6》。

STM32 的 Flash 每次写入 2 字节,注意,不是 1 字节,所以要写满一页(2 KB),需要写 1 024 次。另外,在写入之前一定要先将待写入区域的数据读出来,若这个区域的数据不是 0xffff,则要对该页进行擦除操作。为什么要这样做呢?因为 Flash 只能写入 0,若不擦除(擦除后会变为 1),则在写入时,想写入 1 的地方不一定会是 1,即可能出现意料不到的结果。

15.2 Flash 读写示例

例 15-1:在 Flash 的最后一页中写入"2022-07-07V1.0"并读出来,通过串口打印到串口助手中。

【实验分析】

在表 15-1 中,直接给出了最后一页的首地址为 0x0807 F800,下面来看看这页地址是如何得来的。

① 首先明确,存储器编址是以字节为单位,每个字节分配一个地址。

② 由于 Flash 的第 1 字节的地址是 0x0800 0000,因此只需要计算出最后一页的第 1 字节的地址与该地址的偏移量,再加上 Flash 的首地址,即可得到最后一页的首地址。

此偏移量为 255 页×2K=255×2×1 024=522 240=0x7 F800,所以最后一页的首地址为 0x0800 0000+0x7 F800=0x0807 F800。

【实现步骤】

① 选择芯片、配置时钟、配置使用串口调试、使能串口 1。

② 生成工程,然后在工程中添加一个 Flash 测试函数,在该函数中:

a. 首先擦除开始地址为 0x0807 F800 的页,然后读出来看看是不是全为 1,即 0xff,如果全部是 1,说明擦除成功。

b. 写入 2022-07-07V1.0,然后读出来看看是否正确,如果正确,说明写成功了。

该测试函数的内容如图 15-1 所示。

③ 除添加 Flash 测试函数外,还添加串口重定向函数,并将 Flash 测试函数放到 main 函数中调用,此时的 main 函数如图 15-2 所示。

④ 编译程序并将生成的十六进制文件下载到开发板上,按下 Reset 键启动程序,可以看到结果如图 15-3 所示。

由图 15-3 可知,在输出结果中,擦除完后读出来的数据全部是 0xff,说明擦除成功,将字符串写入并读出后发现结果一致,说明实验目标实现。

最后需要说明的是,在 FLASH_Test(测试函数中,用到了一个函数 memcpy),该函数是一个复制函数,它的作用是将源地址的数据复制到目标地址。它有 3 个参数,分别是:

- 参数 1 是复制的目标地址;
- 参数 2 是数据来源的地址;
- 参数 3 说明复制多少字节的数据。

```
void FLASH_Test(void)
{
    uint8_t writebuf[15]   = "2022-07-07V1.0";
    uint8_t buf[15]        = {0};
    uint32_t addr          = 0x0807f800;
    uint8_t i              = 0;
    FLASH_EraseInitTypeDef FlashSet;
    HAL_StatusTypeDef status;
    uint32_t PageError     = 0;
    uint16_t temp          = 0;

    /*设置擦除函数第1个参数的相关信息*/
    FlashSet.TypeErase     = FLASH_TYPEERASE_PAGES;
    FlashSet.Banks         = FLASH_BANK_1;
    FlashSet.PageAddress   = addr;
    FlashSet.NbPages       = 1; //擦除一页

    /*擦除操作，要先解锁，才能擦除，擦除完后要上锁*/
    HAL_FLASH_Unlock();
    status = HAL_FLASHEx_Erase(&FlashSet, &PageError);
    HAL_FLASH_Lock();

    /*读出测试,擦除后读出应全为0xff*/
    memcpy(buf, (uint32_t*)addr, sizeof(buf));
    for(i = 0; i < 14; i++)
    {
        printf("0x%02x ", buf[i]);
    }
    printf("\r\n");

    /*写入数据*/
    HAL_FLASH_Unlock();
    for(i = 0; i < 14; i += 2)
    {
        temp = writebuf[i] | (writebuf[i+1]<<8);
        status = HAL_FLASH_Program(FLASH_TYPEPROGRAM_HALFWORD, addr+i, (uint64_t)temp);
        if(status != HAL_OK) break;
    }
    HAL_FLASH_Lock();

    /*读出测试*/
    memcpy(buf, (uint32_t*)addr, 14);
    buf[14] = '\0';
    printf("%s\r\n", buf);
}
```

图 15－1　Flash 测试函数的内容

```
int main(void)
{
    HAL_Init();
    SystemClock_Config();
    MX_GPIO_Init();
    MX_USART1_UART_Init();

    FLASH_Test();

    while (1)
    {

    }
}
```

图 15－2　main 函数内容

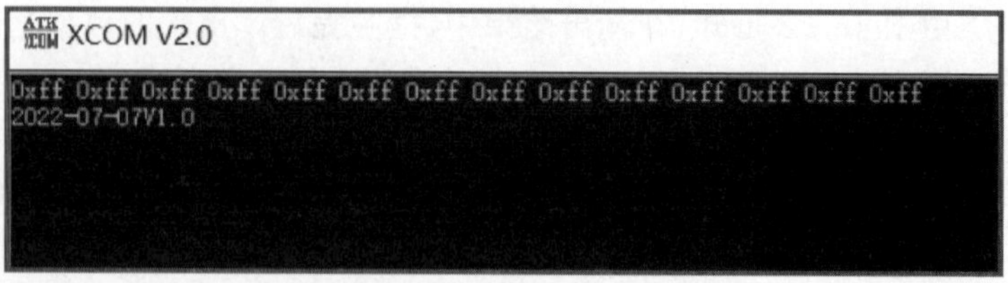

```
XCOM V2.0
0xff 0xff 0xff 0xff 0xff 0xff 0xff 0xff 0xff 0xff 0xff 0xff 0xff 0xff
2022-07-07V1.0
```

图 15－3　输出结果示意图

这个函数经常用到，希望大家能将它记住。在使用时需要将 string. h 头文件包含进文件，这一点要尤其注意！

15.3 HAL 库中操作 Flash 的相关函数及其作用

对 Flash 的操作主要有解锁、上锁、擦除、读出、写入，下面来看看在 HAL 库中如何进行这些操作。

(1) 解锁函数 HAL_FLASH_Unlock()

STM32 的 FLASH_CR 寄存器中有一个闪存锁(LOCK 位)，只有将这个锁解除，才能对 Flash 进行擦除和编程操作。解除的方法是向 FLASH_KEYR 依次写入解锁字 KEY1 和 KEY2，当这两个字写入后，闪存锁即被解除。对 FLASH_KEYR 进行任何错误写操作都将会导致闪存锁彻底锁死，并且在下一次复位之前，都无法解锁，只有复位后，闪存锁才会变成一般锁住的状态。

HAL 库提供了一个解锁函数 HAL_FLASH_Unlock()，它的内容如图 15-4 所示。

```
HAL_StatusTypeDef HAL_FLASH_Unlock(void)
{
  HAL_StatusTypeDef status = HAL_OK;

  if(READ_BIT(FLASH->CR, FLASH_CR_LOCK) != RESET)
  {
    /* Authorize the FLASH Registers access */
    WRITE_REG(FLASH->KEYR, FLASH_KEY1);
    WRITE_REG(FLASH->KEYR, FLASH_KEY2);

    /* Verify Flash is unlocked */
    if(READ_BIT(FLASH->CR, FLASH_CR_LOCK) != RESET)
    {
      status = HAL_ERROR;
    }
  }
  return status;
}
```

图 15-4 FLASH 解锁函数的内容

在解锁之前，先使用宏 READ_BIT()读取 FLASH_CR 的 LOCK 位的值，若为 1 说明当前是锁住状态，则接下来向 KEYR 中依次写入密钥 KEY1 和 KEY2，写好后，再读一次 LOCK 位的值，如果此时为 0，那么说明解锁成功了，然后返回 HAL_OK 的状态。

(2) 上锁 HAL_FLASH_Lock()

在对 Flash 进行擦除、编程操作完成后，要记得给 Flash 上锁，以防后续的误操作破坏其中的数据。上锁非常简单，向 FLASH_KEYR 寄存器写入任意一个值即可。HAL 库提供了一个上锁函数，为 HAL_FLASH_Lock()。

(3) Flash 的擦除

在对 Flash 进行写操作时要先将 Flash 擦除，Flash 支持的擦除有页擦除和芯片擦除。

HAL 库中提供的页擦除函数为 FLASH_PageErase()，该函数的内容如下：

```
void FLASH_PageErase(uint32_t PageAddress)
{
  pFlash.ErrorCode = HAL_FLASH_ERROR_NONE;

  SET_BIT(FLASH->CR, FLASH_CR_PER);
  WRITE_REG(FLASH->AR, PageAddress);
  SET_BIT(FLASH->CR, FLASH_CR_STRT);
}
```

由该函数可知，页擦除的流程如下：

① 将FLASH->CR寄存器的页擦除位PER置1；

② 将要擦除的页的地址写入地址寄存器FLASH->AR中；

③ 将FLASH->CR寄存器的STRT(start)位置1，启动擦除操作。

HAL库中提供的芯片擦除函数为FLASH_MassErase()，该函数的内容如下：

```
static void FLASH_MassErase(uint32_t Banks)
{
    SET_BIT(FLASH->CR, FLASH_CR_MER);
    SET_BIT(FLASH->CR, FLASH_CR_STRT);
}
```

可以看到，芯片擦除函数与页擦除函数类似，不同的只是擦的命令一个是芯片擦除命令，另一个是页擦除命令，另外，擦除芯片时不需要提供擦除地址。

HAL库中芯片擦除和页擦除函数都封装在Flash芯片擦除函数HAL_FLASHEx_Erase()中。该函数的原型为：

```
HAL_StatusTypeDef HAL_FLASHEx_Erase(FLASH_EraseInitTypeDef *pEraseInit, uint32_t *PageError)
```

该函数有两个参数，第1个参数比较关键，它的类型为FLASH_EraseInitTypeDef，该类型的定义为：

```
typedef struct
{
    uint32_t TypeErase;
    uint32_t Banks;
    uint32_t PageAddress;
    uint32_t NbPages;
} FLASH_EraseInitTypeDef;
```

由该类型定义可知，该参数有4个成员，分别介绍如下。

① 擦除类型TypeErase，有以下两种可能：

➢ FLASH_TYPEERASE_PAGES，页擦除；

➢ FLASH_TYPEERASE_MASSERASE，块擦除，意思是擦除一个块。

② Banks，对于STM32F103VET6，该选项只有一个值FLASH_BANK_1，即该Flash只有一个Bank。存储器中的Bank就是"块"的意思，有些存储器的地址线有限，会把一个存储器分为多个Bank，此时寻址就需要结合地址线和Bank的片选一起来进行。

③ 页地址PageAddress，该参数用于保存需要擦除的页的地址。

④ 页数量 NbPages,其英文全称为 Number of pages to be erased,顾名思义,就是要擦除的页的数量。

因此,在使用擦除函数 HAL_FLASHEx_Erase()时,一定要先确定好擦除的是整块 Flash 还是擦除页,若擦除页,则要给出要擦除的页的数量和起始页的地址。

(4) Flash 数据的读出

Flash 数据的读出非常简单,直接读取即可,比如从 addr 读一个字节,可以采用如下方式:

```
uint8_t  data = 0;
data =  *(uint8_t *)addr;
```

如果要读一个字,可以采用如下方式:

```
uint32_t  data = 0;
data =  *(uint32_t *)addr;
```

读的时候可以字节、半字和字为单位。

对于读,可以写一个专门的函数,当然,更加简便的方法是直接使用函数 memcpy(),比如:

```
uint32_t data_buf[10];
memcpy(data_buf, (uint32_t *)addr, sizeof(uint32_t) * 10);
```

意思就是将 10 个数据(每个为 4 字节)复制到缓冲数组 data_buf 中。

(5) 数据的写入

关于数据的写入,HAL 库提供了一个编程函数 HAL_FLASH_Program(),该函数的定义如图 15-5 所示。

编程函数的作用是向 Flash 的指定地址 Address 写入指定的数据 Data。它有以下 3 个参数:

① 编程类型 TypeProgram,也就是写入数据的类型。它的值有 3 个可能,分别是:

➢ FLASH_TYPEPROGRAM_HALFWORD,半字类型。

➢ FLASH_TYPEPROGRAM_WORD,字类型。

➢ FLASH_TYPEPROGRAM_DOUBLEWORD,双字类型。

若使用半字类型,则只需要写入 1 次;若使用字类型,则需要写入 2 次;若使用双字类型,则需要写入 4 次。

② Address,写入地址。

③ Data,写入的数据。注意:写入数据这里定义的是 uint64_t,占 64 位。如果在编程类型中使用半字类型,则只需要将 Data 的低 16 位写入指定地址即可。若编程类型使用字类型,则需要将 Data 的低 32 位写入指定地址(分两次写)。若编程类型使用双字类型,则需要将 Data 的 64 位全部写入指定地址。当然,如果采用字类型或者双字类型,写入时地址要增加。

接下来分析编程函数的实现过程:

① 使用语句"status = FLASH_WaitForLastOperation(FLASH_TIMEOUT_VALUE);"等待 Flash 变为空闲状态。

② 使用以下程序:

```
HAL_StatusTypeDef HAL_FLASH_Program(uint32_t TypeProgram, uint32_t Address, uint64_t Data)
{
  HAL_StatusTypeDef status = HAL_ERROR;
  uint8_t index = 0;
  uint8_t nbiterations = 0;
  __HAL_LOCK(&pFlash);
  status = FLASH_WaitForLastOperation(FLASH_TIMEOUT_VALUE);   ①
  if(status == HAL_OK)
  {
    if(TypeProgram == FLASH_TYPEPROGRAM_HALFWORD)   ②
      nbiterations = 1U;
    else if(TypeProgram == FLASH_TYPEPROGRAM_WORD)
      nbiterations = 2U;
    else
      nbiterations = 4U;

    for (index = 0U; index < nbiterations; index++)
    {                                                   ③
      FLASH_Program_HalfWord((Address + (2U*index)), (uint16_t)(Data >> (16U*index)));

      status = FLASH_WaitForLastOperation(FLASH_TIMEOUT_VALUE);

      CLEAR_BIT(FLASH->CR, FLASH_CR_PG);
      if (status != HAL_OK)
      {
        break;
      }
    }
  }
  __HAL_UNLOCK(&pFlash);

  return status;
}
```

图 15-5　编程函数 HAL_FLASH_Program()的内容

```
if(TypeProgram == FLASH_TYPEPROGRAM_HALFWORD)
{
  nbiterations = 1U;
}
else if(TypeProgram == FLASH_TYPEPROGRAM_WORD)
{
  nbiterations = 2U;
}
else
{
  nbiterations = 4U;
}
```

根据编程类型确定写入次数，比如若编程类型是双字类型，则 nbiterations 的值为 4，意思是要进行 4 次写入操作。

③ 调用半字写入函数“FLASH_Program_HalfWord()”写入半字，同时使用 for 循环控制写入的次数，并在调用写入半字函数时更新写入的地址和数据。每次写完后都等待写入结束。

思考与练习

1. 填空题

(1) Flash 在擦除后,其擦除区域的每个 bit 的值都是________。

(2) STM32 的 Flash 模块由 3 部分构成,分别是主存储器、信息块和闪存接口,其中我们编写的程序存储在________中。

(3) STM32 的 Flash 的写入是每次________字节。

(4) 根据 STM32F103VET6 的 Flash 存储块的特点,可以知道页 1 的首地址是________。

(5) HAL 库中 Flash 的解锁函数是________________。

(6) HAL 库中 Flash 的擦除函数是________________。

(7) HAL 库中 Flash 的编程函数是________________。

2. 编程题

参考"例 15-1"和串口的应用,编程实现从串口助手上输入"hello world",并保存到 Flash 的最后一页。

附录

书中例程涉及的电路图

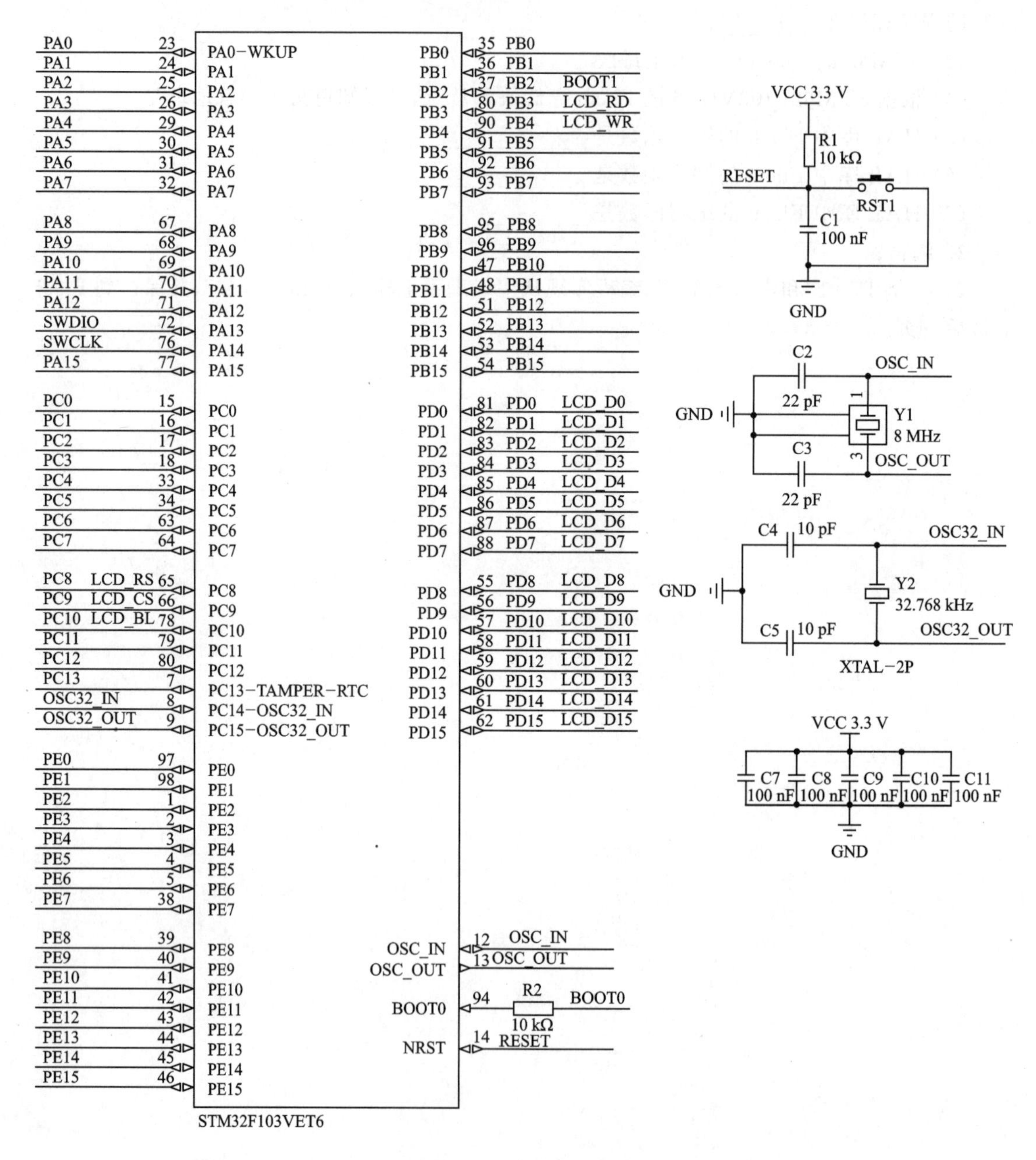

图 F.1　单片机最小系统

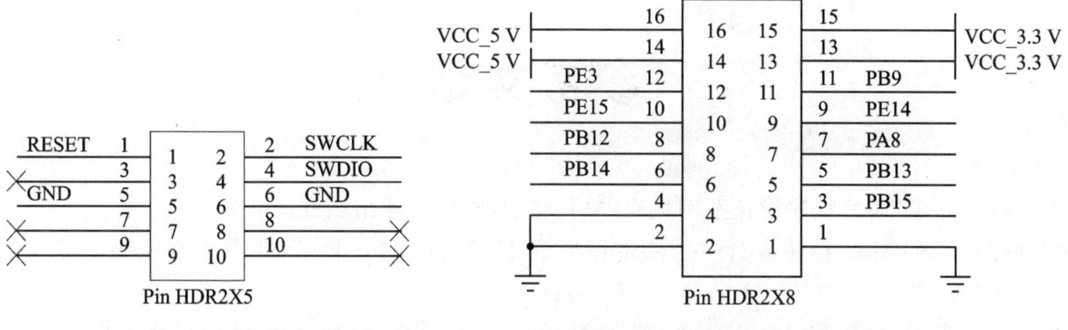

图 F.2　ST－LINK 的接口

图 F.3　空余 I/O 引脚接口

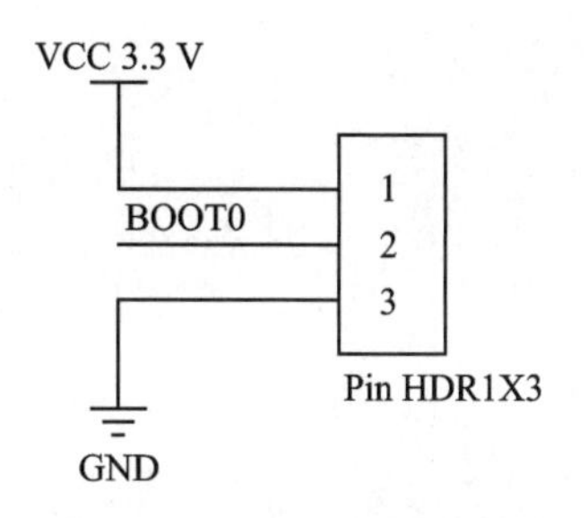

图 F.4　启动选择电路

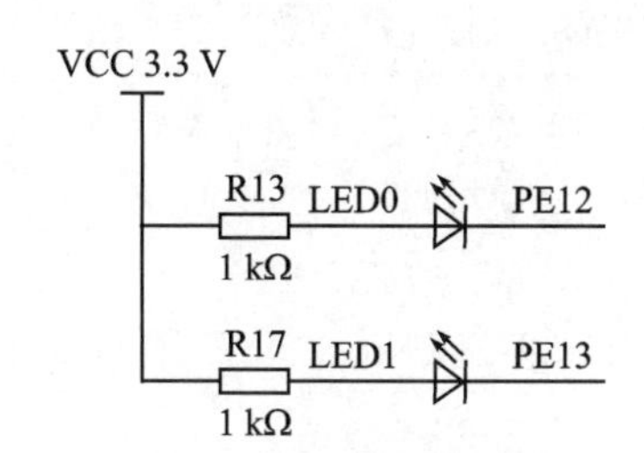

图 F.5　LED 电路

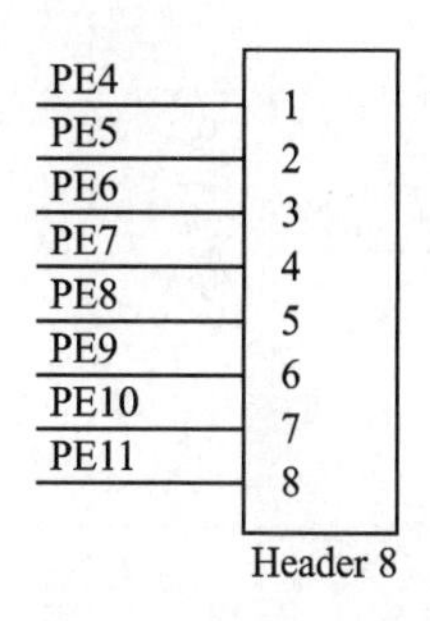

图 F.6　4×4 按键电路

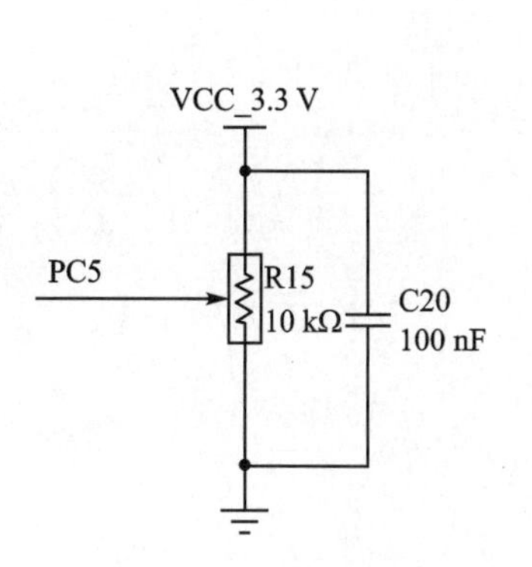

图 F.7　A/D 转换电路

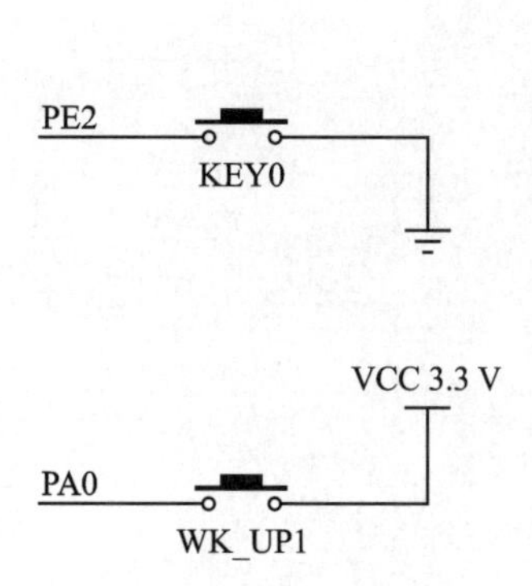

图 F.8　普通按键应用电路

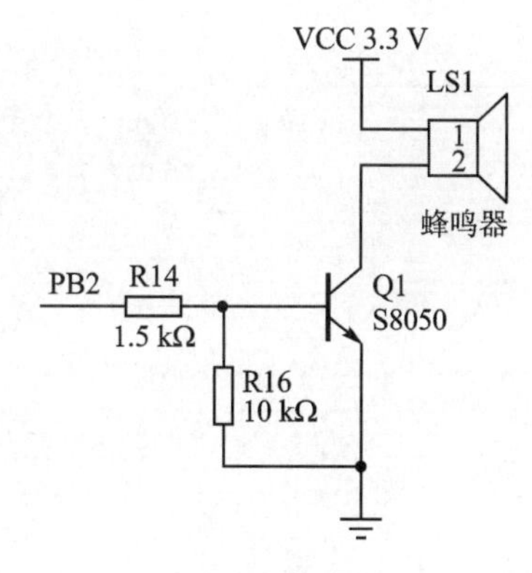

图 F.9　蜂鸣器电路

参考文献

[1] 欧启标. STM32 程序设计案例教程[M]. 北京:电子工业出版社,2019.
[2] 欧启标. STM32 程序设计——从寄存器到 HAL 库[M]. 北京:北京航空航天大学出版社,2023.
[3] 刘军,张洋. 精通 STM32F4(寄存器版)[M]. 北京:北京航空航天大学出版社,2015.
[4] 刘军,张洋. 精通 STM32F4(库函数版)[M]. 2 版. 北京:北京航空航天大学出版社,2019.